致密砂岩气藏损害机理及保护技术

张　浩　卢　渊　伊向艺
　　　　　　　　　　　　　编著
李　沁　佘继平　李关访

科学出版社

北　京

内 容 简 介

本书介绍了致密砂岩气藏储层保护技术。以致密砂岩气藏工程地质特征评价为基础，参考常规储层伤害评价方法，创新性地提出了适用于致密砂岩气藏钻井完井液和压裂液损害的评价方法，并结合致密砂岩储层特征，从储层损害类型角度系统论述了致密砂岩储层损害机理。以此为基础，提出了系列保护致密砂岩储层钻井、压裂新技术，并详细论述各项技术的作用原理及应用效果，为致密砂岩气藏钻井、压裂中的储层保护技术选择、相关材料研发、效果评价等提供理论支撑和实例参考。

本书可供从事钻井工程、酸化压裂研究的科技人员参考。

图书在版编目(CIP)数据

致密砂岩气藏损害机理及保护技术 / 张浩等著. —北京：科学出版社，2016.9

ISBN 978-7-03-049984-4

Ⅰ.①致…　Ⅱ.①张…　Ⅲ.①致密砂岩-砂岩油气藏-砂岩储集层-储层保护　Ⅳ.①TE343②P588.21

中国版本图书馆 CIP 数据核字（2016）第 225520 号

责任编辑：杨　岭　冯　铂 / 责任校对：韩雨舟
责任印制：余少力 / 封面设计：墨创文化

科学出版社 出版

北京东黄城根北街16号
邮政编码：100717
http://www.sciencep.com

成都锦瑞印刷有限责任公司 印刷

科学出版社发行　各地新华书店经销

*

2016年9月第 一 版　　开本：787×1092 1/16
2016年9月第一次印刷　　印张：13.75
字数：300 千字

定价：96.00 元

（如有印装质量问题，我社负责调换）

前　　言

随着常规油气资源的逐渐衰竭，致密砂岩油气资源在能源接替过程中发挥着重要的作用。致密砂岩气藏储层品质差，其低孔、致密的特征与煤岩储层和页岩储层有很多相似之处，在开发技术上可以对页岩储层起到示范性作用。目前致密砂岩气藏仍是非常规油气资源开发的中流砥柱。随着埋深的增加，致密砂岩储层工程地质特征变得更为复杂，对钻井及开发过程中储层损害机理和保护技术研究是成功开发致密砂岩气藏的关键。

20 世纪 60 年代至 70 年代，以黏土矿物遇水膨胀影响储层岩石渗透能力为起始，国外学者对油气储层中的速敏、水敏、盐敏、酸敏、碱敏等敏感性机理进行了大量的研究。20 世纪 80 年代至 21 世纪初，随着岩石力学、材料科学、石油地质及石油工程等学科理论的不断发展，加上实验条件和研究手段的不断进步，国外学者对致密储层的应力敏感、液相圈闭等损害评价做了深入的研究，这一时期储层保护技术也得以迅速发展。同期，国内在储层损害机理和保护技术方面也得以迅速发展，以罗平亚院士的"屏蔽暂堵"钻井液储层保护技术为代表，针对孔隙和裂缝性储层的保护技术在致密储层中得到了广泛的应用，为促进致密油气储层的"及时发现、准确评价及高效开发"做出了巨大的贡献。

21 世纪以来，在钻井液储层保护技术方面，国内外学者开始将井壁稳定、防漏堵漏技术与储层保护技术结合起来进行研究，对致密储层的保护技术也开始往"纳微米储层封堵"、"裂缝漏失性储层暂堵"两个复杂的方向发展，出现了一批以新材料为依托的钻井液储层保护技术。与早期强调钻井过程中的储层保护技术不同，近年来，压裂中的储层保护技术研究越来越受到石油工程师们的重视。结合压裂液对致密砂岩储层损害机理研究，系列针对保护致密砂岩储层产能为目标的清洁压裂液、低浓度瓜胶等低伤害压裂液技术得以迅速发展。

《致密砂岩气藏损害机理及保护技术》是在总结前人研究成果基础之上，结合编者近年来的研究工作所完成。编者力图将目前致密砂岩储层损害机理和保护技术现状，以及致密砂岩气藏钻井、改造过程中的储层保护技术新的发展趋势呈现给大家。本书共分为6 章，主要内容包括致密砂岩气藏工程地质特征评价、致密砂岩气藏储层损害评价方法、致密砂岩气藏储层损害机理研究、致密砂岩气藏储层保护钻井技术、致密砂岩气藏低伤害压裂技术、致密砂岩气藏储层保护新技术。全书由张浩编写前言；其余各章分别由张浩、卢渊、伊向艺、李沁、佘继平、李关访编写。

本书部分研究内容依托于"钻井液漏失动力学机制及防漏堵漏技术应用基础研究（51374044）"国家自然科学基金课题。

由于笔者水平有限，错误和不妥之处难免，敬请读者给予批评指正。

目　　录

第1章 致密砂岩气藏工程地质特征评价

致密砂岩气在非常规油气开发中占有重要地位。国内外研究机构统计数据表明，全球致密砂岩气资源量巨大，具有广阔的勘探开发前景。我国致密砂岩储层广泛分布在鄂尔多斯、四川、塔里木、柴达木、松辽及准噶尔等多个盆地。致密砂岩气藏与常规油气藏差异较大，普遍具有超低渗透率、低孔隙度和低含水饱和度的特点，并且储层岩石性质多变，埋藏较深，温度较高，高压、异常高压井广泛存在。本章从致密砂岩岩石学、黏土矿物、物性及孔隙结构、含水饱和度、裂缝发育等研究入手，系统描述了致密砂岩气藏工程地质特征，为致密砂岩储层损害评价和保护措施制定提供工程地质基础依据。

1.1 致密砂岩储层划分标准

由于不同国家和地区的资源状况，技术经济条件不同，国内外关于致密砂岩气藏的定义与标准没有形成统一的认识。由于致密砂岩储层与常规砂岩储层相比，其沉积背景和环境、成岩演化、孔隙类型、孔隙结构、孔隙连通性、储集性等方面均有较大差异，一般认为渗透率、孔隙度、含水饱和度、地应力是其区别于常规砂岩储层的重要参数。邹才能等(2012)通过对比致密砂岩储层和常规砂岩储层的储层特征(表1-1)，认为致密砂岩气是指覆压基质渗透率小于 $0.1 \times 10^{-3} \, \mu m^2$ 的砂岩气层，单井一般无自然产能，或自然产能低于工业气流下限，但在一定经济条件和技术措施下才可以获得工业产量天然气资源(国家能源局，2011)。

表 1-1 致密砂岩储层与常规砂岩储层特征对比(据邹才能等，2012)

储层特征	致密砂岩储层	常规砂岩储层
储层岩石组分	长石、岩屑含量相对较高	石英含量高，长石、岩屑含量低
成岩演化	中、晚成岩	多为中成岩B期以前
孔隙类型	次生孔隙为主	原、次生混合孔隙
孔喉连通性	席状、弯曲状喉道，连通性差	短喉道，连通好
孔隙度/%	3~10	12~30
覆压基质渗透率/($\times 10^{-3} \, \mu m^2$)	≤0.1	>0.1
含水饱和度/%	45~70	25~50
岩石密度/(g/cm³)	2.65~2.74	<2.65
毛细管压力	较大	小

储层特征	致密砂岩储层	常规砂岩储层
储层压力	多为高异常地层压力	一般正常至略低于正常
应力敏感性	强	弱
气原地采收率/%	15~50	75~90

1.2 致密砂岩储层岩石学特征

致密砂岩储层岩性主要以石英砂岩、长石砂岩及碎屑砂岩为主。其中，石英砂岩由于其主要成分以石英为主，岩石刚性强，储层的抗压实能力较好，因此，对粒间孔隙起到了一定的保护作用。长石砂岩主要成分以长石为主，由于长石不稳定，易发生溶蚀作用，沿解理缝和破裂缝形成粒内溶孔，易形成次生孔隙。岩屑砂岩主要成分以岩屑为主，容易受压实变形，使孔隙度、渗透率降低，大大增大了岩石的致密程度。

如表 1-2 所示，四川盆地新场气田须二段埋深 4500~4850m，储层岩石类型为浅灰色中粒岩屑石英砂岩、中部长石岩屑石英砂岩、长石石英砂岩。碎屑以石英为主（70.57%），岩屑、长石次之（分别为 17.78%、11.63%）。胶结物以硅质为主，少量方解石和白云石。胶结类型以孔隙式或接触式为主，分选中等－好。大邑构造须二段埋深 5000.50~5124.50m，储层岩石类型为灰色细、中粒岩屑（石英）砂岩、（含砾）粗粒岩屑（石英）砂岩与黑色页岩不等厚互层，黑色页岩夹灰色细砂岩、粉砂岩及煤线。碎屑以石英为主（60%~71%），岩屑、长石次之（分别为 25%~30%、3%~5%）。胶结物为白云石（2%~10%），硅质少量（~1%），方解石少量呈孔隙－压结式胶结，见少量粒间溶孔，分选中等－好。

表 1-2 新场、大邑构造储层岩石学特征

构造位置			大邑构造	新场构造
代表井号			大邑 1 井	新 856 井
储层总厚度/m			71.6	144.5
主要产层井深/m			5110.50~5128.00	F 层 4835.00~4858.00
储层主要岩性			中粒岩屑砂岩、岩屑石英砂岩	中粒岩屑（石英）砂岩 中粒长石石英砂岩
岩性特征	碎屑组分/%	石英	70~76	63~85
		岩屑	21~25	7~17
		长石	1~5	0~28
	胶结物		硅质、白云石	方解石、白云石、硅质
	胶结类型		孔隙－压结、压结式	孔隙式、孔隙－接触式
	分选、磨圆		分选中－好、次棱角状	分选好、次棱角状

1.3　致密砂岩储层黏土矿物特征

1.3.1　黏土矿物成因及产状

1. 黏土矿物成因

致密砂岩储层的黏土矿物可以分为原生和自生两大成因类型。不同成因的黏土矿物在储层中的分布特征不同，对储层特征的影响也不同。

原生黏土是在沉积过程中与砂粒一起沉积并以不同的形式在砂体中堆积下来的黏土质点，其继承了沉积期形成的某些产状，在分选性差的泥质砂岩中富集，常构成砂岩粒间的杂基和泥质纹层，多见于浊积砂体、前三角洲和河间沼泽相的中-细砂岩或细-粉砂岩中。原生黏土受搬运和沉积过程中的磨蚀，在埋藏压实过程中又受到挤压变形，因此一般缺少良好的晶形，其组成主要受物源区黏土矿物组分的控制。原生黏土常常是砂质岩中最重要的可塑性组分，在成岩压实过程中，这些颗粒变形并挤入砂岩孔隙中，使储集砂岩孔隙度减小，这是导致砂岩储层物性变差的重要原因。

自生黏土矿物是在成岩过程通过成岩作用形成的，它主要分布在砂岩储层的粒间、粒内孔隙和喉道中。自生黏土矿物一般具有良好晶形，无任何磨损和挤压变形的现象，其结晶程度与储层的孔隙发育程度有关。自生黏土矿物的组成与孔隙水的化学组成、储层骨架颗粒的成分和成岩变化程度等因素有关。与原生碎屑黏土矿物相比，自生黏土矿物成分相对单一。自生黏土矿物不仅直接影响储层的孔隙结构和储集性能，还直接影响储层的敏感性特征。

2. 黏土矿物产状

致密砂岩气层黏土矿物类型丰富，且对气藏开发过程中岩石物理性质变化具有较大的影响。钻井液或其他工作液进入储层时黏土矿物的产状及微结构会遭受破坏，使得黏土微粒发生分散运移等堵塞孔喉降低气层的渗透能力(张昌铎等，2010；宋涛等，2010)。我国各个油气田致密砂岩储层黏土矿物类型及含量统计表明，在深层低渗致密砂岩中，黏土矿物主要以伊利石和绿泥石为主，在浅层低渗透致密砂岩中，伊/蒙间层和绿蒙间层黏土矿物相对含量也较高。

根据黏土矿物分布特征及其与骨架颗粒的配置关系，砂岩储层自生黏土矿物产状主要分三种基本类型(图 1-1)：(a)粒间分散充填：黏土矿物晶片或集合体分散充填在砂岩的粒间孔隙中，充填的黏土矿物以高岭石最为典型，也有蒙脱石和高岭石的共生充填；(b)粒表薄膜衬垫：黏土矿物附着在颗粒或孔隙表面构成连续的黏土薄膜，黏土矿物晶片的长轴多垂直于或近垂直于颗粒表面，这种黏土矿物产状最常见的是蒙皂石、绿泥石、伊利石和间层黏土矿物；(c)桥接：黏土矿物晶片的长轴多垂直于或近垂直于颗粒表面向孔隙中延伸，最终可在孔喉中形成黏土桥接，最常见的是各种条片状、纤维状的自生伊利石，它们在孔隙中形成网络状的分布。

 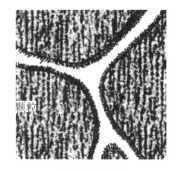 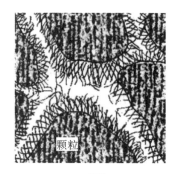

(a)粒间分散充填   (b)粒表薄膜衬垫   (c)桥接

图 1-1 砂岩孔隙内自生黏土矿物的基本产状和类型图

1.3.2 黏土矿物微结构与潜在损害关系

致密砂岩储层黏土矿物的组合类型及其微观结构特征使得黏土矿物在储层性质演变和储层损害中起着十分重要的作用。黏土矿物微结构是针对黏土矿物晶粒之间的相互关系提出的。黏土矿物微结构的定义是，黏土矿物晶粒本身的形态、大小和特征，黏粒在空间的排列方式，孔隙状况以及黏粒接触和连接特征的总和。砂岩储层中黏土的微结构与泥岩有明显的区别，它主要受矿物结晶习性、颗粒表面性质、水介质的条件、形成时间和孔隙空间性质的控制。对于埋藏较深的砂岩，微结构受应力的作用显著，趋于紧密定向排列。黏土矿物在储层中稳定程度不但取决于其类型和含量，还与黏土微结构特征有关(康毅力等，1998)。

笔者针对沙特 B 区块致密砂岩气层黏土矿物类型、产状、微结构与储层潜在损害机理开展了大量研究。研究结果表明，沙特储层中黏土矿物类型主要为伊利石和绿泥石。这些黏土矿物微结构类型有以下几种(张浩等，2005a)。

1. 丝缕支架状结构

在粒间孔隙中充填的伊利石具有这一结构，孔隙中的伊利石相互搭接，将大孔隙变成微孔隙。因为晶体呈线状，伊利石黏粒一般以边-边(E-E)接触为主，微孔形态多变，大小不均一，孔径范围为 $0.1 \sim 10\,\mu\mathrm{m}$，微孔隙度含量高。储层中伊利石形态主要呈丝带状、毛发状、不规则片状、团状、丛生状等相互连接形成支架，有的呈桥接状连接颗粒。丝缕状伊利石占据了储层的有效孔隙的中心位置，大大降低了储层的孔喉半径，增大了储层的比表面积，同时，黏土矿物的微结构丝状、毛发状、片状的类型也将储层孔喉空间进一步分割变小，很容易产生液锁，钻井液、完井液中的液相与储层接触时容易发生自吸，造成水锁(康毅力等，1998)。伊利石丝缕支架状结构极不稳定，与工作液滤液接触或在气流冲击作用下极易断裂、分散运移而堵塞孔喉(孟庆生，2011)(图 1-2)。

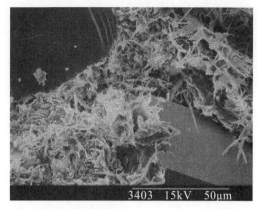

图 1-2　丝缕支架状伊利石微观形貌（沙特 B 区块致密砂岩储层，4578.0m）

2. 单片支架状结构

绿泥石多生长于颗粒表面，在储层中含量较少。晶片之间主要以 F-E 接触或 E-E 接触为主，组间一般呈 E-E 组合，呈衬边状，其产出状态以包壳状生长在颗粒表面，结构较为稳定，单一绿泥石潜在损害较弱（图 1-3）。

图 1-3　单片支架状绿泥石（沙特 B 区块致密砂岩储层，4577.0m）

3. 假蜂窝状结构

伊利石及伊/蒙间层矿物充填于粒间，黏粒以 E-E 或 F-E 接触为主，呈蜂窝状结构，在孔隙之间起桥接作用，伊/蒙间层矿物的流体敏感性比单一黏土矿物损害更为严重（图 1-4）。

如表 1-3 所示，从黏土矿物产状来看，黏土矿物主要占据了储层的有效孔隙的中心位置，大大降低了储层的孔喉半径，增大了储层的比表面积，同时，当压力降低时，凝析油会在近井地带不断析出，并滞留在孔隙表面，导致渗透率急剧降低，产生油锁。低孔致密砂岩在外来应力发生改变时，由于孔喉本来细小，在压力的作用下会进一步发生变形，导致渗透率急剧下降，容易产生应力敏感性损害。

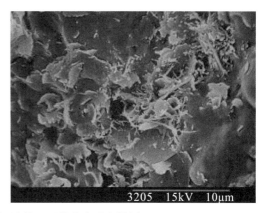

图 1-4 假蜂窝状伊/蒙间层矿物微观形貌(沙特 B 区块致密砂岩储层，5089.4m)

表 1-3 沙特致密砂岩储层主要黏土矿物产状及潜在损害

黏土矿物	结构类型	产状	赋存形式	潜在储层损害形式
伊利石	2∶1	片状、丝状、毛发状、桥接状	粒间孔微裂隙充填	分散运移、相圈闭损害、处理剂吸附与滞留
伊/蒙间层	2∶1	弯片状、桥接状	粒间孔微裂隙充填	微弱晶格膨胀、分散运移、相圈闭损害、处理剂吸附与滞留
绿泥石	2∶1+1	鳞片状，栉壳状	粒间孔充填颗粒交代	分散运移、相圈闭损害、二次沉淀、处理剂吸附与滞留

例如，气藏中的凝析油(水)相，因黏土矿物本身的晶间微孔系统及其吸附作用将影响凝析油(水)气体系的相态特征，故形成油(水)相圈闭而造成储层损害。黏土矿物自身的敏感性以及因黏土的存在而导致的储层致密性是产生多种类型损害的根源(图 1-5)。致密储层极易受到损害，且消除损害非常困难，所以认识黏土矿物的作用并有效地控制其行为就成了储层损害控制技术的重要发展方向。从黏土矿物微结构方面来看，丝状、毛发状结构的伊利石在开发过程中易被流体折断并迁移至喉道形成堵塞；单纯的鳞片状绿泥石在颗粒表面形成的栉壳状结构较为稳定，酸溶解作用易使其分散运移。对黏土矿物损害类型的研究还要把矿物组合起来进行，几种黏土矿物组合能够加剧对储层的潜在损害，

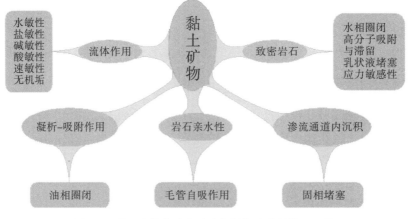

图 1-5 黏土矿物在致密砂岩气层损害中的核心地位

黏土矿物的成岩作用阶段及胶结程度对储层损害同样具有较大影响，成岩晚期及胶结程度高可以减弱储层损害。

1.4　致密砂岩储层物性及孔隙结构特征

对于常规储层，其孔隙度与渗透率具有明显的正相关关系，而对致密砂岩储层则不然。高孔隙度致密储层中，其复合孔隙喉道长度短且连通性好，孔隙度与渗透率相关程度较高，但低孔渗致密储层孔隙吼道复杂、连通性差，孔渗相关性低。对于须家河组致密砂岩储集层，当孔隙度低于 13% 时，孔渗关系呈现分散的趋势。虽然低孔隙度致密储层的孔渗关系可能会很分散，但在校正滑脱效应之后的孔渗之间也会表现出一定的相关性。

1.4.1　致密砂岩储层物性特征

渗透率是表示在一定压差下，岩石允许流体通过的能力，决定了流体流动的难易程度。有效孔隙度、流体饱和度和毛管压力是控制油气藏有效渗透率的重要参数。此外，在致密砂岩中还广泛分布着大量的微观孔隙（如图 1-6 所示），与连接孔隙的喉道一起形成了复杂的系统，也使致密含气砂岩渗透率很低。

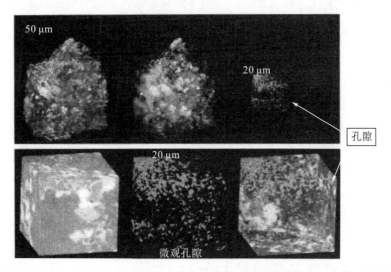

图 1-6　基于 μ-CT 技术识别得到的致密砂岩中的微观孔隙（据 Metz 等，2009）

在常规砂岩储层中，有效孔隙度通常只比总孔隙度稍低，然而，在致密砂岩储层中，成岩作用导致有效孔隙度比总孔隙度要小很多。致密砂岩的成岩作用改变了原生孔隙结构并减少平均孔喉直径，导致弯曲度和孤立孔隙或不连通孔隙数目增加，从而导致岩石中微观孔隙结构和孔隙类型变得复杂。

根据沙特 B 区块 4 口井的岩心资料统计分析，鲁卜哈利盆地古生界储层主要是低孔低渗储层，总孔隙度集中在 0.59%～16.47%，平均值为 7.6%。渗透率范围介于 0.011×10^{-3}～26.3×10^{-3} μm^2（图 1-7），平均为 4.3×10^{-3} μm^2。

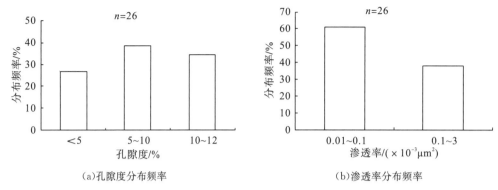

(a)孔隙度分布频率　　　　　　　　　　(b)渗透率分布频率

图 1-7　沙特 B 区块孔隙度渗透率分布统计结果

对 Unayzah 组 2 口井共 12 块岩心样品进行的物性测试得知，该组岩心孔隙度范围在 3.8%～16.47%，平均值 7.02%，渗透率范围为 $0.028 \times 10^{-3} \sim 26.2 \times 10^{-3}$ μm^2，平均值 4.4×10^{-3} μm^2，孔隙度和渗透率的相关性不好，相关性系数 R^2 为 0.03，这与分析的岩心数量有关，而且其中 2 块岩心肉眼可见微裂缝也是造成相关性不好的原因(图 1-8)。去掉具有微裂缝特征的 2 个样品后，10 个样品的渗透率平均值为 0.42×10^{-3} μm^2。其中大多数样品孔隙度小于 7%，12%～15% 的样品也有一定数量，渗透率分布范围较大，大多数在 $0.02 \times 10^{-3} \sim 0.2 \times 10^{-3}$ μm^2，但 $3 \times 10^{-3} \sim 26 \times 10^{-3}$ μm^2 的样品也有 3 个。分析认为 Unayzah 组砂岩属于低孔低渗致密砂岩，局部微裂缝改善了岩石的渗透能力。

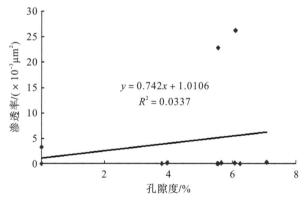

图 1-8　Unayzah 组孔渗分布关系图

1.4.2　致密砂岩储层孔隙结构特征

岩石孔隙结构包括岩石孔隙类型、孔隙大小、形状、孔间连通情况、孔壁粗糙程度等全部孔隙特征和它的构成方式。岩石的孔隙结构直接影响到岩石的储集特性和渗流特性，它是研究岩石孔隙度和渗透率的基础。孔隙类型及孔隙几何形状均随成岩作用变化而发生变化。例如，从大孔隙变成微孔，矿物溶解而产生孔隙，以及孔隙从部分到全部被沉淀矿物所占据。此外，孔隙类型很少是单一的。大量的微孔隙和部分连通的大孔隙的砂岩是一个特殊的例子，它属于两套孔隙系统的叠合。因此，储集岩中具有复杂的孔隙类型时，必须仔细研究。砂岩储层孔隙类型复杂多样，按成因可以概括为表 1-4。

表 1-4　按成因概括的孔隙类型（据何更生等，2011）

类型		成因
原生或沉积的孔隙	粒间孔	沉积作用
次生或沉积后的孔隙	纹理及层理缝	沉积作用
	溶孔、铸模孔、颗粒内溶孔和胶结物内溶孔	溶解作用
	晶体再生长晶间孔	压溶作用
	裂缝孔隙	构造作用
	颗粒破裂孔隙、收缩孔洞	岩石的破裂和收缩
混合成因的孔隙	微孔隙	复合成因

1. 孔隙结构研究方法

随着测试技术的不断进步，储集岩孔隙结构研究方法得到了全面发展和提高。目前常用的储集岩孔隙结构研究方法如表 1-5 所示。孔隙结构表征方法主要分为视孔喉大小分布和真实孔隙大小分布两类。其中，视孔喉大小分布表征最常用的方法是压汞法。压汞法表征的孔喉大小范围主要集中的在宏孔（>50nm）。这种方法具有快速、准确的优点。所测得的毛管压力－水银饱和度关系曲线可以定量反映储集岩的孔隙吼道的大小分布。随着勘探开发逐步加快，致密砂岩储层孔喉尺寸已经达到了纳米级尺度。因此，常规压汞法无法表征纳米级孔隙的孔隙结构。氮气吸附法基于分子吸附理论可以很好地表征致密砂岩中的介孔（2~50nm）和微孔（<2nm）孔径分布。对于真实孔隙分布大小而言，常采用铸体薄片、扫描电镜、CT 扫描等手段分析致密砂岩孔喉特征、孔径分布等参数。其中，铸体薄片所描述的对象为尺寸相对较大的孔隙和微裂缝，扫描电镜、CT 扫描表征的孔隙相对更加微观。

表 1-5　储集岩孔隙结构研究方法、类型、数学模型及表征参数

类型	研究方法及类容		孔喉特征描述及定量表征参数	数学模型	
	方法	内容		分布	参数
视孔喉大小分布（孔喉大小分布）	测定毛管压力（单面进汞和四面进汞，主要针对宏孔）	注入曲线 退出曲线 （吸入曲线） 重新注入曲线	排驱压力－最大连同孔喉半径 饱和度中值毛管压力－ 近似平均孔喉半径 最小非饱和的孔喉百分数 平均毛管压力－平均孔喉半径 孔喉分选系数 喉道体积 孔隙和喉道的总体积 退汞效率 阻止之后及捕集之后	正态分布 地质混合经验分布	均值 分选 峰态 歪度 峰值 均值 分选 变异 系数 歪度
	低温氮气吸附（主要针对介孔、微孔）	吸附曲线 脱附曲线	孔隙体积 孔隙半径 孔径分布曲线 孔隙表面积 孔隙形状 孔隙比表面积	BET 和 BJH 理论	分子层厚度与直径 总吸附量

续表

类型	研究方法及类容		孔喉特征描述及定量表征参数	数学模型	
	方法	内容		分布	参数
真实孔隙大小分布	孔隙铸体分析	普通岩石铸体薄片 孔隙铸体薄片	孔隙类型、形状 平均孔隙直径 孔隙大小分布频率 孔隙-喉道配位数 孔隙-喉道组合关系 二维孔-喉直径比 微裂缝发育特征 微粒缝宽度	泊松分布	
	扫描电镜分析	普通环境扫描电镜 场发射环境扫描电镜			
	CT 扫描	微米 CT 扫描 纳米 CT 扫描	孔隙连通特征 孔隙-喉道配位数 三维孔隙网络模型 孔隙和喉道大小	Beer 定律	射线强度 衰减系数 路径长度

致密砂岩气、页岩气的勘探实践和"连续谱"概念的提出(Nelson，2009)模糊了传统概念中储层与盖层的界限，用于描述常规储集层的孔隙度和渗透率已不能很好地描述致密储集层的特征，平均孔喉值无疑是描述致密砂岩储集层的另一个关键参数(徐兆辉等，2011)。

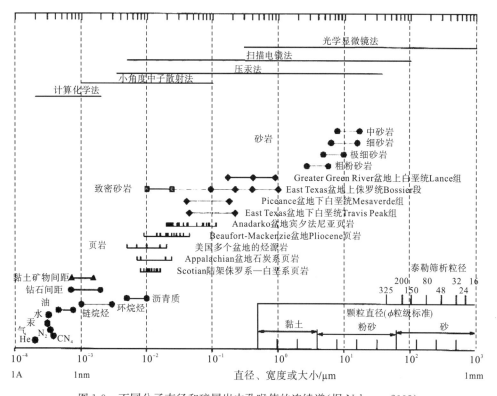

图 1-9　不同分子直径和碎屑岩中孔喉值的连续谱(据 Nelson，2009)

Nelson(2009)在分析了 172 块来自世界不同盆地、不同年代和不同岩性样品的压汞数据和常规物性数据之后指出：常规储集层的孔喉值(直径)通常大于 2μm，致密含气砂岩储集层介于 2~0.03μm，而页岩则介于 0.1~0.005μm；沥青、环烷烃、链烷烃和甲烷等分子则形成了连续谱的另一部分：从沥青分子的 0.01μm 变化到甲烷分子的 0.00038μm。通过分析这些数据的平均孔喉大小，得到一个近似连续的孔喉直径谱。然后，又列出了黏土矿物颗粒、烃类、水、汞和三种气体(氮气、氦气和甲烷)分子的直径，将这些分子直径与硅质岩颗粒之间的平均孔喉直径放到同一个对数坐标中，就得到了一张跨越 7 个数量级的连续谱(图 1-9)。图 1-10 展示的来自 East Texas 盆地的 Bossier 致密砂岩样品时美国典型的致密砂岩储集层，其孔喉直径介于 1～0.1μm，其中无效储集层(用正方形表示)的孔喉大小可低至 0.01μm。该连续谱展示了常规碎屑岩储层、致密砂岩储层、页岩的孔喉值，以及微观液体的气体分子直径的连续分布情况。通过对全球不同地区砂岩样品的孔喉直径和含油气情况的大量统计，可以得到它们之间的统计规律。

2. 致密砂岩储层孔隙类型

致密砂岩储层孔隙类型以粒间及粒内溶孔、粒间微孔、微裂缝等次生孔隙为主，原生孔隙少见。

沙特 B 区块致密砂岩储层由于埋藏深，岩石受强烈的压实作用和构造挤压作用的影响，原生孔隙几乎丧失殆尽，储集空间主要为粒间孔、次生溶蚀孔(粒内、粒间溶蚀孔，晶间、晶内溶蚀孔)、少见微裂缝、杂基内微孔，有时偶见原生孔隙，多半被其他矿物充填(图 1-10～图 1-13)。

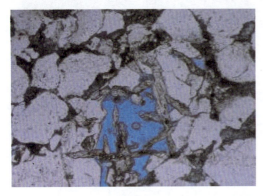

图 1-10　溶蚀孔

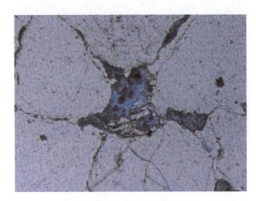

图 1-11　缩小粒间孔

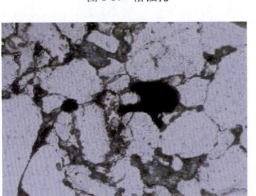

图 1-12　铸膜孔被自生矿物充填

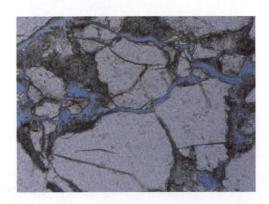

图 1-13　微裂缝，部分被溶蚀

从储层物性特征和孔隙类型来看，由于该储层黏土矿物发育，有部分石英加大，孔隙连通不好，这就严重影响了储层的储渗能力，并且伊利石和细粒石英还会因流体流动而产生速敏、液锁，堵塞喉道，这也会造成渗透率降低。

3. 喉道类型

喉道为连通孔隙的狭窄通道，对储层的渗流能力起着决定性的影响，喉道的大小和形态主要取决于岩石的颗粒接触关系，胶结类型及颗粒的形状和大小。沙特 B 区块致密砂岩储层主要包括以下两种孔喉类型。

(1)中孔细喉型。孔隙类型为残余粒间孔和粒内溶蚀孔隙（为长石溶蚀孔）（图 1-14 和图 1-15），喉道多管状，粒间充填片状、丝缕状的伊利石和石英自生加大胶结物，这些胶结物对油气的渗流产生了很大的影响，特别是伊利石和未胶结的细小石英颗粒，都很容易因流体流动而产生微粒迁移，堵塞喉道，对储层产生损害，这就是常说的速敏性。伊利石网状充填孔隙，构成晶间微孔，成为束缚孔隙，使孔隙弯曲度增加，造成孔隙度及渗透率明显降低，还容易造成液锁。

图 1-14　中孔细喉型　　　　　　　　　　　　图 1-15　中孔细喉型

FRAS-1 C-4 13　$\Phi=12.69\%$，$K=0.015\times10^{-3}$ μm²，粒间残余孔隙较发育，粒间孔隙中充填片状、丝缕状伊利石。

FRAS-1 C-4 13　$\Phi=12.69\%$，$K=0.015\times10^{-3}$ μm²，粒间残余孔隙发育，粒间充填自生石英、丝缕状伊利石。

(2)细孔细喉型。该孔喉型以 ANTB-0002 C-4 的储集层为代表，该储层的特点是岩石较为致密，泥质含量重，呈片状分布，原生孔隙不发育，可见少量的粒内溶蚀孔隙，粒间常见云母碎片，该储集层储渗物性很差（图 1-16 和图 1-17）。

从电镜扫描可以看出该储层粒间孔隙和粒内溶孔局部发育，但是孔隙内被大量的丝缕状伊利石胶结，并且压实作用作用明显，孔隙之间的连通性普遍不好。所以该储层物性极差，不利于天然气储集和渗流。

4. 孔喉尺寸特征

为了解致密砂岩储层孔隙结构，采用压汞法对沙特致密砂岩储层 FRAS-1、ANTB-2 井 C-3、C-4 储层样品进行了孔隙结构参数测定，测试结果孔隙结构参数如表 1-6 所示。

图 1-16 细孔细喉型

ATNB-2 C-3 47 $\Phi=4.43\%$, $K=0.012\times10^{-3}$ μm², 粒间残余孔隙不发育, 粒间孔被伊利石充填, 使储渗物性变差。

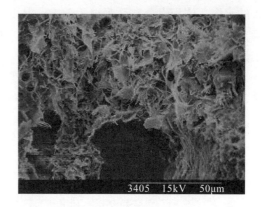

图 1-17 细孔细喉型

ATNB-2 C-3 47 $\Phi=4.43\%$, $K=0.012\times10^{-3}$ μm², 粒间残余孔隙不发育, 粒间孔被伊蒙间层矿物充填。

表 1-6 毛管压力孔隙结构参数表

样品号	排驱压力 /MPa	中值压力 /MPa	最大连通孔喉半径/μm	中值半径 /μm	未饱和体积 百分比/%	退汞效率/%
ATNB-2 C-2 36	15.96	—	0.047	—	54.94	7.77
ATNB-2 C-3 45	2.20	4.70	0.342	0.159	2.56	49.54
ATNB-2 C-3 47	3.24	8.64	0.231	0.087	6.01	16.92
ATNB-2 C-3 49	8.00	23.47	0.094	0.032	15.41	17.24
FRAS-1 C-4 13	4.23	12.56	0.177	0.060	11.98	23.87
平均值	8.64	12.34	0.178	0.084	25.54	23.07

(1)排驱压力。从压汞样品分析实验结果来看, 整个排驱压力分布在 2.19~15.96MPa, 平均值为 8.64MPa, 排驱压力较高, 反映了致密砂岩孔喉细小, 具有高的驱替排驱压力的特征。

(2)最大连通孔喉半径。从测试结果来看, 最大连通孔喉道半径为 0.047~0.342 μm, 平均为 0.178 μm。结果表明储层的孔喉发育细小。

(3)饱和度中值压力。从 5 个样品测试结果来看, 样品 ANTB-2 C-2 4 在进汞压力超过 199MPa 时, 进汞饱和度才达到 8.2%, 没能测出饱和度达到 50% 时的中值压力, 其余四个样品的饱和度中值压力范围在 4.7~23.4MPa, 平均值为 12.34MPa。

(4)中值喉道半径。从测试结果来看, 中值喉道半径为 0.032~0.159 μm, 平均为 0.084 μm; 测试结果表明储层的孔喉发育细小, 这对于油气渗滤非常不利。

(5)未饱和体积百分比。汞未饱和体积表示当注入水银的压力达到最高压力时, 没有被水银侵入的孔隙体积百分数, 它可以反映岩石的颗粒大小、均一程度、胶结类型、孔隙度、渗透率等一系列指标。其值越大, 说明这种小孔隙喉道所占的体积越多。测试结果表明, 样品没饱和体积在 2.54%~91.76%, 平均值为 25.54%, 表明储集岩有效孔喉发育较好, 在进汞压力很高的条件下(199MPa)仍然有部分孔隙没能被汞充注。

(6)退汞效率。从最大注入压力降低至最小压力时, 岩样中退出水银体积占降压前注入的水银总体积百分数称为退汞效率，其值越大，表明孔喉结构越好。测试样品结果退汞效率为 7.77％～49.54％，平均值为 23.07％，退汞效率较低，也说明了孔喉结构不好。

毛管压力曲线特征整体上表现为细歪度，由于最大进汞压力在 199MPa，测试结果大多数样品均出现了"中值平台"，从孔喉分布来看，大多数样品对应有峰值出现（0.14～2.5μm），实验结果见图 1-18～图 1-22。

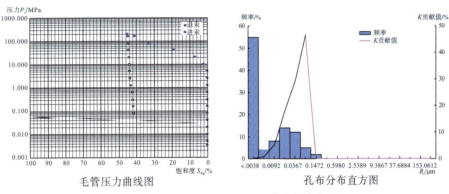

图 1-18　ATNB-002 C-2 4 压汞孔隙结构参数

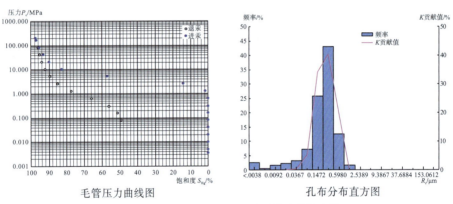

图 1-19　FRAS-001 C-4 13 压汞孔隙结构参数

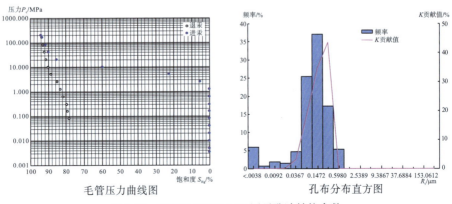

图 1-20　ATNB-002 C-3 17 压汞孔隙结构参数

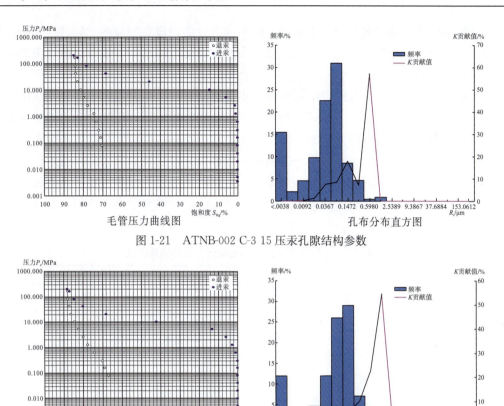

图 1-21　ATNB-002 C-3 15 压汞孔隙结构参数

图 1-22　ATNB-002 C-3 13 压汞孔隙结构参数

5. 单面进汞和四面进汞孔隙结构对比

致密砂岩气层孔喉细小、开发过程中孔隙压力下降导致储层孔喉体积压缩，采用常规四面进汞测试技术对储层岩石孔隙结构研究不能很好模拟储层有效应力条件及流体实际流动情况，模拟储层原地应力状况设计有效应力条件下的单面进汞毛管压力测试实验，能更好地反映开发中储层岩石微观孔隙结构变化规律。鉴于常规毛管压力测试不能反映开发中有效应力增加时储层岩石孔隙结构的变化情况，引入有效应力单面进汞毛管压力测试对原地应力条件致密砂岩孔喉分布规律进行研究。测定了有效应力 30MPa 条件下的单面进汞毛管压力参数，与相应常规四面进汞样毛管压力曲线参数进行对比（康毅力等，2007）。

实验将岩心柱分成两截，一部分做单面进汞，另一部分做四面进汞。对比结果见表1-7、图 1-23、图 1-24，结果表明同一汞饱和度条件下单面进汞毛管压力高于四面进汞情况，表现为毛管压力曲线向右向上方发生偏移，且随有效应力增加曲线的偏移程度增大；与四面进汞相比，单面进汞排驱压力和饱和度中值压力增加、最大进汞饱和度降低，单面进汞孔喉偏粗部分体积比例减少、偏细部分体积比例增加。从四面进汞与单面进汞孔喉分布贡献对比也可以看出孔喉半径的变化，四面进汞与恒定有效应力下的单面进汞毛管压力曲线形态对比图中可以看出，在恒定有效应力 30MPa 下单面进汞样孔喉分布与对应四面进汞样孔喉分布图在形貌上相似，但单面进汞曲线没有明显的"阶梯"出现，这与进汞饱和度没有超过 50% 有关。从孔喉分布对比中可以看出，有效应力条件下的单面进汞孔喉小于 0.0038μm 的小孔喉部分比例增大，表明在有效应力下致密砂岩孔隙结构受到压缩，岩石变得更为致密。从未饱和体积百分比来看，单面进汞未饱和孔喉体积超过 50%，远大于四面进汞，孔喉半径整体上向小孔喉方向发展，孔隙与喉道的连通性变差，储层渗透能力也因此降低，即有效应力增加时，致密砂岩储层孔喉缩小导致了应力敏感性发生。从退汞效率来看，单面进汞和四面进汞的退汞效率都很低，退汞效率不超过 20%，单面进汞比四面进汞的退汞效率更低，这对钻井完井作业液技术具有很好的启示作用，原地有效应力下储层具有很高的毛管压力值，一旦液相进入储层，很难被有效地返排出来。

表 1-7　不同进汞方式下的毛管压力孔隙结构参数

进汞方式	样品号	深度/m	排驱压力/MPa	中值压力/MPa	最大连通孔喉半径/μm	中值半径/μm	未饱和体积百分比/%	退汞效率/%
四面	ATNB-2 C-3 47(1)	4577.0	3.24	8.64	0.23	0.087	6.01	16.92
单面 (30MPa)	ATNB-2 C-3 47(2)	4577.0	16.16	0.00	0.05	0.00	58.3	2.66
四面	ATNB-2 C-3 49(1)	4578.0	8.00	23.47	0.09	0.032	15.41	17.24
单面 (30MPa)	ATNB-2 C-3 49(2)	4578.0	36.06	0.00	0.02	0.00	54.21	9.37

从致密砂岩孔隙结构对常规压汞和恒定有效应力下单面进汞的响应得知，致密砂岩存在应力敏感性的实质是随有效应力条件的改变，致密砂岩岩石力学性质发生变化，孔喉受到压缩、半径缩小，使得其渗透能力减弱。所以，在开发中应当尽量避免较大的压差出现以防止应力敏感损害储层。

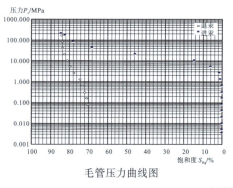

毛管压力曲线图

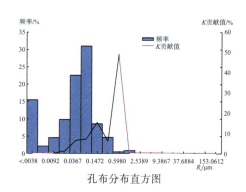

孔布分布直方图

(a)四面进汞

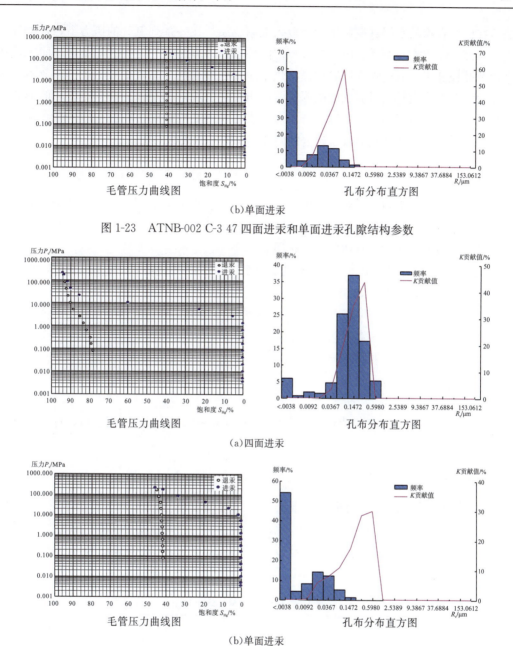

（b）单面进汞

图 1-23 ATNB-002 C-3 47 四面进汞和单面进汞孔隙结构参数

（a）四面进汞

（b）单面进汞

图 1-24 ATNB-2 C-3 49 四面进汞和单面进汞孔隙结构参数

1.4.3 致密砂岩微孔径特征

通过压汞资料分析得到的孔喉主要为宏孔，对于介孔和微孔，压汞方法很难准确描述其微孔径分布情况，需要借助于氮气吸附法对其进行测量。

1. 实验原理

对多孔介质材料的微孔径和比表面测试采用较为成熟的方法是氮气容量法。这一方法是在已知容积的密闭真空系统中，放入吸附物质，在一系列氮气的压力下，根据气态方程，即气体质量和温度、压力与容积之间关系，计算出氮气的被吸附量，进而求得比表面及孔径分布。氮气吸附法原理是将烘干脱气处理后的样品置于液氮中，调节不同实验压力，分别测出样品对氮气的吸附量，绘出吸附和脱附等温线。根据滞后环的形状确定孔的形状，按不同的模型计算孔分布和比表面积。氮气吸附法在致密砂岩微孔和介孔分析方面有优势，能分别对致密砂岩的微孔和介孔进行较好的描述。

2. 实验测试程序

实验使用氮气吸附法致密砂岩进行比表面和微孔径分析。氮气吸附法中使用 BJH 原理分析致密砂岩孔径，氮气吸附法在致密砂岩微孔分析方面有优势，能分别对致密砂岩的微孔进行较好的描述。具体实验步骤如下：

(1)氮气吸附法测试中，将样品制成粒径约 2~5mm 的颗粒状，重量 2~4g，烘干后装入专用试管中，分别在 300℃脱附条件下置于仪器脱气室内进行脱气处理；

(2)脱气完成后将试管置于液氮中，移至分析室进行分析，在零下 196℃温度下测试氮吸附量和压力，生成等温吸附－脱附曲线；

(3)分析等温吸附－脱附曲线滞留环形态，使用相应原理进行计算，得到孔径分布曲线。

3. 微孔径分布特征

致密砂岩的微孔径测试是利用 BJH(Barrett-Joyner-Halenda)原理进行，计算公式如公式(1-1)所示：

$$V_{pn} = \left(\frac{r_{pn}}{r_{kn}+\delta t_n/2}\right)^2 \left(\delta V_n - \delta t_n \sum_{j=1}^{n-1} A_{cj}\right) \tag{1-1}$$

式中：V_{pn} 为孔隙容积；r_{pn} 为最大孔半径；r_{kn} 为毛细管半径；V_n 为毛细管体积；t_n 为吸附的氮气层厚度；A_{cj} 为先前排空后的面积。

通过使用 BJH 原理进行的微孔径测量结果得知，致密砂岩的峰值孔半径主要分布在 18.53~536.5Å(表 1-8、图 1-25、图 1-26)。

表 1-8　致密砂岩微孔径特征

样号	深度/m	脱气温度/℃	测试温度/℃	平均半径/Å
FRAS-001 C-4 13	5009.1	300	−196	536.5
ATNB-002 C-2 36	4374.9	300	−196	18.53
ATNB-002 C-3 47	4504.9	300	−196	130.2
ATNB-002 C-3 45	4504.2	300	−196	277.8

从沙特致密砂岩微孔径测试结果可知，储层中具有一定比例的介孔、微孔，使得其具有高的毛管压力作用特征。在钻井完井液正压差作用下，部分滤失进入微孔隙中的钻井完井液组分在高的毛管阻力作用下很难被返排出来，这些滞留的微固相和液相组分会造成孔隙体积减小、增加储层的致密程度，从而影响储层的渗透能力。在预防致密砂

工作液损害方面，应该优先使用低固相含量的钻井液体系。同时，可以考虑在钻井完井液体系中加入一定量的表面活性剂改善致密砂岩表面的疏水性，以减轻致密砂岩储层因毛管自吸带来的微固相堵塞和液相圈闭损害。

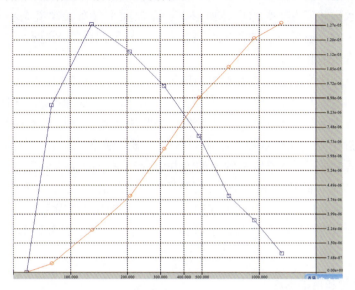

图 1-25　致密砂岩储层微孔径特征（ATNB-002 C-3 47）

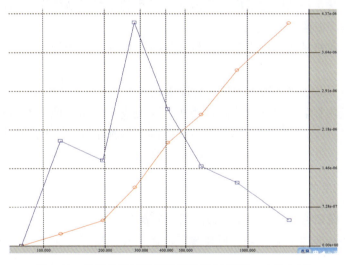

图 1-26　致密砂岩储层微孔径特征（ATNB-002 C-3 45）

1.5　致密砂岩储层含水饱和度特征

1.5.1　气藏原始含水饱和度和束缚水饱和度

气藏原始含水饱和度是指在气藏投入开发以前储层岩石孔隙中原始含水体积与岩石孔隙体积的比值。原始含水饱和度受多种因素控制，包括储层地质特征、成藏历史、温度、润湿性和距离自由水面高度，以及孔隙大小分布。气藏原始含水饱和度要么高于，要么低于束缚水饱和度，往往并不等于束缚水饱和度。

束缚水饱和度是指在两相或者多相驱替过程中，由于毛细管力作用而存在于孔隙中的部分。束缚水饱和度主要受储层几何形态、孔隙大小分布、喉道大小分布、润湿性、表面粗糙度等影响。通过压汞或者气水驱替实验容易得到束缚水饱和度，但很难得到储层的真实原始含水饱和度值。

对于油藏，一般情况下其束缚水饱和度等于原始含水饱和度；但对于气藏，其往往在具有高的束缚水饱和度的同时，又具有异常低的原始含水饱和度。据国外文献报道，对于气藏原始含水饱和度低于 5% 并非罕见，而且不依赖于储层渗透性。有些气藏的原始含水饱和度近于零，如密歇根生物礁石灰岩气藏。通常原始含水饱和度的范围介于 10%～25%。国内对于低渗透致密砂岩的测井解释和室内试验结果表明，其束缚水饱和度往往在 50% 以上，而其原始含水饱和度要远远低于此值。

对气藏含水饱和度的认识有利于准确评价气藏、预防水锁损害。气藏中的含水饱和度一般经历低含水饱和度的形成和含水饱和度的演化两个阶段（游利军，2004；张浩等，2005）。

1. 低含水饱和度的形成

一般来说，含水饱和度的形成与气藏成藏过程的生烃排液作用紧密相关，生烃排液过程又可分为三个阶段：

第一阶段是在机械压实排水阶段，生成生物甲烷气及少量低熟油伴随地层水进入地层高孔渗段。

第二阶段以天然气排孔隙水阶段，伴随天然气的大量生成，孔隙水被集中排驱。

第三阶段以热裂解气汽化携液阶段为主，在晚成岩作用后期，天然气的生成进入热裂解气排残余水阶段。高温热裂解气具有很强的蒸发携水能力，生烃排液作用导致气藏原始含水饱和度远低于束缚水饱和度，即导致致密砂岩气藏超低含水饱和度最终形成。

2. 含水饱和度的演化

致密砂岩气藏超低含水饱和度形成之后，其保存主要受以下两个因素控制。

首先，较大厚度的泥页岩可作为其盖层，盖层条件良好可保持气层具有较低的含水饱和度。

其次，气藏的"动态圈闭"特性能够一定程度阻止水体进入，在致密砂岩的气水过渡带内当含气饱和度达到 70% 以上时，水相渗透率变为零，同上部的水相圈闭效应相似，下部的天然气成为水体继续向下运移的阻挡因素。

基于上述复杂的地质因素，致密砂岩的气藏含水饱和度往往呈现多种状态，从沙特致密砂岩开发实际来看，气藏原始含水饱和度的范围为 25%～75%，一般在 30%～45% 左右。

1.5.2　致密砂岩气藏超低含水饱和度形成机制

1. 致密砂岩储层超低含水饱和度现象

通常认为致密砂岩气藏含水饱和度在 40% 以上，高者甚至达到 60%～70%。然而，国内外关于致密砂岩气藏钻井取心与测井评价研究实践表明，致密砂岩气藏高含水饱和度的表象多数由井壁附近强烈的工作液滤液毛管自吸作用造成的。鄂尔多斯盆地北部（鄂北）上古生界致密砂岩气藏的密闭取心和测井资料显示，气藏初始含水饱和度值远低于其束缚水饱和度，即存在超低含水饱和度现象。D. B. Bennion 对致密砂岩气藏超低含水饱和度形成作了较为细致研究，遗憾的是没有结合气藏形成地质作用过程来加以讨论。因此认为致密砂岩气藏超低含水饱和度是在气藏的生烃、增压及排水作用过程中形成，并通过室内气驱水模拟实验加以验证。而致密砂岩气藏独特的地质条件是超低含水饱和度得以保存的关键。

从某种程度上说，致密砂岩气藏的发现过程实际上就是对水相圈闭损害的认识过程。由于对水相圈闭损害的严重性认识不够，阿尔伯达盆地在发现第一口深盆气井之前曾错失上百口气井。早期鄂尔多斯盆地勘探下古生界时所钻 380 口探井，也基本上没有发现上古生界致密砂岩气藏。由于存在超低含水饱和度及高毛管压力，致密砂岩气藏在钻井过程中很容易吸水达到高含水饱和度状态，当气藏中含水饱和度在 65% 以上时气相渗透率近于 0，所以，阿尔伯达盆地及鄂尔多斯盆地北部上古生界早期钻井数百口而错过及时发现大型、巨型气藏的事实也就不足为奇了。

常规水基泥浆钻井作业之后测井结果显示，塔巴庙区块的测井解释含水饱和度值为 30%～65%，有的裂缝发育段测井含水饱和度值高达 74%，而通过室内气水两相渗透率实验得到的残余含水饱和度值范围为 30%～70%，与常规钻井后的测井含水饱和度值基本一致。

图 1-27 和图 1-28 为鄂尔多斯盆地 Sh211 井油基泥浆密闭取心与常规取心含水饱和度测量结果对比，密闭取心测量含水饱和度值范围为 20%～30%，相同孔隙度条件下所测含

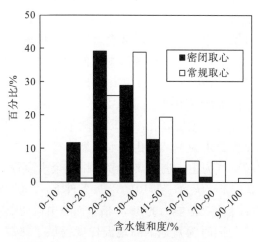

图 1-27　Sh211 井含水饱和度分布直方图

水饱和度常规取心比密闭取心高 3%~15%，且孔隙度越小，两者差值越大。同样，在临近地区陕 118 井密闭取心测量含水饱和度值多在 30% 以内。低含水饱和度现象在鄂尔多斯盆地上古生界及下古生界气藏中均普遍存在。

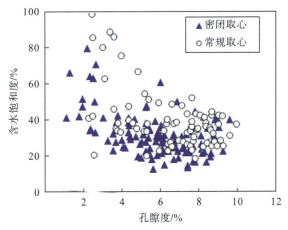

图 1-28   Sh211 井孔隙度与含水饱和度关系对比图

2. 致密砂岩储层超低含水饱和度形成机制

鄂北上古生界烃源岩主要为煤层及暗色泥岩、碳质页岩。煤层广布于全区，一般厚 10~20m，北部最厚达 30m。暗色泥岩厚度达 100~210m，烃源岩演化程度高（R_o = 1.6%~2.6%），在白垩纪达到生气高峰，北部生烃强度达 $15×10^8$~$36×10^8 m^3/km^2$，大量天然气不断生成在气藏内部聚集形成异常高压，石炭系地层压力系数普遍在 1.35~1.70，已达到岩石的破裂强度。

生烃排液作用可认为在两个不同场所分三个阶段进行。伴随烃类生成、运移及聚集过程，生烃排液作用分别在烃源岩及储集岩中进行。首先，烃源岩内部因烃类不断生成聚集形成高压，当烃源岩中封存的烃类流体压力值突破本身封闭条件会产生裂缝，包含大量地层水的高压烃类流体经裂缝向外排驱，一次高压地层流体从烃源岩向储集岩中排驱后，烃源岩内部压力下降裂缝闭合。接着，其内部会因为烃类生成聚集高压作用又一次产生裂缝，烃源岩内部将不断进行"幕式生烃排液作用"，将地层流体从烃源岩排驱到临近的储集岩中，使得烃源岩中首先出现超低含水饱和度状态。同样，当储集层中流体压力超过盖层破裂压力时，储集岩中与烃源岩中相似进行"幕式排液"作用，致密砂岩储层中天然气聚集越来越多，地层水的比重越来越小。

生烃排液过程的三个阶段如下图所示（图 1-29）。在机械压实排水阶段，生物甲烷气及少量低熟石油伴随地层水进入地层高孔渗层段。随干酪根成熟度增加，生气量越来越大，第二阶段以天然气排孔隙水为主，是孔隙水被集中排驱的主要时期。晚成岩作用后期，天然气的生成以热裂解气为主，进入热裂解气排残余水阶段。高温热裂解气具有很强的蒸发及携水能力，Bennion 认为，在 101.3kPa 条件下，100℃时 $10^3 m^3$ 的干气能够携带 539kg 水，是 15.6℃时干气携液能力的 38.5 倍。而燕山运动中期鄂尔多斯盆地经历的热事件在促进烃源岩成熟的同时为盆地的高地温梯度提供了热源。在生烃排液作用下，致密砂岩气藏超低含水饱和度最终得以形成。

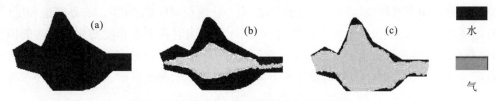

图 1-29　致密砂岩气藏超低含水饱和度形成过程

(a)机械压实排水阶段,孔隙中 100%饱含水;(b)天然气排水阶段,孔隙中水量大大减少;(c)热裂解气排水阶段,超低含水饱和度形成

3. 超低含水饱和度状态的保持

致密砂岩气藏超低含水饱和度形成之后,其保存主要受以下三个方面因素制约。首先,气藏中有厚度较大的泥页岩盖层,鄂北上古生界石盒子组发育区域性的泥岩盖层,储层之上直接的泥岩层累计厚度一般为 150~200m 左右,泥岩气相绝对渗透率一般为 10^{-7}~10^{-9}m^2,对于气散失及上覆水体进入气层具有良好封隔作用。其次,如图 1-30 所示,致密砂岩气藏中存在一较大层段气水关系倒置的气水过渡带,而与储层临近的烃源岩仍在不断供气,使气体沿气水过渡带下倾方向侵位,始终能够保持气水界面处的压力等于静水压力,气藏的"动态圈闭"特性能够阻止水体进入气藏。再次,致密砂岩气藏中气水过渡带内相对渗透率的变化是阻止上覆水体进一步进入气藏的关键,从过渡带内气水相对渗透率变化来看,当水饱和度增加到 60%以上时,气相渗透率近于 0,在过渡带的上倾方向形成水相圈闭,使得天然气不易散失。同时,当含气饱和度达到 70%以上时,水相渗透率变为 0,同上部的水相圈闭效应相似,气水过渡带下倾方向的天然气成为上部水体继续向气藏内运移的阻力。在以上三个因素的综合作用下,致密砂岩气藏中超低含水饱和度得以保存。

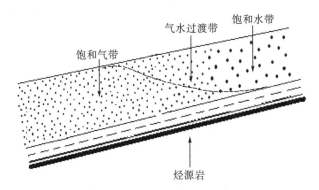

图 1-30　致密砂岩气藏气水过渡带示意图

1.5.3　含水饱和度与渗透率关系

在上覆应力作用下,低渗透砂岩储层中,气体的渗透率比常规储层小很多,只有 0.001×10^{-3}~1×10^{-3} μm^2,这种现象很常见。同样,地层水有效渗透率也是如此,因为在高含水饱和度的低渗透储层中水是不能够流动的。低渗透储层与常规储层有如此大的

差别，因此，用于常规储层的临界水饱和度(水停止流动时的饱和度)、临界气饱和度(气体开始流动的饱和度)以及束缚水饱和度(增加孔隙压力时含水饱和度变化很小时的饱和度)等概念都需要进行重新定义。对于低渗透储层中气体相对渗透率的研究发现，在含水饱和度为40%~50%时，气体的渗透率下降得最快。在低渗致密砂岩气层中，气水都不能流动的含水饱和度范围比较广(孙赞东等，2011)。

　　图1-31对常规储层和低渗透储层的性质进行了比较。在常规储层中，如果以相对渗透率2%作为基准，其大于2%的单相或者两相流体的渗透率变化范围很大，临界水饱和度和束缚水饱和度的值几乎是一样的。这说明储层是处于或者接近束缚水饱和度。然而在低渗透储层中含水饱和度的变化范围却很大，对于相对渗透率小于2%的流体，其临界水饱和度和束缚水饱和度值相差很大。在这种储层中，缺少水的产出不能够推断出储层处于束缚水饱和状态(Shanley等，2004；Naik，2010)。事实上，Byrnes早在1994年就已经提出了用"渗透率盲区"的概念来描述气水渗透率不能被忽略的含水区域(Byrnes等，1993)。然而，由于对这种关系缺乏深入的研究，导致了对低渗透储层中烃类系统研究的误解。

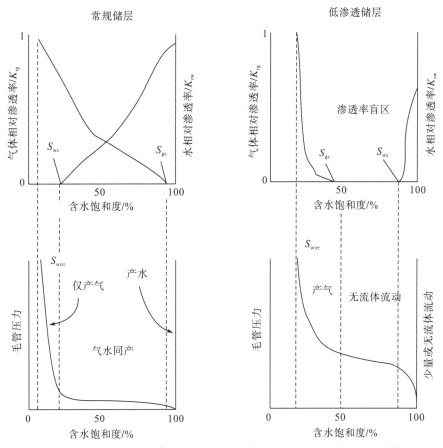

图1-31　常规储层和低渗储层中相对渗透率与毛管压力相关关系(据Shanley等，2004)

　　以上研究表明：①低渗透储层中缺少水的产出不能推断出储层处于束缚水饱和度状态，只能说明含水饱和度低于临界水饱和度，低渗透储层中含水饱和度的变化范围很大；②气体相对渗透率曲线很陡，含水饱和度很小的变化都会导致相对渗透率发生明显的改变；③含水饱和度超过 50% 的地区不可能有很高的气体渗透率；④由于这些渗透率关系，在能够证明岩石渗透率的变化影响测试结果之前，试井都要认真仔细地进行，没有产出流体的试井中，孔隙度和渗透率与那些产出大量气体的储层是相同的；⑤由于低渗透储层在高含水饱和度时对有效渗透率的影响很小，这些高含水储层中产出的天然气不能成为有效的资源。当然，由于对低渗透储层有效渗透率的特殊性质缺乏认识，有可能会导致一些误解，从而不能够很好地了解地下信息（孙赞东等，2011）。

图 1-31 中：S_{wc} 为临界含水饱和度；S_{gc} 为临界含气饱和度；S_{wirr} 为束缚水饱和度。在常规储层中，临界水饱和度和束缚水饱和度是基本相等的。在低渗透储层中，两者相差很大。在常规储层中，气水能够流动的含水饱和度变化范围很广。在低渗透储层中，较高的含水饱和度下，气和水都不能自由移动。在一些渗透率非常低的储层中，即使含水饱和度很高也没有可以移动的水。

1.5.4　致密砂岩气藏初始含水饱和度确定

1. 密闭取心或油基钻井液取心

对于低渗透气层，通过密闭取心或者油基钻井液取心，然后采用蒸馏法计算岩心含水饱和度，可以得到较为准确的原始含水饱和度值。但是这种方法也存在着不足：在蒸馏过程中，温度过低，束缚水蒸发不彻底，实测含水饱和度偏低；温度过高，容易造成岩样中的黏土矿物晶间水脱水，实测含水饱和度偏高。为防止破坏岩样晶间结构，实际分析时蒸馏法采用的试验温度要低于黏土矿物晶间水脱水温度，实测含水饱和度一般要偏低。文献选择不同孔渗条件的密闭取心或油基钻井液取心岩样洗油后重新饱和水，计量饱和水总量，再在与蒸馏法相同的实验条件（温度、时间等）下测定蒸发的水量。实验结果表明：流体不能全部被蒸发，在选取的岩样中，蒸发量只占总量的 52.7%～90.3%，岩样有效孔隙度为 5.4%～16.2%。说明采用蒸发的方法不能将以束缚水膜形式存在的水 100% 蒸发出来。而在气藏中的原生水则主要以束缚水膜的形式存在。

2. 测井解释

1）常规电阻率测井

地层原始含水饱和度的解释是常规电阻率测井所需要解决的基本问题之一。一般认为，原始含水饱和度（S_{wi}）与岩石孔隙度（φ）之间存在密切的关系。在国外普遍存在的观点是：对于给定的岩性，S_{wi} 与 φ 的乘积为一常数 C，即

$$\varphi \times S_{wi} = C \tag{1-2}$$

但在实际应用中，式（1-2）往往与实际资料并不相符，而且也不能满足 $\varphi \to 0$，$S_{wi} \to 1$ 这一边界条件。国内一些研究者结合岩心实验资料，建立了原始含水饱和度与孔隙度和力度中值之间的关系，但仍不能满足 $\varphi \to 0$，$S_{wi} \to 1$ 这一边界条件。以岩石导电的电阻率模型为基础，导出了利用孔隙度估算原始含水饱和度的关系式。

值得注意的是，对于油层，通过建立合理的解释模型和选择合理的参数，利用常规

测井解释往往可以获取较为真实的原始含水饱和度值。但对于低渗透气藏，其原始含水饱和度并不等于束缚水饱和度，常规电阻率测井所得到的原始含水饱和度往往与地层实际含水饱和度差异较大。一方面，由于不能准确获得地层原始含水饱和度信息，所建立的模型和选取的参数往往不能准确代表地层实际情况；另一方面，采用水基钻井液钻开地层时液相的侵入也将导致测井结果不能反映地层原始状态。

2）核磁共振测井

核磁共振测井是近年来迅速发展起来的一种新测井方法。它通过测量地层纵向、横向弛豫时间和扩散特性，可以得到与岩性无关的地层总孔隙度，并获得束缚流体与可流动体相对体积，从而提供有关储层油气类型、地层孔隙度、孔隙尺寸分布、渗透率、原油黏度、含油气饱和度和产能多种重要信息，在复杂岩性储层评价中具有非常好的应用前景。核磁共振测井的独特之处在于它能够将可流动孔隙度与不可流动孔隙度分开，求取较可靠的束缚水饱和度。

在利用核磁共振求取地层原始含水饱和度时要注意油藏和气藏的差别。在利用核磁共振求取地层含水饱和度时，对 T_2 截止值的标定直接影响到所得结果的可靠性。通常采用室内压汞或离心所求的束缚水饱和度所对应的 T_2 值来作为 T_2 截止值，并认为在地层原始情况下小于该 T_2 值的部分对应于地层束缚水流体部分，而大于该 T_2 值所对应的部分为可动流体部分。在油藏中其原始束缚水饱和度即为束缚水饱和度。因此，通过上述方法选取 T_2 截止值可以得到可靠的地层含水饱和度数据。但对于低渗透致密砂岩气藏，通过室内测定所得束缚水饱和度普遍高于地层条件下的原始束缚水饱和度。因此，对于 T_2 截止值的选取应当小于室内实验所得束缚水饱和度对应的 T_2 值。通过结合密闭取心或油基钻井液取心所得的原始束缚水饱和度来标定 T_2 截止值时利用核磁共振测井并确定地层条件下原始含水饱和度的有效途径之一。

3. 室内实验模拟

1）压汞法

由压汞法毛细管压力数据资料中最小非润湿相饱和度作为束缚水饱和度，按层段取其均值作为各层段的束缚水饱和度。

2）相渗透率法

演戏相渗透率实验是油田开发方案设计和油藏数值模拟必需的资料。通常以相渗透率 $K_{rw}=0$ 的端点对应的含水饱和度作为束缚水饱和度。

3）离心法

利用密度不同的两相流体在不同的转速下产生的离心力差来平衡毛细管压力，通过测量一系列离心机的稳定转速及在该转速下离心出的润湿相液体量，求得毛细管压力曲线。利用其求解束缚水饱和度的方法同压汞法完全一样。

4. 确定气藏原始含水饱和度的特殊方法

1）吸附法

当气体或蒸气与固体表面接触时，如果彼此间尚未达到热力学平衡，就会出现吸附现象,作为"吸附质"的气体或蒸汽分子在作为"吸附剂"的固体表面上不断积累,直至达到热力学平衡。吸附法确定束缚水饱和度正是基于这一原理。当温度、压力一定时,岩石矿物对水分子的吸附速率开始较快,随后逐渐变慢,直到吸附停止。吸附停止后的渗吸速率为一个常数,此时对应的吸附水量即为束缚水量,对应的含水饱和度即为束缚水饱和度。

2)脱附法

饱和润湿相的多孔介质置于空气中时,润湿相将自动蒸发,这一过程也即非润湿相的空气自发驱替润湿相的过程。脱附法(也称干法)测定束缚水饱和度正是基于这一原理。当温度、压力一定时,饱和水的岩石与空气接触,在蒸发的初始阶段,主要是毛细管理较小的大孔喉中的水被蒸发,岩石中水的减少量随时间的变化曲线斜率最大;当大孔或较大孔隙中的水蒸发完而转入由束缚水提供蒸发时,由于毛细管力的束缚作用而使蒸发过程减缓,岩石重量随时间的变化曲线将逐渐变得平缓。曲线的拐点(临界点)对应的含水饱和度即为岩石的束缚水饱和度。

3)非稳态气驱水法

非稳态气驱水法是以一维两相渗流理论和气体状态方程为依据,利用非稳态恒压法进行岩样气驱水实验。当以恒定的压力将非润湿相(气)注入饱和润湿相(水)的岩样中时,非润湿相的气体将驱替出岩样孔隙中的水。由于岩石微观孔隙结构的非均质性,在驱替过程中会有部分水以水膜或泡滴的形式存在,且在提高驱替压力时,仍然很难被驱替出来。理论上认为,此时岩样中的饱和度即为束缚水饱和度。

利用上述三种方法建立了某气田侏罗系储层孔隙度主要集中在 $4\%\sim6\%$、空气渗透率均小于 0.2×10^{-3} μm^2 岩石样品的原始水,并与测井计算的原始含水饱和度比较,将结果列于表 1-9。

表 1-9　不同孔隙度的原始含水饱和度数据表

孔隙度	3.0%	4.0%	5.0%	6.0%	7.0%	9.0%
吸附法	64.1	56.5	49.9	44.0	38.9	30.3
脱附法	66.0	54.0	44.0	36.0	30.0	20.0
非稳态气驱水法	79.9	74.0	58.3	45.9	36.2	22.5
测井解释	100.0	78.0	72.0	60.0	48.0	35.0

对比三种室内方法和测井数值之间的差异,可以认为脱附法最能代表实际气藏的原始情况,通过对于脱附时间和温度压力的控制有可能得到实际气藏的原始含水饱和度。测井法求得的含水饱和度偏高,一方面来自于解释的误差,另一方面来自于钻井液的侵入影响。

1.6　致密砂岩储层裂缝发育特征

储层中发育的天然裂缝,对油气运移、聚集成藏有重要作用。川西深层致密砂岩基块孔隙度低,渗透性差,裂缝的存在大大提高了储层渗透率,成为提高致密砂岩气藏勘探成功和经济开发的物质基础。

1.6.1 天然裂缝的岩心观察

通过现场钻井取心岩心观察描述能够对裂缝有最为直观的认识。表 1-10 为对新场大邑构造须家河组储层岩心观察得到的典型裂缝照片及相应裂缝特征。

岩心统计法是研究储层裂缝最基本的方法,该方法比较直观地反映出储层裂缝发育情况,可以获取裂缝在地面条件下的长、宽、形态、产状、充填程度、充填物、密度等资料。不足之处是观察到的裂缝宽度是在原地应力释放条件下得到的,与实际储层条件下的裂缝宽度有较大出入(唐清明,2012)。

由新场构造及大邑构造须家河储层段各井岩心观察裂缝统计结果可见(表 1-10),须家河储层裂缝普遍发育,裂缝线密度为 1.74~5.41 条/m,其中高角度缝、低角度缝及水平缝的比例分别为 20.8%,60.3%,18.8%(图 1-32),从充填情况来看,主要为半充填裂缝,占 52.97%,张开缝占 38.6%(图 1-33)。

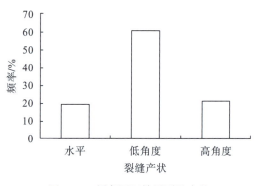

图 1-32 须家河组储层裂缝产状

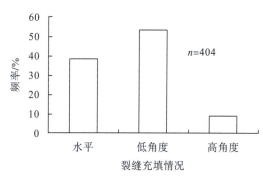

图 1-33 须家河组储层充填情况

表 1-10 须家河组储层典型裂缝照片

裂缝照片	井号	层位	深度/m	裂缝描述
	新 3	T_3x^2	4935.6	细粒岩屑石英砂岩,发育 2 条水平缝,裂缝半张开,缝宽:0.5~1.5mm
	新 3	T_3x^2	4731.5	细粒长石石英砂岩,发育 1 条低角度缝,裂缝全张开,缝面被方解石充填。缝宽 3~20mm

裂缝照片	井号	层位	深度/m	裂缝描述
	大邑 1	T_3x^3	4652.3	中粒岩屑石英砂岩，发育 1 条垂直裂缝，裂缝全张开，缝宽 1～4mm
	新 101	T_3x^2	5039.8	细粒岩屑石英砂岩，发育 1 条水平缝，裂缝全张开
	新 101	T_3x^2	5042.36～5043.33m	中粒岩屑石英砂岩，发育 5 条低角度缝，裂缝全张开
	大邑 1	T_3x^3	4637.5	细粒长石石英砂岩，发育 1 条垂直裂缝，裂缝全张开。缝宽 1～3.5mm
	大邑 1	T_3x^3	4643.8	灰白色中粒岩屑石英砂岩，发育 2 条水平缝，缝宽 0.5～2mm，裂缝半充填
	大邑 1	T_3x^3	4640	灰白色中粒岩屑石英砂岩，发育 1 条低角度缝，裂缝全充填，缝宽 0.5～1.0mm

裂缝照片	井号	层位	深度/m	裂缝描述
	大邑 1	T_3x^3	4643.5	灰白色中粒岩屑石英砂岩，发育1条高角度缝，裂缝张开
	大邑 1	T_3x^2	5109.5	灰色含砾粗粒岩屑石英砂岩，发育1条水平缝，裂缝半张开，缝宽0.5~1.5mm
	大邑 1	T_3x^2	5006.1	灰色细粒岩屑砂岩，发育1条低角度缝，裂缝张开
	大邑 1	T_3x^3	4652.8	灰白色中粒岩屑石英砂岩，发育1条垂直裂缝，裂缝张开

表 1-11　新场及大邑构造须家河组裂缝特征

裂缝特征		大邑 1	新 101	新 3
深度/m		4633.65~4652.26	5004.71~5111.40	5039.50~5101.52	4731.06~4935.65
层位		T_3x^3	T_3x^2	T_3x^2	T_3x^2
观察岩心/m		18.03	4.81	12.66	23.59
裂缝总数/条		52	26	22	102
产状	水平	12	5	10	11
	低角度	28	15	8	71
	高角度	12	6	4	20
充填程度	张开	22	9	12	35
	半充填	25	15	8	59
	全充填	5	2	2	8
裂缝线密度/（条/m）		2.84	5.41	1.74	4.32

1.6.2 裂缝测井响应特征

测井资料能够反映储层裂缝发育情况，裂缝的存在及其发育程度会影响电阻率、声波、密度等参数，全波响应表现为纵、横波衰减很大。成像测井资料更能直观地反映储层裂缝发育情况，图 1-34～图 1-39 为新场构造须家河组储层成像测井裂缝成果图，裂缝在成像图像上表现为深色的条纹或条带。

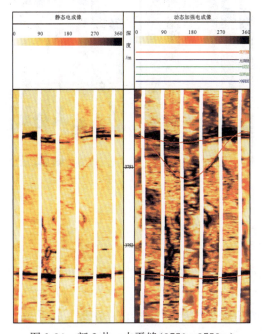
图 1-34 新 2 井，水平缝(3750～3753m)

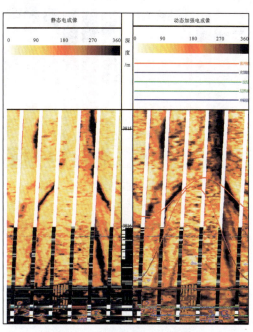
图 1-35 斜交缝(3814～3817m)

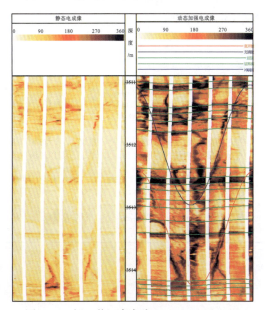
图 1-36 新 2 井，高角度(3511～3514.5m)

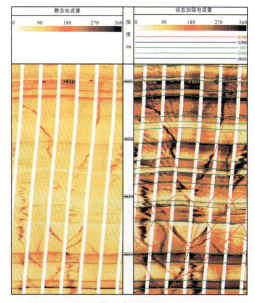
图 1-37 新 2 井，斜交缝(3650～3654m)

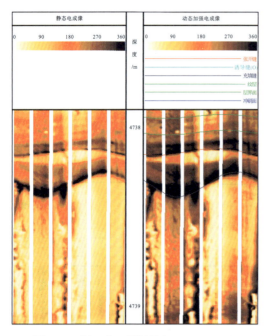

图 1-38　新 3 井，层间缝(4738～4739m)

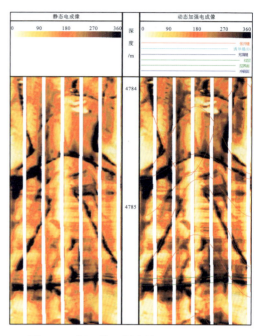

图 1-39　新 3 井，斜交缝(4784～4786m)

1.6.3　天然裂缝漏失特征

　　井漏是一种在钻井过程中钻井液、水泥浆或其他工作液漏失到地层中的现象。井漏现象也是地层中存在天然裂缝及诱导裂缝的良好指示(兰林，2005)。有 76％的井漏是由天然裂缝引起的，过半数的井漏发生在储层或具有潜力的产层。表 1-12 统计了新场及大邑构造部分已施工深井漏失情况，充分显示了深层须家河组地层发育裂缝。

表 1-12　新场大邑构造深井漏失情况

井号	漏失井段/m	地　层	漏失情况及处理措施
新 851	3827.89～3828.83	须三段与须四段界面	裂缝性漏失，漏速 46.5～150m³/h(动)，配制堵漏浆，漏失得到控制，共漏失井浆 152.1m³
	48304840.86	须二段	微裂缝性漏失，漏速 4.37m³/h(动)，提黏切后仍有微漏，共漏失井浆 13.32m³
新 853	5050.86	须二段	关井期间发生了微裂缝性漏失，漏速 2.01m³/h，加入高效复合堵漏剂得到控制，共漏失井浆 19.3m³
新 856	4821.54	须二段	钻进时发生漏失，漏速 12.3m³/h，加入 LF-1 堵漏成功，共漏失井浆 2.6m³
大邑 1	4632.87	须二段	钻进时发生漏失，漏速 17m³/h，桥浆堵漏成功，共漏失井浆 47m³

第 2 章　致密砂岩气藏储层损害评价方法

储层损害实验评价是借助各种仪器设备测定储层岩石与外来工作液作用前后渗透率的变化，或者测定储层物化环境发生变化前后储层岩石的渗透率的改变，来认识和评价储层损害的一种重要手段。损害因素分析、损害机理综合诊断、油气层保护技术方案的设计都必须建立在岩心分析的基础之上。因此储层损害评价是揭示储层潜在损害因素和损害程度，或者在施工之前比较准确地评价工作液对储层的损害类型和程度的关键工作之一。本章结合致密砂岩气藏特点，对致密砂岩储层损害实验评价方法、实验操作程序及评价指标进行了详细的描述。

2.1　储层损害实验评价概述

储层损害实验评价一般包含岩样准备、岩样选取、储层损害实验评价三个部分，各部分具体内容如下：

1. 岩样准备

(1)对井场或库房中保存的岩心进行选取；
(2)实验室岩样的交接；
(3)岩心检测；
(4)岩样钻取并编号；
(5)岩样的清洗(洗油、洗盐)；
(6)岩样烘干，测定各个岩心的重量、长度、直径等参数；
(7)测定各个岩样的孔隙度和渗透率；
(8)利用孔渗参数测定仪测定岩心孔隙度和渗透率，并求出每块岩心的克氏渗透率 K_∞。

2. 岩样的选取

对已测孔隙度、渗透率的岩心作 K-φ 关系图，画出回归曲线，在曲线上找出要用的岩心样品编号。结合岩心其他参数，选出具有代表性的岩心备用。做敏感性实验评价的岩心还需注意的是尽量考虑岩心配套的问题和实验对比分析的问题，即同一段岩心需要钻取足够的数量来配套进行所有敏感性评价，同一种类型的实验需要取样至少 3 块以上、建议进行 3 组实验评价，以便对实验结果可靠性验证。

3. 储层损害评价

储层损害评价主要包括储层敏感性评价和工作液对储层损害评价两部分(图 2-1)。储层敏感性评价包括速敏、水敏、盐敏、碱敏、酸敏、应力敏感、温度敏感性评价。工作液对储层损害评价包括液相圈闭损害、钻井完井液损害、压裂液损害等评价。不同作业过程使用的工作液不同、工作方式不同，其损害机理也有所区别。因此工作液评价的目的在于了解在特定的实验条件下，储层岩石接触工作液时所发生的各种物理化学作用对岩石渗流能力的影响程度。通过开展上述损害评价实验可以明确储层损害机理，为储层保护方案的制定提供理论依据。

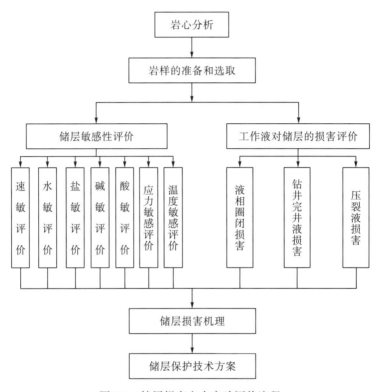

图 2-1　储层损害室内实验评价流程

2.2　储层敏感性损害实验评价方法

敏感性评价是评价和诊断储层损害的重要手段之一。储层敏感性评价通常包括速敏、水敏、盐敏、碱敏、酸敏、应力敏感、温度敏感等七敏实验。具体实验方法以《中华人民共和国石油天然气行业标准 SY/T 5358—2010：储层敏感性流动实验评价方法》为基础，并融入了作者多年来对致密砂岩储层敏感性损害评价新认识。对于致密砂岩气藏而言，敏感性实验数据主要用于评价储层渗透率对外界环境变化的敏感程度和发生条件，各敏感性在储层保护中的具体应用见表 2-1。

表 2-1 敏感性实验数据的应用（据徐同台等，2010）

项目	在保护储层技术方向的应用
速敏实验	确定其他几种敏感性实验(水敏、盐敏、酸敏、碱敏)的实验流速确定气井不发生速敏损害的临界流速
水敏实验	如果有水敏，则必须控制工作液的矿化度大于 C_{CL}；如果水敏性较强，在工作液中要考虑使用黏土稳定剂
盐敏实验	确定进入储层的各类工作液矿化度必须控制在两个临界矿化度之间
碱敏实验	确定进入储层的各类工作液 pH 必须控制在临界 pH 以下
酸敏实验	为储层基质酸化、酸洗作业提供设计依据；确定后期酸溶解堵、增产等措施提供依据
应力敏感实验	为钻井正压差选择、气藏合理生产压差确定等提供依据
温度敏感实验	为确定由于工作液冷却作用所引起的结垢、矿化度改变等提供依据

敏感性评价所用的岩心流动实验装置如图 2-2 所示。该实验装置主要由 9 部分组成，适用于恒速与恒压条件下的储层敏感性评价实验。

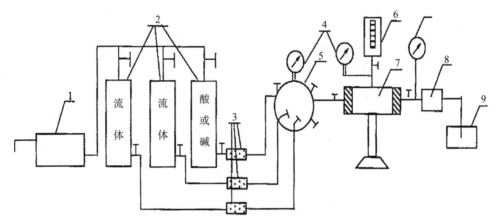

1. 高压驱替泵或高压气瓶；2. 高压容器；3. 过滤器；4. 压力计；5. 多通阀座；6. 环压泵；
7. 岩心夹持器；8. 回压阀；9. 出口流量计量

图 2-2 岩心流动实验流程图

2.2.1 速敏评价实验

储层的速敏性是指在钻井、测试、试油、采油、增产、注水等作业或生产过程中，当流体在储层中流动时，由于流体流动速度变化引起储层中微粒运移并堵塞喉道造成储层渗透率下降的现象。实践证明，微粒运移在各作业环节中都可能发生，而且在各种损害的可能性原因中是最主要的一种，它主要取决于流体动力的大小，流速过大或压力波动过大都会促使微粒运移。地层微粒主要有以下几种来源：①地层中原有的自由颗粒和可自由运移的黏土颗粒；②受水动力冲击脱落的颗粒；③由于黏土矿物水化膨胀、分散、脱落并参与运移的颗粒。

这些颗粒将随流体运动而运移至孔喉处，要么单个颗粒堵塞孔隙，要么几个颗粒架桥在孔喉处形成桥堵，并拦截后来的颗粒造成堵塞性损害。

开展储层速敏实验的目的主要包括以下几点：①找出由于流速作用导致微粒运移从而发生损害的临界流速，以及确定由速度敏感引起的储层损害程度；②为以下的水敏、盐敏、碱敏、酸敏四种实验及其他损害评价实验流速的合理确定提供依据，一般来说，由速敏实验求出临界流速后，可将其他各类评价实验的流体流速定为 0.8 倍临界流速，因此速敏评价实验必须要先于其他实验；③为致密砂岩气藏确定合理的开采速度提供科学依据。

1. 速敏实验评价程序

(1)选择实验岩心，测定岩心长度、直径等参数；

(2)将完全饱和的岩样放入岩心夹持器，保持液体流动方向与气测渗透率方向一致；

(3)排净测试系统的残留的空气，并将岩心加持器围压缓慢调至 3MPa，且围压大于入口压力 1.5～2.0MPa；

(4)将回压阀压力缓慢加至 1MPa 保持恒定；

(5)选择驱替流量依次为 0.1cm³/min、0.25cm³/min、0.50cm³/min、0.75cm³/min、1.0cm³/min、1.5cm³/min、2.0cm³/min、3.0cm³/min、4.0cm³/min、5.0cm³/min、6.0cm³/min 的流量，依次进行测定。也可视岩心具体情况而定，直至测试出岩心发生速敏损害的速度为止；

(6)临界流速点的确定，如果流速 ∇V_{i-1} 对应的渗透率 K_{i-1} 与流速 ∇V_i 对应渗透率 K_i 满足公式(2-1)说明已发生速敏损害，流速 ∇V_{i-1} 即为临界流速；

$$\frac{K_{i-1}-K_i}{K_{i-1}}\times100\%\geqslant5\% \tag{2-1}$$

(7)采用速敏指数确定速敏损害程度，速敏指数计算公式(2-2)所示：

$$D_k=\frac{K_{max}-K_{min}}{K_{max}}\times100\% \tag{2-2}$$

式中，

D_k—速敏指数，%；

K_{max}—临界流速前岩样最大渗透率，$10^{-3}\ \mu m^2$；

K_{min}—临界流速后岩样最小渗透率，$10^{-3}\ \mu m^2$。

2. 评价指标

速敏评价指标见表 2-2。

表 2-2　速敏性评价标准

速敏指数/%	$D_k\leqslant5$	$5<D_k\leqslant30$	$30<D_k\leqslant50$	$50<D_k\leqslant70$	$D_k>70$
敏感程度	无	弱	中偏弱	中偏强	强

3. 速敏实验评价实例

依据上述实验方法对沙特 B 区块致密砂岩气层进行速敏评价(表 2-3)。评价结果表明，该区块速敏程度为弱，临界流速为 0.10～0.25cm³/min。

表 2-3　沙特 B 区块致密砂岩储层速敏评价实验结果

岩心编号	深度/m	K_{max} ($\times 10^{-3} \mu m^2$)	K_{min} ($\times 10^{-3} \mu m^2$)	D_K	速敏程度	临界流速 /(cm³/min)
FRAS-1 C-4	5093.8	2.81	2.56	8.9	弱	0.25
ANTB-2 C-2	4447.3	0.34	0.29	14.7	弱	0.10
FRAS-1 C-2	4663.4	0.04	0.03	38.0	弱	0.25

2.2.2　水敏/盐敏评价实验

水敏感性是指较低矿化度的注入水进入储层后引起黏土膨胀、分散、运移，使得渗流通道发生变化，导致储层岩石渗透率发生变化的现象。产生水敏感性的根本原因主要与储层中黏土矿物的特性有关，如蒙皂石、伊/蒙混层矿物在接触到淡水时发生膨胀后体积比正常体积要大许多倍，并且高岭石在接触到淡水时由于离子强度突变会扩散运移。膨胀的黏土矿物占据许多孔隙空间，非膨胀黏土的扩散释放许多微粒，因此水敏感性实验目的在于评价产生黏土膨胀或微粒运移时引起储层岩石渗透率变化的最大程度。黏土矿物含量的高低直接影响着储层水敏感性的强弱。此外，影响储层水敏感性损害程度的因素不仅与黏土矿物的种类和含量有关，还取决于黏土矿物在地层中的分布形态及地层的孔隙结构特征等。

盐度敏感性是指一系列矿化度的注入水进入储层后引起黏土膨胀或分散、运移，使得储层岩石渗透率发生变化的现象。盐度敏感性损害机理与水敏感性损害机理及评价方法相似。因此，此处主要介绍水敏性实验评价方法，盐敏感性评价可参照水敏性评价方法测试流体矿化度减小和增大过程中的渗透率损害即可。

1. 实验评价方法

(1)配制 5 种矿化度流体：模拟地层水(无地层水资料的可选择 8wt％标准盐水作为初始测试流体)、75％矿化度模拟地层水、50％矿化度模拟地层水、25％矿化度模拟地层水、蒸馏水备用；

(2)利用模拟地层水(无地层水资料的可选择 8wt％标准盐水作为初始测试流体)将岩心抽真空饱和 24h；

(3)利用模拟地层水测定岩心初始渗透率 K_i，流量控制在临界流速以下；

(4)依次用低一级矿化度流体驱替，驱替 10～15 倍岩样孔隙体积，停止驱替，保持围压和温度不变，使中间测试流体充分与岩石矿物发生反应 12h 以上，反应完毕再驱替，并测定岩心渗透率 K_w；

(5)水敏指数采用公式(2-3)计算：

$$D_w = \frac{K_i - K_w}{K_i} \times 100\% \tag{2-3}$$

式中，

D_w——水敏指数，％；

K_i—用标准盐水测定的岩样渗透率，$10^{-3}\ \mu m^2$；

K_w—用蒸馏水驱替测得的岩样渗透率，$10^{-3}\ \mu m^2$。

2. 水敏程度评价指标

水敏评价指标见表 2-4。

表 2-4　水敏性评价指标

水敏指数/%	$D_w \leqslant 5$	$5 < D_w \leqslant 30$	$30 < D_w \leqslant 50$	$50 < D_w \leqslant 70$	$70 < D_w \leqslant 90$	$D_w > 90$
水敏性程度	无	弱	中等偏弱	中等偏强	强	极强

3. 实验评价实例

依据上述实验方法对沙特 B 区块致密砂岩气层进行水敏评价（表 2-5）。评价结果表明，该区块水敏程度为中等偏弱。降低矿化度过程中的盐敏评价结果如表 2-6 所示，盐敏程度为弱，临界矿化度为 20000mg/L。

表 2-5　岩样号：MKSR-2 C-4 60 水敏实验结果

孔隙度（有效）：3.81%				
空气渗透率：$0.041 \times 10^{-3}\ \mu m^2$				
水敏渗透率损害率：45.2%				
水敏程度：中等偏弱				
	驱替液浓度/(mg/L)	驱替速度/(mL/min)	压差/MPa	$K/10^{-3}\ \mu m^2$
标准盐水	80000	0.20	1.67	0.0189
次标准盐水	40000	0.20	1.25	0.0137
去离子水	0	0.20	1.28	0.0104

表 2-6　岩样号：FRAS-0 C-4 23 盐敏实验结果（降低矿化度过程）

孔隙度（有效）：11.42%				
空气渗透率：$0.172 \times 10^{-3}\ \mu m^2$				
盐敏渗透率损害率：37.2%				
水敏程度：弱临界盐度：20000mg/L				
	驱替液浓度/(mg/L)	驱替速度/(mL/min)	压差/MPa	$K/10^{-3}\ \mu m^2$
盐水	80000	0.20	3.21	0.0145
盐水	60000	0.20	3.53	0.0139
盐水	40000	0.20	3.66	0.0133
盐水	30000	0.20	3.78	0.0133
盐水	20000	0.20	3.89	0.0133
盐水	10000	0.20	4.01	0.0115
盐水	5000	0.20	4.15	0.0103
去离子水	0	0.20	4.28	0.0091

2.2.3　酸敏/碱敏评价实验

酸敏感性是指酸液进入储层后与储层的酸敏性矿物及储层流体发生反应，产生沉淀或释放出微粒，使储层渗透率发生变化的现象。酸敏感性导致储层损害的形式主要有两种：一是产生化学沉淀或凝胶；二是破坏岩石原有结构，产生或加剧流速敏感性。酸敏与酸化不同，酸敏实验一般反映的是酸化过程中的残酸自身变化及与储层岩石矿物发生反应对储层岩石渗透率造成的影响。酸敏感性评价实验的目的在于了解酸液是否会对地层产生损害及损害的程度，以便优选酸液配方，寻求更为合理、有效的酸化处理方法，为油田开发中的方案设计、油气层损害机理分析提供基础参考数据。

碱敏感性是指外来的碱性液体与储层中的矿物反应使其分散、脱落或生成新的沉淀或胶状物质，堵塞孔隙喉道，造成储层渗透率变化的现象。地层水 pH 一般呈中性或弱碱性，而大多数钻井液的 pH 在 8~12。当高 pH 流体进入储层后，将造成储层中黏土矿物和硅质胶结的结构破坏(主要是黏土矿物解理和胶结物溶解后释放微粒)，从而造成储层的堵塞损害；此外，大量的氢氧根与某些二价阳离子结合会生成不溶物，造成储层的堵塞损害。因此，碱敏评价实验目的是找出碱敏发生的条件，主要是临界 pH，以及由碱敏引起的储层损害程度，为各类工作液的设计提供依据。

酸敏和碱敏实验评价方法具有相似性。不同之处在于二者选择的流体类型以及流体驱替量有所区别。酸敏实验采用实验流体为 15％HCl 或 12％HCl+3％HF，驱替量为 1.0~1.5 倍孔隙体积。而碱敏实验采用不同 pH 的 KCl 溶液(一般以地层水 pH 为基准，按 1.0~1.5 个 pH 单位的间隔配制不同 pH 碱液，一直到 pH 为 13.0)，驱替量为 10~15 倍岩样孔隙体积。此处主要介绍酸敏性实验评价方法，碱敏性评价方法可参照酸敏实验执行。

1. 实验评价程序

(1)配制 15％HCl 或 12％HCl+3％HF 酸液备用；

(2)用与地层水相同矿化度的氯化钾溶液测定岩样酸处理前的液体渗透率 K_i；

(3)向砂岩样品反向注入 0.5~1.0 倍孔隙体积酸液；

(4)停止驱替，关闭夹持器进出口阀门，使砂岩样品与酸液反应 1h；

(5)待酸岩反应结束后正向驱替与地层水相同矿化度的氯化钾溶液，测定岩样酸处理后的液体渗透率 K_{acd}(碱敏损害则为 K_{al})；

(6)酸敏损害程度采用公式(2-4)计算

$$D_{ac} = \frac{K_i - K_{acd}}{K_i} \times 100\%　　　　　　　　(2-4)$$

式中，

D_{ac}——酸敏指数，％；

K_i——用标准盐水测定的岩样渗透率，$10^{-3}\ \mu m^2$；

K_{acd}——酸液处理后实验流体所对应岩样渗透率，$10^{-3}\ \mu m^2$。

2. 实验评价指标

酸敏评价指标见表 2-7，碱敏损害评价指标与之类似。

表 2-7　酸敏性评价指标

酸敏指数/％	$D_{ac} \leqslant 5$	$5 < D_{ac} \leqslant 30$	$30 < D_{ac} \leqslant 50$	$50 < D_{ac} \leqslant 70$	$D_{ac} > 70$
酸敏性程度	无	弱	中等偏弱	中等偏强	强

3. 应用实例

依据上述实验方法对沙特 B 区块致密砂岩气层进行酸敏评价(表 2-8)。实验结果表明：岩样具有一定的酸溶性，对酸呈现弱敏感，即 HCl 处理对该储层渗透率影响不大。

表 2-8　岩样号：ATNB-2 C-2 38 酸敏损害实验结果

孔隙度(有效)：7.07%
空气渗透率：0247×10^{-3} μm^2
酸敏渗透率损害率：13.4%
酸敏程度：弱
酸液类型：15%HCl

	驱替液注入倍数	驱替速度/(mL/min)	压差/MPa	$K/10^{-3}$ μm^2
KCl 盐水	11.2	0.20	4.168	0.0112
15%HCl	0.89	0.20	4.286	0.0106
KCl 盐水	13.1	0.20	4.439	0.0097

2.2.4　应力敏感实验

应力敏感性是指岩石所受有效应力改变时，孔喉通道变形裂缝闭合或张开，导致储层岩石渗透率发生变化的现象。在油气藏的开采过程中，随着储层内部流体的产出，储层孔隙压力降低，储层岩石原有的受力平衡状态发生改变。根据岩石力学理论，从一个应力状态变到另一个应力状态必然要引起岩石的压缩或拉伸，即岩石发生弹性或塑性变形。同时，岩石的变形必然要引起岩石孔隙结构和孔隙体积的变化，如孔隙体积的缩小、孔隙喉道和裂缝的闭合等，这种变化将大大影响到流体在其中的渗流。因此，岩石所承受的净应力改变所导致的储层渗流能力的变化是储层岩石的变形与流体渗流相互作用和相互影响的结果。应力敏感性评价实验的目的在于了解岩石所受净上覆压力改变时孔喉喉道变形、裂缝闭合或张开的过程，并导致岩石渗流能力变化的程度。

储层性质(岩石组成和岩性、胶结和蚀变的程度、胶结物类型、孔隙结构、颗粒分选性及接触关系等)是影响应力敏感性损害程度的内在因素，孔隙中流动介质性质、孔隙压力变化规律等是影响应力敏感性损害程度的外在因素。在实验过程中要根据实际油气藏的具体情况选取初始渗透率的测定条件以及加载方式(变围压和变孔压)等实验条件。此处以变围压为例阐述应力敏感性评价方法。

1. 实验评价程序

(1)选择实验岩心(若评价裂缝渗透率应力敏感性，需将岩心劈裂造缝)；

(2)选择初始有效应力实验点 σ_i 分别为 2.5MPa、3MPa、5MPa、10MPa、20MPa、30MPa、50MPa 和 60MPa；

(3)在每个设定有效应力点处应保持 30min 以上，每次改变有效应力后待流量稳定时再进行气体渗透率测量；

(4)有效应力加至最大有效应力值后，按照实验设定的有效应力间隔，依次缓慢降低有效应力至初始有效应力点；

(5)利用公式(2-5)，计算应力敏感系数 S_s，评价应力敏感程度。

$$S_s = \left[1 - \left(\frac{K}{K^*}\right)^{1/3}\right]/\lg\frac{\sigma'}{\sigma^*} \tag{2-5}$$

式中,

σ^*—参考有效应力值,即初始有效应力值,对应渗透率值记为 K^*;

σ'—其他各个有效应力,对应渗透率值记为 K;

S_s—斜率,称应力敏感系数。

2. 评价指标

应力敏感评价指标见表 2-9。

表 2-9　应力敏感程度评价指标

应力敏感系数	$S_s < 0.30$	$0.30 \leqslant S_s \leqslant 0.70$	$0.70 < S_s \leqslant 1.0$	$S_s > 1.0$
敏感程度	弱	中等	强	极强

3. 应用实例

如表 2-10 所示,从沙特 B 区块致密砂岩储层应力敏感性评价结果可以看出:以有效应力 10MPa 为界限,在小于 10MPa 之前随有效应力的增加,渗透率下降很快,在 10MPa 之后随有效应力的增加,渗透率下降趋势减慢;到 60MPa 时致密砂岩的渗透率降低到 2.5MPa 时渗透率的 $1/4 \sim 1/10$,从表可以看出,岩样的应力敏感性系数范围从 $0.32 \sim 0.62$,基本上属于中等程度的渗透率应力敏感。

表 2-10　渗透率应力敏感性实验结果

岩心编号	深度/m	有效应力/MPa/岩样渗透率/$(\times 10^{-3} \mu m^2)$				S_s	应力敏感程度
		2.5MPa	5MPa	20MPa	60MPa		
FRAS-1 C-2	4661.1	1.91	0.61	0.329	0.224	0.36	中等
FRAS-1 C-4	5093.0	0.681	0.328	0.164	0.073	0.35	中等
FRAS-1C-4	5093.9	3.25	1.76	0.328	0.162	0.45	中等
FRAS-1 C-4	5095.4	0.285	0.138	0.0668	0.0419	0.32	中等
ANTB-2 C-2	4448.8	0.219	0.087	0.0192	0.0041	0.52	中等
ANTB-2 C-2	4444.1	0.0978	0.0389	0.00651	0.0002	0.62	中等

2.2.5　温度敏感性实验

压裂实践表明,压裂早期气井产能高,开发一段时间产能下降。分析认为,开始压裂液接触储层温度低时产能高,后来开发一段时间后温度上升产能下降可能与温度升高后引起了储层岩石的体积膨胀、孔隙压缩敏感性有关。而射孔过程在高温高压射孔流作用下,储层渗透率也将受到较大的影响。在完井射孔过程中,射孔弹会产生很高的温度,套管、水泥环、岩石受到高温、高压射流冲击后变形、破碎和压实,在射孔孔道周围形成一个压实损害带。在高温高压作用下,压实带的渗透率远远低于原始地层的渗透率。

这样将对储层产生温度-应力的联合敏感性效应。同应力一样，温度也是影响储层渗流能力的重要因素，因此需要评价在一定应力条件下随温度的改变致密砂岩渗透率的变化情况，实验采用通过不断升温/降温过程来测试岩心渗透率变化。

1. 实验评价程序

（1）选择实验岩心；

（2）选择实验温度点 T_1、T_2、T_3、T_4、T_5、T_6、$T_7 \cdots T_i$，其中 T_1 为地层温度点；

（3）先加温到 T_1，测得渗透率 K_1，再开始按照顺序升温（或降温）到 T_i，并分别测试不同温度条件下的渗透率（改变实验温度后，保持温度 2 小时以上测出渗透率）；

（4）临界温度点的确定，如果温度 ∇T_{i-1} 对应的渗透率 K_{i-1} 与温度 ∇T_i 对应渗透率 K_i 满足公式（2-6）说明已发生温度敏感性损害，温度 ∇T_{i-1} 即为临界温度；

$$\frac{K_{i-1}-K_i}{K_{i-1}} \times 100\% \geqslant 5\% \tag{2-6}$$

（5）采用温度敏感性指数确定温度敏感损害程度，温度敏感指数计算公式（2-7）所示：

$$D_T = \frac{K_{\max}-K_{\min}}{K_{\max}} \times 100\% \tag{2-7}$$

式中，

D_T——温度敏感性指数，%；

$K_{\max}$——系列温度中测得的岩样最大渗透率，$10^{-3}\,\mu m^2$；

$K_{\min}$——系列温度中测得的岩样最小渗透率，$10^{-3}\,\mu m^2$。

2. 评价指标

温度敏感性评价指标见表 2-11。

表 2-11　温度敏感性评价指标

温敏指数/%	$D_T \leqslant 5$	$5 < D_T \leqslant 30$	$30 < D_T \leqslant 50$	$50 < D_T \leqslant 70$	$D_T > 70$
敏感程度	无	弱	中偏弱	中偏强	强

3. 应用实例

1）恒定围压下温度对渗透率的影响

在恒定应力下致密砂岩随温度的增加，呈现出渗透率下降的趋势，温度由 160℃时渗透率降低到 20℃ 的 50% 左右（表 2-12），由此可见，致密砂岩气藏储层中温度对渗透率影响不可忽视，就沙特 B 区块致密砂岩储层岩石来说，整体上渗透率对温度的敏感性程度较弱。

表 2-12　沙特 B 区块温度敏感性实验结果（FRAS-01 C-4 16）

岩心编号	有效应力 3MPa				有效应力 60MPa	
	温度/℃	渗透率/(×10⁻³μm²)	温度/℃	渗透率/(×10⁻³μm²)	温度/℃	渗透率/(×10⁻³μm²)
FRAS-1 C-4 16	160	4.61	20	8.58	160	0.610
	120	6.17	30	8.5	120	0.705
	100	6.58	40	8.14	100	0.739
	80	7.13	60	7.26	80	0.784
	60	7.59	80	6.68	60	0.924
	40	8.14	100	5.94	40	1.044
	30	8.35	120	5.53	30	1.145
	20	8.58	160	3.92	20	1.204

2）温度和应力的联合作用对渗透率的影响

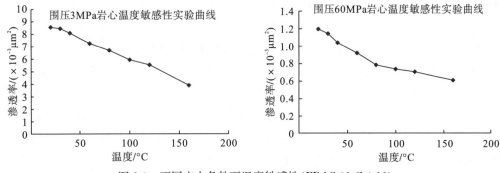

图 2-3　不同应力条件下温度敏感性（FRAS-01 C-4 16）

温度同样对岩石的物理学性质具有一定影响，主要通过作用于矿物岩石颗粒引起其体积膨胀来间接改变孔隙结构影响致密砂岩储层渗透率，温度的升高使得岩石"变软"，升高温度也相当于间接地施加了应力。在高的有效应力及升高温度的联合作用下，储层中渗流空间更容易变小。

2.3　水相圈闭损害评价

岩石越致密，孔喉半径越小，气相有效渗透率对含水饱和度越敏感，含水饱和度稍有增加，气相渗透率将大幅度降低，同时水相渗透率增加的幅度很小，这不仅妨碍了气体的产出，水相返排也极其困难。气藏初始含水饱和度 S_{wi} 与束缚水饱和度 S_{wirr} 的差值越大，相对渗透率效应越明显，发生水相圈闭损害的潜力就越大。因此评价水相圈闭损害对致密砂岩气藏储层保护尤为重要。水相圈闭损害评价主要包括初始含水饱和度建立、毛管自吸实验评价、返排恢复率测试三部分组成。

2.3.1 初始含水饱和度建立方法

一般而言，储层初始含水饱和度可以通过精确的感应测井解释、密闭取心或专门的油基取心以及示踪水基取心等手段来获取。建立含水饱和度的方法主要有：烘干法、离心法和驱替法。由于致密砂岩岩性致密，且致密砂岩气藏普遍具有超低含水饱和度现象，即含水饱和度低于束缚水饱和度，利用这些方法在致密砂岩岩心中建立低于束缚水饱和度的含水饱和度是十分困难的。根据游利军等研究成果可知(游利军等，2005)，对于致密砂岩气藏储层而言，毛管自吸法能够利用地层水资料，在岩心中建立所需的含水饱和度，且保证水在岩心中分布均匀和不改变岩心孔隙结构与矿物成分。

1. 初始含水饱和度建立实验程序

(1)确定所要建立的含水饱和度；

(2)洗油和洗盐；

(3)精确测量岩心孔隙体积和样品干重；

(4)过滤地层水，精确测量地层水密度；

(5)确定建立地层水矿化度条件下的含水饱和度所用地层水的体积；

(6)用地层水将一张含孔隙的纤维浸湿，将岩心在纤维上滚动，保证岩心除两端面之外的外表面均匀浸湿；

(7)重复步骤(6)，直到岩样吸入水的质量是所要建立含水饱和度需要的水质量；

(8)将岩样快速(<30Sec)放入真空器皿中，抽真空一段时间后静置(真空器皿中要保持湿润的环境)以保证水在岩心中均匀分布；

(9)重新检查最终岩样质量，以保证建立含水饱和度是正确的(即所需要的)；

(10)将岩样存放在湿润的环境中，直到使用。

2. 应用实例

资料显示，某致密砂岩储层初始含水饱和度 S_{wi} 为 20% 左右。室内采用毛管自吸法建立了如表 2-13 所示的初始含水饱和度，室内建立的初始含水饱和度与实际储层初始含水饱和度吻合。

表 2-13　某致密砂岩储层岩心初始含水饱和度建立结果

样号	长度/mm	直径/mm	孔隙度/%	渗透率/($\times 10^{-3} \mu m^2$)	重量/g	初始含水饱和度/%
TL-1	49.98	24.78	2.93	0.03106	61.7476	20.91
TL-2	50.02	24.78	2.64	0.01096	61.9301	19.06
TL-3	51.02	24.78	4.33	0.01750	62.2382	20.18

2.3.2　毛管自吸实验评价

毛管自吸实验实验采用如图 2-4 所示的垂置毛管自吸实验装置进行。通过精度为 0.1mg 的电子天平悬吊岩心并测量岩心质量，使岩心近井筒端面浸入自吸工作液面以下 2mm 左右反向自吸；利用智能 LCR 测量仪测量毛管自吸过程中岩样电阻；在垂向自吸实验中，尽量减小烧杯中液面变化和实验装置抖动对实验结果的影响。LCR 测量仪和电子天平与电脑连接，电脑自动实时采集岩心重量和电阻率的变化(游利军等，2005)。

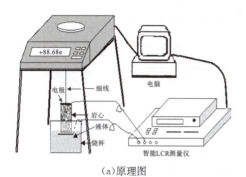

（a）原理图　　　　　　　　　　　　　　　　　　（b）实物图

图 2-4　岩心毛管自吸实验装置

1.　实验评价程序

（1）选样用模拟地层水建立初始含水饱和度；

（2）将建立好 S_{wi} 的岩心装入夹持器中，设定围压 3MPa，压力梯度 0.3MPa/cm，回压 1MPa 测定基准渗透率；

（3）准备实验流体，连接装置，打开电子天平电源，天平校正、清零，打开自吸调控程序并检查，输入正确参数；

（4）用细线将岩样悬挂在垂向自吸实验装置中的电子天平下面的挂钩上，连接两电极引线和智能 LCR 测量仪，记录岩样吸水前重量和电阻；

（5）逐渐调节烧杯高度直到岩样在自吸液中浸泡长度在 1~2mm(图 2-5)，并开始采集数据；

（6）自吸设定时间后，停止实验，取出岩心，拍照称重。

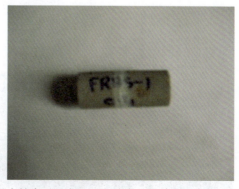

图 2-5　岩心自吸及吸水结束后示意图

2. 应用实例

依据上述实验方法对沙特 B 区块致密砂岩气层进行毛管自吸实验评价(图 2-6~图 2-7)。通过实验曲线可以看出,随着时间的增长,自吸量逐渐增多,自吸速率逐渐减小。

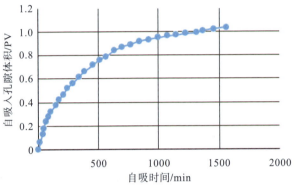

图 2-6　岩心自吸量随自吸时间变化曲线

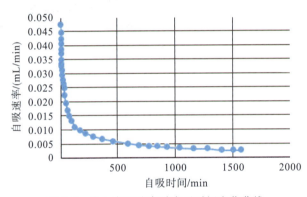

图 2-7　岩心自吸速率随自吸时间变化曲线

2.3.3　返排恢复率测试

自吸实验结束后,开展气驱返排实验,测定返排后岩心渗透率恢复情况。气驱返排恢复率实验采用如图 2-8 所示的实验装置进行。

图 2-8　高温高压气驱水实验装置

1. 实验评价程序

(1)检查氮气源，确定压力表等设备是否完好，连接线路；
(2)将自吸后的岩样称重得到驱替前含水饱和度 S_i 后正向放入岩心夹持器；
(3)加围压 3.0MPa，打开氮气瓶阀门，在 1.0MPa 流压下进行正向气驱实验，一定时间间隔后将岩心取出，称重，再重新放入岩心夹持器中，重复进行给定时间；
(4)处理实验数据，分析结果。

$$C = \frac{PV_d}{PV_i} \times 100\% \text{ 或 } C = \frac{S_i - S_d}{S_i} \times 100\% \tag{2-8}$$

式中，

C—返排率，%；

PV_i—自吸实验结束后吸入的水量，PV；

PV_d—排驱出的水量，PV；

S_i—自吸实验结束后测得的初始饱和度；

S_d—驱替给定时间后岩样含水饱和度。

2. 应用实例

如表 2-14 所示，将自吸后的岩样进行气驱返排可以得到返排后的渗透率和孔隙度，和初始渗透率、孔隙度数据对比即可得到水相圈闭损害导致的渗透率、孔隙度下降幅度，为定量化描述致密砂岩储层水相圈闭奠定基础。

表 2-14　岩样自吸 KCl 溶液后返排结果

序号	编号	长度/cm	直径/cm	初始孔隙度/%	初始渗透率/($\times 10^{-3} \mu m^2$)	返排后孔隙度/%	返排后渗透率/($\times 10^{-3} \mu m^2$)	返排压力/MPa
1	f29	6.17	2.5	13.35	0.129	6.64	0.0808	1.2
2	a13	5.906	2.479	1.57	0.014	0.49	0.0014	1.3
3	a1	6.08	2.48	2.61	0.0184	1.72	0.0156	1.2

2.4　钻井完井液损害实验评价

钻井完井液损害是构成致密砂岩储层损害的重要组成部分。因此，必须建立系统的评价方法用以描述钻井完井液导致的储层损害程度及内在机制。钻井完井液损害涉及的内容较多，包括钻井完井液基本性能评价、配伍性评价、动/静态损害评价、滤饼承压能力评价、酸溶解堵率评价等内容。

2.4.1　钻井完井液基础参数测试

钻井完井液基础参数测试主要包括流变性、滤失量、粒度等内容，这些参数均与储层保护密切相关。

1. 钻井液流变参数测试

钻井液流变参数需要的仪器主要为流速旋转黏度仪(也可采用较先进的模块化仪)(图 2-9),具体实验步骤如下。

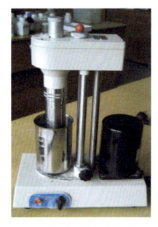 

(a)常规六速旋转黏度计　　　　　　　　(b)HAAKE MARS Ⅲ型模块化高级旋转流变仪

图 2-9　钻井液流变参数测试仪

(1)准备适量的钻井液;

(2)通电检查仪器,安装内筒和外筒;

(3)注入钻井液至浆杯标线处;

(4)抬升升降台至浆杯的液位接近外筒标线,拧紧升降台旋钮;

(5)启动电机;

(6)把速度调节到 600r/min,待稳定后,读对应读数并记录;

(7)把速度调节到 300r/min,待稳定后,读对应读数并记录;

(8)把速度调节到 200r/min,待稳定后,读对应读数并记录;

(9)把速度调节到 100r/min,待稳定后,读对应读数并记录;

(10)把速度调节到 6r/min,待稳定后,读对应读数并记录;

(11)把速度调节到 3r/min,待稳定后,读对应读数并记录;

(12)调速至 600r/min,旋转 10~15s,关闭电机,静置 10s,用 3r/min 启动电机,迅速读取最大值并记录;

(13)调速至 600r/min,旋转 10~15s,关闭电机,静置 10min,用 3r/min 启动电机,迅速读取最大值并记录;

(14)关闭电机,松开升降台,下移浆杯,取出浆杯,把钻井液倒入搪瓷杯中;

(15)清洗浆杯,擦净仪器上的污物,清洗毛巾,把实验用品摆放整齐;

(16)根据流变参数计算模型计算钻井液流变参数(模块化旋转黏度计可直接测得流变参数)。

2. 钻井液 API 滤失量及滤饼厚度测量

钻井液滤失量及滤饼厚度可通过如图 2-10 所示的三联 API 失水仪测得。该仪器主要包括气瓶、钻井液杯、压力表、支架、三通头等组成。实验测试过程中所用的滤纸为 API 专用滤纸，一般来说，粗孔一面与钻井液接触，细孔一面朝向出液方向。钻井液 API 滤失量及滤饼厚度测量具体实验步骤如下。

图 2-10　三联 API 失水仪

(1)打开总气瓶开关；

(2)用减压阀调气压至 0.7MPa；

(3)将钻井液注入到浆杯中，放一张滤纸，旋紧盖子；

(4)使浆杯的气孔朝上，接入出气口；

(5)出液口放置一支量筒；

(6)打开气阀加压，同时启动秒表，读取瞬时滤失量；

(7)分别记录 1min、5min、10min、15min、20min、25min、30min 对应的滤失量的值；

(8)关闭气阀，排出浆杯内的余气；

(9)取下浆杯，拧开杯盖，取出滤饼，用卡尺测量滤饼的厚度并记录；

(10)清洗浆杯，把仪器摆放着整齐。

3. 钻井液粒度测试

在裂缝性储层损害和保护屏蔽暂堵技术中，当架桥粒子粒径为裂缝开裂度均值的 80%~100% 时，可以实现稳定架桥(李家学等，2011)。因此，准确测定钻井液固相粒度成为储层保护技术的必要手段。近年来，激光粒度分析仪的使用愈来愈广泛，这是因为激光测定固相粒度具有速度快、重复性好、结果准确等特点。本节以 Mastersizer 2000 型激光粒度分析仪(图 2-11)为例，介绍水基钻井完井液中的固相颗粒粒度组成测试方法，具体测试程序如下。

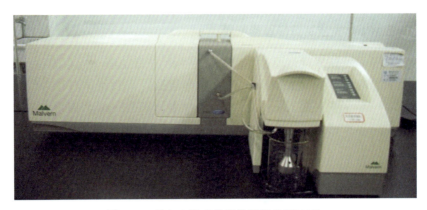

图 2-11   马尔文激光粒度分析仪(MS2000)

(1)将钻井完井液摇匀后置于 60mL 烧杯中,搅拌均匀备用;

(2)打开 Mastersizer 2000 型激光粒度分析仪,利用清水清洗仪器;

(3)向仪器中加入少量的样品,然后超声波分散 5min 进行粒度测量;

(4)提取样品粒度分布图谱及粒度分布数据;

(5)同一个实验重复测试 2~3 次,保证数据稳定;

(6)测试结束后,清洗仪器,导出测试数据。

例如,用 Mastersizer2000 激光粒度分析仪对沙特 B 区块储层段泥浆的粒度分布进行了测试,测试结果如图 2-12 所示。

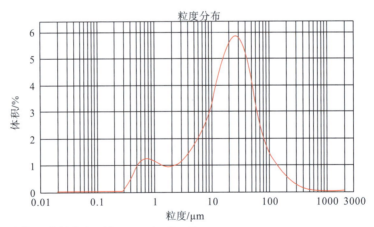

—沙特B区块钻井液–平均   2010年4月20日15:41:40

图 2-12   沙特 B 区块储层钻井液粒度分布示意图

需要注意的是,上述测试方法仅针对水基钻井完井液,对于油基钻井完井而言,无法直接加入激光粒度分析仪中测试,测试之前需要将其中的固相分离,有机溶剂清洗方可按照上述实验程序测试其粒度分布。

2.4.2   钻井完井液与地层水配伍性评价

在储层被钻开之前,地层水各种矿物之间保持着物理化学平衡。接触储层的钻井液,无论是离子组成类型、总矿化度，还是各种处理剂，与地层水存在显著差异时，都可能打破这种平衡，发生物理化学反应，从而降低储层渗透率，导致储层损害。通过对钻完井液滤液与地层水的配伍性研究，能对储层发生损害有深入了解，也为下一步钻完井液配方的优化提供依据。

1. 实验条件与实验仪器

实验使用高速离心机分离钻井液固液相，并对分离的滤液过滤，最终评价滤液与模拟地层水在不同配比条件下的配伍程度。实验温度为 $T=25℃$，离心机旋转速率为 $v=12000\text{min}^{-1}$，时间 $t=30\text{min}$（也可根据实际需要设定实验温度和离心时间、转速）。

2. 滤液与地层水配伍性实验程序

(1)使用双层慢速滤纸对模拟地层水进行过滤；

(2)将实验用钻井液置于高速离心机使其固液相分离($v=12000\text{min}^{-1}$，$t=30\text{min}$)，静置24h，取出滤液，并用慢速滤纸过滤；

(3)在室温条件下，将获取的钻井液滤液和模拟地层水按不同的比例(1∶9、2∶8、3∶7、4∶6、5∶5、6∶4、7∶3、8∶2、9∶1)配比，待摇匀、充分接触后，静置10h；

(4)观察滤液与地层水不同配比下的实验现象，进行记录；

(5)把混合后的溶液全部移入已烘干恒量的离心管(重量 m_1)中，将离心管放入离心机内，在 $12000\pm150\text{r/min}$ 的转速下离心30min，然后慢慢倾倒出上层清液，再将等量的蒸馏水倒入离心管中，用玻璃棒搅拌洗涤沉淀物样品，再放入离心机中离心20min，倾倒出上层清液；

(6)将离心管放入恒温电热干燥箱中烘烤，在温度 $60\pm1℃$ 条件下烘干至恒量，其值为 m_2，计算出沉淀物的重量 m；

(7)实验结束，清洗仪器，处理废液。

3. 实验结果应用

油基钻井液与模拟地层水搅拌混合后出现明显的分层现象(图 2-13)，表明该钻井液与地层水是完全不相容，如果漏失进入储层段将造成油相圈闭损害。

(a)油基钻井液　　　(b)油基钻井液与模拟地层水搅拌混合静置 5min 后　　　(c)油基钻井液与模拟地层水搅拌混合静置 1h 后

图 2-13　油基钻井液滤液及与模拟地层水配伍性

水力压裂过程中,这些含有油基钻完液或其滤液的裂缝也将接触压裂液而进一步扩展延伸,由于两种流体之间不配伍或完全不相容(图 2-14),将造成油基钻完液滤液以油膜的形式吸附在裂缝表面而减小裂缝宽度,从而使压裂效果变差。

图 2-14　压裂液滤液与油基钻井液滤液之间的配伍性

2.4.3　钻井完井液损害

致密砂岩储层具有低孔低渗、裂缝发育特征,长时间作业易造成钻井完井液大量漏失或滤失,将使储层遭受长时间、大面积的钻完井液损害。在后期的压裂改造中,大量压裂液进入储层却又难以返排,势必也会造成潜在的储层损害。对于发生井漏的层段,侵入的钻井液与后期进入的压裂液的耦合作用还可能进一步加剧储层损害的程度。因此,评价钻井液对储层的损害对深入分析损害机理,探讨控制对策,为科学合理的钻井液与压裂液体系设计等具有重要意义。

1. 实验条件与实验仪器

实验流体选择现场所用钻井完井液,实验设备使用自行研制的钻井完井液损害综合评价仪器,模拟井下工况对岩心进行动态损害评价。实验温度可以根据储层实际温度设定,压差可根据实际钻井正压差确定,若无实际钻井正压差数据,也可选择 3.5MPa 正压差。

2. 钻井完井液静态损害实验评价程序

(1)岩样预处理,气测岩样渗透率;
(2)利用离心或过滤的方法提取钻井完井液滤液备用;
(3)岩样抽真空,饱和地层水 48h,测岩样的正向地层水渗透率 K_w;
(4)将测完地层水渗透率的岩心反向放入钻井完井液损害综合评价仪夹持器,并将围压缓慢增加至设定值;
(5)向釜体中加入提取的钻井完井液滤液,并将釜体压力加至设定值;
(6)打开温控开关,将温度加至设定值;
(7)打开釜体阀门,使钻井完井液滤液与岩心端面接触;
(8)待接触时间达到设计时间后,关闭釜体阀门,排净管线中液体;

图 2-15　钻井完井液损害综合评价仪

(9)将岩心取出用地层水返排,并测试返排后的岩心正向渗透率 K_{wd};

(10)实验结束,清洗仪器,处理实验数据,钻井液损害率可采用公式(2-9)计算。

$$D_M = \frac{K_w - K_{wd}}{K_w} \times 100\% \qquad (2\text{-}9)$$

式中,

D_M—渗透率损害率,%;

K_w—初始地层水渗透率, 10^{-3} μm^2;

K_{wd}—钻井液损害后渗透率, 10^{-3} μm^2。

3. 钻井完井液动态损害实验评价程序

(1)岩样预处理,气测岩样渗透率;

(2)岩样抽真空,饱和地层水 48h,测岩样的正向地层水渗透率 K_w;

(3)将测完地层水渗透率的岩心反向放入钻井完井液损害综合评价仪夹持器,并将围压缓慢增加至设定值;

(4)向釜体中加入提取的钻井完井液(动态损害钻井完井液无需过滤),并将釜体压力加至设定值;

(5)打开温控开关,将温度加至设定值;

(6)打开釜体阀门,使钻井完井液滤液与岩心端面接触;

(7)打开钻井完井液损害综合评价仪循环装置,设定钻井完井液循环排量;

(8)待循环时间达到设计时间后,关闭循环装置,排净管线中液体;

(9)将岩心取出用地层水返排，并测试返排后的岩心正向渗透率 K_{wd}；

(10)实验结束，清洗仪器，处理实验数据，钻井液损害率可采用公式(2-9)计算。

4. 钻井完井液顺次接触损害评价程序

(1)将岩样洗净后烘干、称重、气测岩心的孔隙度和渗透率，K_g；

(2)将现场用的钻井液和水泥浆过滤，提取滤液；

(3)用自吸的方法让岩心与钻井液接触 24h 后称重，用氮气返排，12h 后测试氮气渗透率，K_L；

(4)用刀将岩心端部的泥饼刮掉、把表面的水擦干；

(5)将岩心称重；

(6)用自吸的方法让岩心与水泥浆接触 24h 后称重，用氮气返排，12h 后测试氮气渗透率，K_L；

(7)用刀将岩心端部刮净、把表面的水擦干；

(8)将岩心称重；

(9)用自吸的方法让岩心浸泡在土酸 30min 后称重，用氮气返排，12h 后测试氮气渗透率，K_L。

渗透率损害率计算公式如下：

$$D_k = \frac{K_g - K_L}{K_g} \times 100\% \qquad (2-10)$$

式中，

D_k—渗透率损害率，%；

K_g—初始气测渗透率，$10^{-3}\ \mu m^2$；

K_L—与工作液接触后的气测渗透率，$10^{-3}\ \mu m^2$。

例如，沙特 B 区块钻井完井液与储层接触时(表 2-15)，基本上将储层的渗透率损害了 20% 左右，在返排压差作用下，渗透率恢复率能够达到 80%。在固井液和射孔液的后续作用下，储层岩石的渗透率将进一步降低，最终岩石的渗透率恢复率达到了 76.82%～77.34%。从表中可以看出，固井液对储层的持续损害，在钻井完井液损害基础上提高了 3% 左右，而射孔液对储层渗透率的损害，在固井液损害的基础上相对提高了近 5%，因此，在现场施工过程中，对每个作业环节的损害都要控制。

表 2-15　作业液顺次接触储层渗透率恢复率数据表

岩样	深度 /m	孔隙度 /%	气测渗透率 /($\times 10^{-3}\ \mu m^2$)	气测渗透率恢复率(%)/作业液		
				钻井完井液	固井液	射孔液
FRAS-1 C-2 16	5091.68	11.23	6.990	80.26	77.34	75.52
FRAS-1 C-4 21	5093.82	11.85	2.860	79.16	76.82	75.65

上述实验方法评价对象主要针对致密砂岩储层基块岩样与钻井完井液接触所导致的损害，对于裂缝渗透率损害评价需要将岩心沿轴线方向劈裂，以模拟致密砂岩储层裂缝渗透率损害(图 2-16)。实验评价程序与仪器和上述工作液损害评价程序及评价仪器相同。

图 2-16　钻井液在缝口滤失形成滤饼

2.4.4　滤饼承压能力测试

为了预防漏失，尤其对于裂缝地层，钻井完井液形成滤饼需要承受较大压差，因此，需要评价现场所用钻井完井液滤饼承压能力。

1. 实验器材

仪器设备：钻井完井液损害综合评价仪；

实验流体：现场钻井完井液或钻遇漏层所用的含堵漏材料的堵漏浆(图 2-17)；

实验样品：造缝岩样或具有不同缝宽的不锈钢柱塞(图 2-18～图 2-19)；

实验条件：实验温度根据需要自行设定，$\Delta P = 3.5 \text{MPa}$，剪切速率 $v = 150 \text{s}^{-1}$，时间 $t = 60 \text{min}$。

图 2-17　堵漏材料

图 2-18　垫有钢网的裂缝岩心柱塞

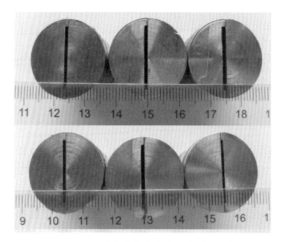

图 2-19　不同裂缝宽度的不锈钢柱塞

2. 实验程序

(1)选取实验岩样,裂缝岩样预处理消除应力敏感性,气测渗透率;

(2)抽真空饱和地层水,浸泡 48h,正向测地层水渗透率,并计量累积流量;

(3)将处理好的裂缝岩样放入钻井完井液损害综合评价仪岩心夹持器,并将待评价的工作液加入仪器釜体中;

(4)在钻井完井液损害综合评价仪上,反向进行钻井完井液损害实验模拟,3.5MPa,剪切速率 $v=150s^{-1}$,时间 $t=60min$,计量滤液体积;

(5)在盛液釜体中分别在压差 5MPa、7MPa、10MPa 下,测定 1min、3min、5min、7.5min、10min 时刻的累积静滤失滤液量;

(6)测定静滤失量之后,在仪器上分别在压差为 0.1MPa、0.5MPa、1MPa、1.5MPa、2.0MPa、2.5MPa、3.0MPa、3.5MPa,正向每间隔 10min 测地层水渗透率,监测突破压力,计算返排恢复率和计量累计流过岩心的流体量。

3. 测试结果举例

如表 2-16 所示，钾基聚合物钻井液对于 $50\,\mu m$、$100\,\mu m$、$200\,\mu m$、$500\,\mu m$、$1000\,\mu m$、$2000\,\mu m$ 裂缝承压能力分别达到 6MPa、4MPa、3MPa、3MPa、0MPa、0MPa。实验结果表明，压差 3.5MPa 条件下形成的滤饼对于 $100\,\mu m$ 以下的裂缝有较好的承压能力，而对于裂缝宽度大于 $500\,\mu m$ 的裂缝承压能力较差。

表 2-16　钾基聚合物钻井液滤饼承压能力

钢岩样	缝宽 /μm	压力(MPa)/累积滤失量(mL)									
		1	2	3	4	5	6	7	8	9	10
#1	50	0	0	0	0	0	0	破漏	—	—	—
#2	100	0	0	0	11	破漏	—	—	—	—	—
#3	200	0	0	10	破漏	—	—	—	—	—	—
#4	500	0	0	13	破漏	—	—	—	—	—	—
#5	1000	破漏	0	—	—	—	—	—	—	—	—
#6	2000	破漏	0	—	—	—	—	—	—	—	—

2.4.5　滤饼酸溶率评价

1. 实验材料与实验器材

实验材料选取现场所取的六种处理剂，包括随钻堵漏剂、包被剂、防塌剂；实验酸液为现场盐酸和土酸。实验器材为电子天平、烘箱、烧杯、漏斗、滤纸、玻璃棒。

2. 处理剂酸溶率实验评价程序

(1)烘干堵漏材料；
(2)称重烘干后的堵漏材料 W_1；
(3)放入足量的盐酸充分反应；
(4)过滤出堵漏材料，烘干，称重 W_2；
(5)整理实验数据，酸溶率采用公式(2-11)计算。

$$D_a = \frac{W_1 - W_2}{W_1} \times 100\% \tag{2-11}$$

3. 钻井完井液滤饼酸溶率测试

(1)利用 API 滤失测试方法制备滤饼(图 2-20)；
(2)将制备的滤饼放入烘箱里烘干；
(3)将烘干的钻井完井液固相磨成粉末状；
(4)将钻井完井液固相粉末分别加入到两个烧杯中，称重 W_1、W_1'；
(5)分别向两个烧杯中加入盐酸和土酸，搅拌，使其与钻井完井液固相充分反应；

（6）过滤出钻井完井液固相，烘干，称重 W_2、W_2'；

（7）整理实验数据，酸溶率采用公式（2-11）计算。

(a)酸溶前滤饼形态　　　　　　　　　　(b)酸溶后滤饼形态

图 2-20　酸溶前后钻井完井液滤饼形态

3. 实验结果举例

如表 2-17～表 2-18 所示，基于上述方法分别评价了川西某致密砂岩储层所用钻井液处理剂、钻井完井液固相酸溶率。由实验结果可知，不同处理剂酸溶率差别较大，钻井液固相酸溶率较低，仅 5.19%。酸溶率实验评价结果可为致密砂岩储层钻井液处理剂优选及后期解堵提供理论证据。

表 2-17　川西致密砂岩储层钻井完井液处理剂酸溶性评价实验结果

材料名称	酸溶前重量/g	酸溶后重量/g	酸溶程度/%
随钻堵漏剂	1.588	0.377	76.26
堵漏剂	4.132	4.028	1.21
包被剂	3.279	3.247	0.97
包被剂	1.955	0.966	50.61
防塌剂	2.648	2.350	11.27
稀释防塌剂	2.232	2.091	6.35

表 2-18　川西致密砂岩储层钻井完井液固相酸溶性评价实验结果

酸的类型	酸溶前重量/g	酸溶后重量/g	酸溶程度/%
现场用盐酸	5.4314	5.1496	5.19

2.5　压裂液损害实验评价方法

压裂液体系损害的实验内容包括：压裂液体系破胶液黏度测定、破胶时间测定、破胶液表面张力/界面张力测定、残渣含量测定、压裂液与地层流体配伍性、压裂液对岩心损害率测定。损害实验各项内容在油气行业标准《水基压裂液性能评价方法》（SY/T 5107—2005）中均可获得，且行业标准《压裂液通用技术条件》（SY/T6376—1998）列出了压裂液体应符合的技术指标，其中关于损害实验的技术指标如下。

表 2-19　水基冻胶压裂液通用技术指标

序号	项目	指标
1	破胶时间/h	≤12
2	破胶液黏度/(mPa·s)	≤5.0
3	破胶液表面张力/(mN/m)	≤28.0
4	破胶液与煤油界面张力/(mN/m)	≤2.0
5	残渣含量/(mg/L)	≤550
6	岩心渗透率损害率/%	≤30
7	压裂液滤液与地层水配伍性	无沉淀、无絮凝

压裂液损害实验评价中所用的岩心取自：塔里木盆地迪北气田侏罗系阿合组岩屑砂岩，黏土矿物绝对含量为 5.5%，以石英和长石为主。孔隙度在 4.67%~6.48%，平均为 5.95%。渗透率在 $0.047 \times 10^{-3} \sim 3.116 \times 10^{-3}$ μm²，平均为 1.212×10^{-3} μm²。

压裂液损害实验评价中所用的压裂液主要有：聚合物压裂液、胍胶压裂液、清洁(VES)压裂液、酸基黏弹性液体(SVES)。

聚合物压裂液和胍胶压裂液是水基压裂液中常用的两种压裂液。水基压裂液由聚合物稠化剂(植物胶、如瓜尔胶、香豆胶等)、交联剂、破胶剂、值调节剂、杀菌剂、黏土稳定剂助排剂等组成，具有价优、安全、可操作性强、综合性能较好、运用范围广等特点，但潜在的问题是损害敏感性储层，以及由于残渣、未破胶的浓胶和滤饼造成的导流能力损害。

清洁(VES)压裂液为低分子黏弹性表面活性剂，无残渣，不形成滤饼，对地层污染小。具有良好的降滤失特性和缓速性能。不需破胶剂(遇油或水破胶)且破胶彻底，残液极易返排。

酸基黏弹性液体(SVES)具有黏弹性，携砂能力强，抗剪切能力强，耐温性能好。与盐酸、土酸、多氢酸等酸液体系配伍性好，可自动改变黏度将活性酸分流给低渗透处理层。

2.5.1　压裂液体系破胶液黏度测定

压裂液体系破胶后的黏度是衡量压裂液破胶效果的主要指标，压裂液体系破胶液的黏度越低越有利于后期压裂工艺的返排，降低压裂液体系对致密砂岩储层的损害程度。

1. 实验原理及目的

在水浴恒温条件下，测定压裂液体系破胶后的黏度值。

2. 实验方法与步骤

1)实验仪器及材料

品氏黏度计；胍胶压裂液、聚合物压裂液、清洁压裂液、破胶剂。

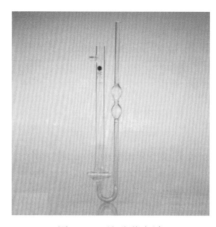

图 2-21 品氏黏度计

2)实验步骤

(1)制备四种压裂液各 100mL;

(2)取四种压裂液各 60mL,加入相同比例破胶剂,将压裂液装入密闭容器内,放入电热恒温器中恒温加热,测定温度分别选取储层温度、30℃或等于井口出油温度。储层温度高于 100℃时,测定破胶液的温度选取为 95℃;

(3)使压裂液在恒温温度下破胶,2h 后测定其破胶液黏度。

3. 实验结果

表 2-20 三种类型压裂液破胶黏度对比

压裂液类型	初始黏度/(mPa·s)	破胶黏度/(mPa·s)
胍胶压裂液	1320	3
聚合物压裂液	780	4
清洁压裂液	210	1

对比三种类型压裂液破胶后黏度,如表 2-20 所示。三种压裂液均满足行业标准中破胶黏度要求,但胍胶与聚合物类型压裂液破胶时所需添加氧化剂对交联官能团进行破坏,破胶时机与破胶效果难以掌控,室内实验中可达到均匀破胶效果,但实际应用中难以实现。清洁压裂液破胶与环境有关,当地层原油与清洁压裂液混合时,油相直接干扰胶束结构,致使清洁压裂液破胶,这种破胶方式无需添加破胶剂,破胶后与水黏度接近效果较好。

2.5.2 压裂液破胶时间测定

压裂液破胶时间是指压裂液体系加入破胶剂后至完全破胶的时间。压裂液体系破胶时间过短不利于支撑剂输送,达不到预期改造目的;压裂液破胶时间过长不利于后期返排,对储层损害较大。

1.　实验原理及目的

将 100mL 压裂液装入密闭容器内，在试验温度下进行破胶。在 30℃（破胶温度低于 30℃的破胶试验，在试验温度下测定，用品氏毛细管黏度计测定不同时间破胶液的黏度。以时间为横坐标，破胶液黏度为纵坐标作图，由图读出破胶液黏度为 5mPa·s 时的恒温时间为压裂液的破胶时间。

2.　实验方法与步骤

1）实验仪器及材料

电热恒温水浴锅、秒表、烧杯、玻璃棒。

聚合物压裂液、胍胶压裂液、清洁压裂液 3 种压裂液、破胶剂。

2）实验步骤

（1）制备四种压裂液各 100mL，用水浴锅加温至 90℃；

（2）取四种压裂液各 60mL，加入相同比例破胶剂，每间隔 2min 测定其破胶过程中的黏度，直到黏度降低接近水的黏度，记录接近黏度接近水黏度的破胶时间。

3.　实验结果

表 2-21　压裂液破胶时间对比

温度/℃	破胶剂用量/%	破胶后黏度/(mPa·s)				
		10min	20min	40min	60min	90min
胍胶压裂液		750	220	30	3	3
聚合物压裂液	1	640	140	40	20	4
清洁压裂液		32	11	1		
胍胶压裂液		680	160	20	2	
聚合物压裂液	2	570	130	35	4	
清洁压裂液		17	7	1		

注：温度 90℃

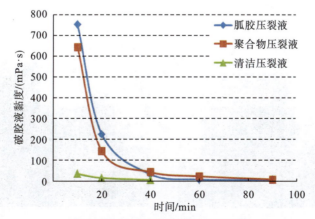

图 2-22　压裂液破胶时间对比实验

上述实验破胶温度为 90℃，在高温条件下残酸的破胶会更加迅速。如表 2-21 所示，破胶剂含量为 1％、2％时在不同温度下胍胶压裂液、聚合物压裂液和清洁压裂液的破胶都很彻底。

2.5.3 压裂液体系破胶液表面/界面张力测定

破胶液的表面、界面张力性质对地层，特别是低渗透储层影响非常大。表面、界面张力越低，越有利于克服水锁及贾敏效应，降低毛管阻力，增加残液的返排能力。返排中如果不能克服升高的毛细管力，则会出现严重和持久的水锁，使压后液体滞留地层造成损害。

压裂液表面及界面张力测定方法参考行业标准 SY/T 5370—1999 表面及界面张力测定方法实施。

挂片法适用于一般液体的表面张力或两相流体密度差不大于 0.4g/cm³ 的液—液间界面张力测定，其有效测量范围为 5～100mN/m。

悬滴法适用于不互溶的液-液或液-气两相间界面张力测定，其有效测量范围为 $10^{-1}\sim10^2$ mN/m。

旋转滴法适用于高密度相为透明的两相液体之间的低界面张力测定，其有效测量范围为 $1\sim10^{-5}$ mN/m。

1. 实验原理及目的

当液滴静止悬挂在毛细管的管口处时，液滴的外形主要取决于重力和表面张力的平衡。因此，通过对液滴外形的测定，可推算出液体的表面张力；另外，若将液滴悬挂在另一不相溶溶液中，也可推算出两种液体的界面张力。

2. 实验方法与步骤

1)实验仪器及材料

实验仪器主要包括：悬滴表面及界面张力仪，石英槽，接样器，密度计（精度为±0.001g/cm³），绘图仪，测微尺。

图 2-23　表面张力仪与界面张力仪

2)实验步骤

(1)表面张力测定。

打开表面张力测定仪,下降平台至最低处;

选取合适的针头和一次性注射器,抽取适量待测液体,安装在针管夹持器上;

打开 Kruss 控制软件;夹持器会自动上升并下降到摄像头视野范围内;

调整摄像头焦距,焦点及仰俯视角,待屏幕出现清晰的针头图像;

通过软件微调针头位置,直至其占据整个画面 1/10 的高度为止;

软件工作方式设定为悬滴,并通过控制界面选取体积计量法,试验合理的液滴体积;

待针头悬挂的液滴稳定后进行图像捕获;

调整基线至合适位置,再进行表面张力计算;

保存计算结果,退出软件。

(2)界面张力测定。

将待测试样分别装入注射器和石英槽内,石英槽中的待测试样必须透明,若石英槽中的试样密度大于注射器中的试样,应使用"U"形针头;

启动微型电动机,使注射器中的试样在注射器针端形成液滴;

当液滴接近最大直径时,按动快门,记录液滴图像。

3. 实验结果

表 2-22　不同压裂液体系表面张力值

表面张力/(mN/m)	VES	SVES	胍胶
第一次测量结果	18.363	21.883	34.760
第二次测量结果	18.369	21.882	34.758
第三次测量结果	18.369	21.878	34.762
平均值	18.367	21.881	34.760

由表 2-22 可以看出,VES 的表面张力是 18.367mN/m,SVES 的表面张力是 21.881mN/m,略大于 VES 的,作为对比,胍胶的表面张力是 34.760mN/m。

VES 压裂液体系和 SVES 压裂液体系的表面张力,相比于胍胶压裂液体系都比较小。都是略大于胍胶表面张力的一半,其中 VES 的表面张力更小一些。

表 2-23　不同压裂液体系界面张力值

界面张力/(mN/m)	VES	SVES	胍胶
第一次测量结果	4.235	4.546	1.602
第二次测量结果	4.238	4.541	1.609
第三次测量结果	4.235	4.542	1.604
平均值	4.236	4.543	1.605

由表 2-23 可以看出,VES 的界面张力是 4.236mN/m,SVES 的界面张力是 4.543mN/m,略大于 VES 的,作为对比,胍胶的界面张力是 1.605mN/m。

VES 压裂液体系和 SVES 压裂液体系的界面张力，相比于胍胶压裂液体系都比较大。都是在胍胶界面张力的两倍以上，而 SVES 的界面张力更大一些。

实验表明清洁压裂液体系破胶液具有较低的表、界面张力，可有效降低毛细管阻力，增强地层排液能力。油气行业标准《压裂液通用技术条件》(SY/T6376—1998)中表、界面张力的技术指标为破胶液表面张力≤28.0mN/m，破胶液与煤油界面张力≤2.0mN/m，依据以上标准清洁酸液体完全达标。

2.5.4 压裂液残渣含量测定

残渣是压裂液破胶后水化液中残存的不溶物质。在压裂液造缝过程中，其中的水不溶物和残渣在岩石表面上形成滤饼。然而，残渣对压裂效果的影响存在双重性：一方面是残渣在岩石表面上形成滤饼可降低压裂液的滤失，增加压裂液的效率，并阻止大颗粒继续流入地层内，但是，当压裂施工结束后，这些残渣返流堵塞填砂裂缝，则会降低裂缝的导流能力；另一方面是较小的颗粒残渣穿过滤饼随压裂液一起进入地层深部堵塞孔隙喉道，增加乳化液的界面膜厚度，使得液体破乳困难。由于滤饼阻碍了地层流体向裂缝的流动，从而降低了地层和裂缝的渗透率。同时，由于裂缝闭合，支撑剂的嵌入使得滤饼占据了部分以至整个支撑剂颗粒之间的孔隙，导致裂缝导流能力大大降低。

1. 实验原理及目的

通过测试单位破胶液内固相残渣含量的方法，获得压裂液破胶液中固相残渣浓度。

2. 实验方法与步骤

1)实验仪器及材料

离心机、恒温烘箱。

聚合物压裂液、胍胶压裂液、清洁压裂液 3 种压裂液、破胶剂。

2)实验步骤

(1)制备压裂液各 50mL，用水浴锅加温至 90℃，加入破胶剂使其破胶；

(2)把彻底破胶的破胶液全部移入已烘干的离心管中，将离心管放入离心机内；

(3)在 3000r/min 的转速下离心 30min，然后慢慢倾倒出上层清液，再用 50mL 水洗涤破胶容器后倒入离心管中，用玻璃棒搅拌洗涤残渣样品，再放入离心机中离心 20min；

(4)倾倒上层清液，称量无残渣干燥皿质量 m_1，将残渣倒入干燥皿中，放入恒温电热干燥箱中烘烤，在温度 105℃条件下烘干至恒量，其值为 m_2。压裂液残渣含量按下式计算：

$$\eta = \frac{m_1 - m_2}{V} \tag{2-12}$$

式中，

η—压裂液残渣含量，mg/L；

m_1、m_2—加入残渣前后干燥皿质量，mg；

V—压裂液用量，L。

3.　实验结果

离心前，取三种液体(从左到右依次是 VES、SVES、胍胶)如图 2-24 所示：

图 2-24　离心前压裂液体系

离心后的三种液体(从左到右依次是 VES、SVES、胍胶)如图 2-25 所示。

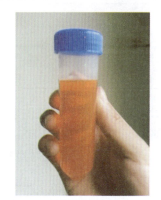

图 2-25　离心后压裂液体系

图 2-26 为三种液体和蒸馏水在一起的对比(从左到右依次是水、胍胶、SVES、VES)。

图 2-26　离心后压裂液体系与蒸馏水对比图

　　通过对比，发现离心后各压裂液的黏度显著降低，液体都变得更加清澈。可以明显看出只有胍胶底部生成沉淀。而 VES 和 SVES 在离心之后均没有沉淀产生。胍胶生成的沉淀则能比较明显地看出，如图 2-27 所示。

图 2-27　离心后胍胶压裂液沉淀

将上层清液排出，然后将沉淀取出到表面皿中，对其蒸馏，得到完全的固相。固相质量为 0.3024g。经计算得到 40mL 胍胶的固相含量为 0.756%。

表 2-24　不同压裂液体系破胶后固体含量

固相质量/g	VES	SVES	胍胶
第一次测量结果	0	0	0.2912
第二次测量结果	0	0	0.3104
第三次测量结果	0	0	0.3056
平均值	0	0	0.3024

如表 2-24 所示，VES、SVES、胍胶三种压裂液体系在加入破胶剂之后都明显破胶。破胶后离心，三种液体的黏度都显著下降，其中 VES 和 SVES 在离心后都没有固相生成，只有胍胶在离心后有少量固相产生，烘干固相得到其质量，计算得到胍胶压裂液破胶离心后的固相含量的百分数为 0.756%。

表 2-25　不同液体残渣测定数据对比表

液体类型	残渣含量/(mg/L)
清洁压裂液	0
常规胍胶压裂液	924
聚合物压裂液	1506
稠化酸(15%HCl+7‰稠化剂)	11376

各种实验表明，使用 0.2% 过硫酸铵做破胶剂可以使稠化酸和交联酸酸液体系达到良好的破胶效果，对比稠化酸和交联酸破胶后的残渣含量照片可以看出，交联酸残渣较少。如表 2-25 所示，计算单位体积下的破胶液残渣含量可知，交联酸残渣含量为 1506mg/L，稠化酸残渣含量为 11376mg/L。VES 压裂液破胶后液体不分层，无沉淀，无固相，过滤无残渣。综合分析结果得知，该压裂液具有很低的水化液黏度和表面张力以及几乎为零的残渣含量，表明无残渣压裂液易于返排。

2.5.5　压裂液与地层流体配伍性实验

测定压裂液破胶液与地层原油和地层水作用能否产生乳化及沉淀，以便采取措施减少其对地层渗透率的损害。

1. 实验原理与目的

测试压裂液与地层水按不同配比进行混合后的配伍情况。

2. 实验方法与步骤

1）实验仪器及材料

广口瓶，水浴锅，地层水。

配制胍胶、VES、SVES(HCl)和SVES(HF)4种，分别用地层水配制，各100mL。

2）实验步骤

（1）观察地层水配制过程中是否出现不配伍现象，然后静置不同时间观察。

（2）同时SVES(HCl)和SVES(HF)倒入广口瓶中，在水浴锅中加热至90℃，观察现象2h。由两种酸进行对比可以看出，是否出现沉淀等不配伍现象。

3. 实验结果

无沉淀产生说明配伍性好，压裂液可以用于该储层改造。

（1）0min时，将四种液体与地层水对比，其中SVES(HCl)和SVES(HF)均已加热到90℃，四种液体均无沉淀产生。

（2）30min时，四种液体与地层水对比也均无沉淀产生。

（3）60min时，四种液体与地层水均无沉淀产生。

（4）120min时，四种液体与地层水对比。

通过对比图2-28可以看出120min时，四种液体也均无沉淀产生。

2h之内，四种压裂液体系与地层水混合之后均无沉淀产生，说明四种液体与地层水的配伍性均表现为良好，无不配伍现象出现。说明四种压裂液体系均适合储层改造。

　　　　胍胶和地层水对比　　　　　　　　　　　　　　VES和地层水对比

SVES(HCl)和地层水对比　　　　　　　SVES(HF)和地层水对比

图 2-28　各种液体对比

2.5.6　压裂液体系对岩心损害率测定实验

破胶液对地层的损害包括以下几点：破胶液进入地层后产生附加毛细管力，降低油的相对渗透率，造成"水堵"；破胶液遇到地层黏土，使黏土膨胀运移，导致渗透率降低；滤饼和残渣引起的损害。破胶液对地层基质的损害以岩心渗透率的变化来表征，它是反映酸液影响地层基质损害各因素的综合表现。影响损害率大小的因素主要有岩心的矿物组成、渗透率的大小、液体进入岩心的压差和时间、残液返排压差、返排时间和破胶程度等。

岩心损害实验依据成都理工大学地层条件动渗失分析法规定来执行。图 2-29 为伊向艺、卢渊等所发明的不同黏度酸液体系酸岩反应动力学参数测定装置。

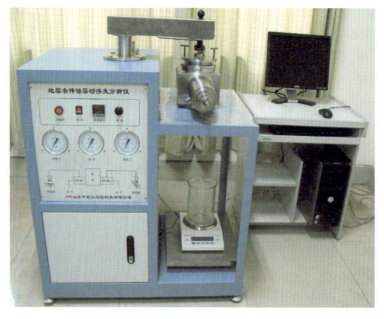

图 2-29　地层条件动渗失分析装置实物图

地层条件储层动渗失分析仪实验系统是在对滤失釜内的工作流体设定一定温度和压力，由电动机带动搅动杆，带动滤失釜内部的液体转动，工作液沿釜体壁面流过由釜体两侧夹持器固定的岩心表面进行滤失或反应，从岩心夹持器的另一侧端部进行出液滤失量测量，测量结果通过传感器传输到电脑进行数据处理及作图分析。

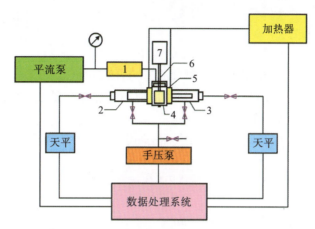

1. 中间容器；2. 50.8mm 岩心夹持器；3. 25.4mm 岩心夹持器；4. 滤失釜；5. 加热板；6. 搅拌杆；7. 电机搅拌器

图 2-30　地层条件储层动渗失分析仪实验原理图

地层条件储层动渗失分析实验装置结构如下：①注入系统，由平流泵及相应的管路系统。②滤失釜及岩心夹持器，该部分主要由滤失釜和两个不同直径的岩心夹持器和相关管路组成，属于设备的主体，主要用于对岩心进行相关的钻井液对岩心的滤失试验；釜体整体采用哈氏合金锻造而成，能够承耐强酸的腐蚀，可以对大部分中介液体进行滤失试验，并可以选择静滤失和不同转速的动滤失。③驱动搅拌控制系统，驱动搅拌搅拌系统，包括驱动电机、电机控制电路、调速以及速度显示，机械连接传动，动密封等部分组成。可在一定压力下，通过搅拌杆，对滤失釜体内部的液体搅拌，进行动滤失的试验，搅拌速度可以通过面板上的调节钮逐级调节。④天平计量系统，主要是由 2 台赛多利斯天平组成，分别计量 2 个滤失夹持器的滤失量，并通过串口传输到计算机，经过软件对数据进行整理保存。⑤数据处理系统，编写软件能够完成数据的采集、处理，并进行保存。

1. 实验目的

测定注入压裂液前后地层水透率，计算压裂液损害率，评价储层损害程度。

2. 实验准备

材料：岩心。

损害液体：聚合物压裂液、胍胶压裂液、清洁（VES）压裂液、SVES（HCl）和 SVES（土酸）。

3. 实验仪器

地层条件动渗失分析仪，干燥皿，温度计，电子天平，计时秒表，皂沫流量计，氮气瓶。

4. 实验步骤

1)实验准备

(1)岩心数据记录。

将损害前的岩心，清洗，烘干，称重，照相。

(2)准备标准盐水，$2.0\%KCl+5.5\%NaCl+0.45\%MgCl_2+0.55\%CaCl_2$。

配制步骤：准确称取 KCl、$NaCl$、$MgCl_2$、$CaCl_2$ 加在容量瓶中用蒸馏水配制，可适当加热、晃动，直到全部溶解。

(3)将准备好的岩心烘干 24h，然后用气测法测定每块岩心的渗透率 K_0；计算公式如下：

$$K = \frac{Q \cdot \mu \cdot L}{\Delta p \cdot A} \times 10^{-1} \tag{2-13}$$

式中，

K——标准盐水通过岩心渗透率，μm^2；

Q——标准盐水通过岩心的体积流量，mL/s；

μ——标准盐水黏度，$mPa \cdot s$；

L——岩心轴向长度，cm；

A——岩心截面面积，cm^3；

ΔP——岩心上下流的压力差，MPa。

2)实验过程

(1)岩心饱和标准盐水 24h；

(2)气测渗透率 K_1；

(3)将配好的压裂液反向注入岩心 24h，驱替速度为 $0.1mL/min$ 或小于临界流速，注入量为 $10 \sim 15$ 倍孔隙体积；

(4)停驱替泵，关闭岩心夹持器的入口和出口阀门，并保持围压不变，使岩样与工作液接触达 24h 以上(按照常规储层工作液评价行业标准)；

(5)然后取出岩心通氮气 1h 后气测该岩心的渗透率 K_2；

(6)取出岩心，烘干 24h，测定岩心的渗透率 K_3。

3)实验数据测定

(1)岩心数据记录。

将损害后的岩心，清洗，烘干，称重，照相。

(2)损害后岩心渗透率：按照实验准备测定损害后的渗透率。

(3)渗透率损害率按下式计算：

$$\eta_1 = \frac{K_1 - K_2}{K_1} \times 100\% \tag{2-14}$$

$$\eta_2 = \frac{K_0 - K_2}{K_0} \times 100\% \tag{2-15}$$

式中，

η_1、η_2—气测岩心含液渗透率损害率，气测岩心烘干渗透率损害率，$\%$；

K_0、K_1—接触压裂液前测定的气测岩心烘干渗透率和气测岩心含液渗透率，$10^{-3}\ \mu m^2$；

K_2、K_3——接触压裂液前测定的气测岩心含液渗透率和气测岩心烘干渗透率，$10^{-3}\,\mu m^2$。

5. 实验结果

表 2-26　破胶液对储层岩心的损害实验结果

破胶液类型	损害前渗透率 /($\times 10^{-3}\,\mu m^2$)	损害后渗透率 /($\times 10^{-3}\,\mu m^2$)	损害率/%
清洁酸	11.63	11.52	0.95
	7.05	6.87	2.55
	10.31	10.10	2.04
	0.46	0.43	6.52
	0.73	0.68	6.85
稠化酸	6.39	5.34	16.43
	0.47	0.40	14.89
瓜胶 压裂液	9.08	6.47	28.74
	0.89	0.58	34.83

注：实验温度 25℃，损害时间 2h。

表 2-27　岩心损害实验结果

常温(25℃)	地层水损害 后渗透率 /($\times 10^{-3}\,\mu m^2$)	压裂液 伤害后 /($\times 10^{-3}\,\mu m^2$)	原始渗透率 /($\times 10^{-3}\,\mu m^2$)	地层水损害后 返排恢复/%	压裂液损害后 返排恢复/%
瓜胶	0.573	0.323	2.13	26.90	56.36
VES	0.233	0.254	1.495	15.56	109.01
SVES(土酸)	0.455	0.19	1.16	39.22	71.72
SVES(HCL)	0.396	0.274	1.381	28.67	43.96

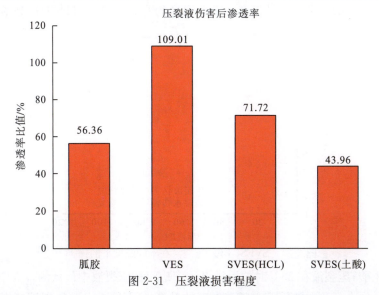

图 2-31　压裂液损害程度

四种压裂液中，VES 和 SVES(HCl)损害后的返排渗透率恢复程度较好，都高于瓜胶压裂液。由于迪北储层绿泥石含量较高，SVES(土酸)的酸化效果反而较差。

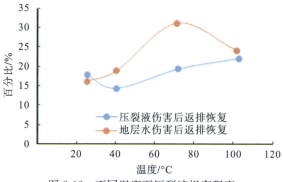

图 2-32　不同温度下压裂液损害程度

VES 压裂液在 25℃时的返排渗透率高于地层水的，可能是 VES 将岩心的微粒带出，导致渗透率有所恢复。随着温度的升高，VES 压裂液的损害程度逐渐变小，在 100℃时，VES 的损害程度与地层水的接近。

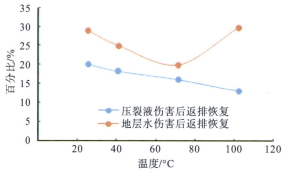

图 2-33　不同温度下 SVES(HCl)损害程度图

SVES(HCl)压裂液在 25℃时的返排渗透率是四种压裂液中最高的，证明 HCl 与部分伊利石反应了，减少了孔喉的堵塞。随着温度的升高，SVES(HCl)压裂液的损害程逐渐变大。这是由于储层岩心中含有大量的绿泥石，温度的升高，加速了 HCl 的反应，产生了较多的沉淀。

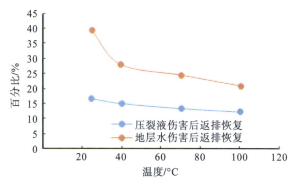

图 2-34　SVES(土酸)压裂液在不同温度下的损害

SVES(土酸)压裂液在 25℃时的返排渗透率是四种压裂液中最低的，其中的 HF 反应生成的沉淀，加大了孔喉的堵塞。随着温度的升高，SVES(HCl)压裂液的损害程逐渐变大。因此，考虑减少 HF 酸的浓度，添加有机酸(如柠檬酸、草酸等)减少沉淀。

第 3 章　致密砂岩气藏储层损害机理研究

储层被钻开之前，在油气藏温度压力环境下，岩石矿物和地层流体处于一种物理、化学的平衡状态。钻完井、及增产改造作业过程都能改变原来的环境条件，使其平衡状态发生改变，产生储层损害导致油气井产能下降。为了揭示储层损害机理，不仅要研究储层固有的工程地质特征和油气藏环境(损害内因)，而且还应研究这些内因在各种作业条件下(损害外因)产生损害的具体过程。损害机理研究以岩心分析、敏感性评价、工作液损害模拟实验和矿场评价为依托，通过综合分析，诊断储层损害发生的具体环节、主要类型及作用过程和作用原理，为后续针对性的保护技术和解除损害的措施提供基础依据。

3.1　储层损害类型概述

油气井生产或注入井注入能力显著下降的原因及其作用的物理、化学、生物变化过程称为储层损害机理。通常所说的储层损害，其实质就是储层孔隙结构变化导致的渗透率下降。渗透率下降包括绝对渗透率的下降(即渗流空间改变，孔隙连通性变差)和相对渗透率的下降。外来固相侵入、水敏性损害、酸敏性损害、碱敏性损害、微粒运移、结垢、细菌堵塞和应力敏感损害等都改变渗流空间；引起相对渗透率下降的因素包括水锁(流体饱和度变化)、贾敏、润湿反转和乳化堵塞。储层损害主要发生在井筒附近区域，因为该区是工作液与储层直接接触带，也是温度、压力、流体流速剧烈变化带。除井漏外，钻井完井过程的损害一般限于井筒附近，而增产改造、开发中的损害可以发生在井间任何部位。

对于某一油气藏和具体作业环节而言，如何有效地把握主要的损害尤为重要，大量研究工作和现有的评价手段已能清楚地说明主要损害原因。目前比较普遍接受的分类方案见表 3-1，首先分成四大类：①物理损害；②化学损害；③生物损害；④热力损害，然后再进行细分。表 3-1 的分类体系说明，即使是一种看起来较简单的类型，也包含着多种复杂的作用过程(徐同台等，2010)。

不同于油层，致密砂岩气藏生产过程中一般不采用注水、EOR、热力开采等措施，因此，致密砂岩气藏损害主要包括物理损害和化学损害两大类，生物损害、热力损害可以忽略。因此本章主要针对诱发致密砂岩储层损害物理因素和化学因素进行介绍。其中物理因素包括微粒运移损害、固相侵入损害、相圈闭损害、应力敏感损害；化学损害主要为工作液与地层岩石、地层流体不配伍性导致的储层损害。

表 3-1　储层损害类型及其分布结构(据徐同台等，2010)

大类	亚类	三级	四级	作业环节
物理损害	微粒运移			钻井完井、增产改造、修井、注水注气、EOR
	固相侵入	钻井完井液固相		
		注入流体固相		
	相圈闭损害	水基工作液		
		油基工作液		
		泡沫状油		
	机械损害	岩面釉化		气基流体钻井、斜井钻井
		岩粉挤入		
	射孔损害	压实损害		射孔完井
	应力损害	剪切膨胀		钻井、油气生产
		地层压实		
化学损害	岩石与外来流体不配伍	敏感性损害	黏土黏土矿物损害 非黏土矿物损害	钻井完井、增产改造、修井、注水注气、EOR
	地层流体与外来流体不配伍	处理剂吸附	聚合物、阴离子	
		有机垢沉积	石蜡、沥青沉积	
		无机垢沉积	盐类沉积、水合物、类金刚石物	
	润湿性反转	乳状液堵塞		
生物损害	分泌聚合物			注水和EOR过程为主
	腐蚀损害			
	流体酸性化			
热力损害	矿物溶解			热力采油为主
	矿物转化			
	润湿性变化			

3.2　微粒运移损害

微粒运移损害是指在流体流动作用下微粒首先从孔隙或裂缝壁面脱落、运移，在流动通道变窄或流速减低时，单个或多个微粒在孔喉或裂缝狭窄处发生堵塞，造成储层渗透率下降的现象。微粒运移是造成储层损害的重要因素之一。在钻井、采气、增产等作业过程中，储层岩石中的胶结不稳或松散吸附的易脱落的微粒，在外来因素如流体驱动、压力激动等作用下，易发生释放、运移，堵塞孔喉或裂隙，降低气井生产能力。多数储层都含有一些细小矿物，称为地层微粒，包括黏土矿物、非晶质硅、微晶石英、微晶长石、云母碎片和碳酸盐矿物等，其粒径通常小于 37μm，是潜在的可运移微粒源。致密砂岩气藏微粒运移损害包括两方面内容：孔隙微粒运移损害和裂缝微粒运移损害（徐同台等，2010）。

3.2.1　孔隙中的微粒运移损害

如图 3-1 所示，孔喉壁面上的微粒在地层流体流动作用下脱落并运移至孔隙喉道处，这些微粒通过架桥堵塞孔喉，导致渗透率下降。只有流速超过临界流速后，众多的微粒才能运移，发生堵塞。临界流速一般依据速敏实验确定。由于储层中流体流速的大小直接受生产压差的影响，即在相同的储层条件下，一般生产压差越大，相应的流体产出速度就越大，因此，虽然微粒运移是由流速过大引起，但其根源却是生产压差过大。同样，注入井注入压差过大，也会使注入流体的流速超过临界流速而产生微粒运移损害。

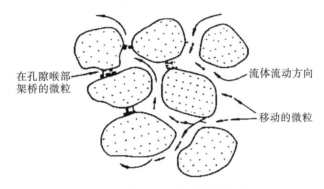

图 3-1　微粒运移堵塞示意图（据徐同台等，2010）

影响微粒运移并引起堵塞的因素有：①微粒级配和微粒浓度是影响微粒堵塞的主要因素，当微粒尺寸接近于孔隙尺寸的 1/3 或 1/2 时，微粒很容易形成堵塞，微粒浓度越大，越容易形成堵塞；②孔壁越粗糙，孔道弯曲越大，微粒碰撞孔壁越易发生，微粒堵塞孔道的可能性越大；③流体流速越高，不仅越容易发生微粒堵塞，而且形成堵塞的强度越大；④流速方向不同，对微粒运移堵塞也有影响。对于生产井来说，由于流体是从储层向井眼中流动，因此当井壁附近发生微粒运移后，一些微粒可通过流道排到井眼，一些微粒仅在近井地带造成堵塞。注入井情况恰好相反，流体是从井眼往储层中流动，在井壁附近产生的微粒运移不仅在井壁附近产生堵塞，而且会造成气层深部微粒的沉积堵塞（徐同台等，2010；Ying，2015）。

例如，沙特 B 区块致密砂岩储层速敏实验结果表明（图 3-2），该储层临界流速范围在 1~2mL/min，速敏指数为 9%~35%，整体上岩心的速敏程度为弱－中偏弱，造成渗透率变化较为明显的临界流速基本上在 2mL/min 左右。从实验结果来看，沙特 B 区块致密砂岩储层因流速变化带来的渗透率敏感性不强，开发过程中可以适当地放大生产压差。

对钻井完井作业来说，在作业液压力较高时，对井壁储层的冲击作用容易引起黏土矿物和碎屑颗粒的剥落和分散运移，造成储层孔喉堵塞的现象发生。因此，在起下钻过程或作业液循环过程需要控制好与储层接触时的速度和压力，尽量避免因正压差与高速流体作用下储层微粒运移损害。同时，在钻井完井液体系中加入抑制剂，降低黏土微粒的活性，或加入包被剂对储层微粒进行包被，这样可以防止因黏土或微粒活化而产生运移。

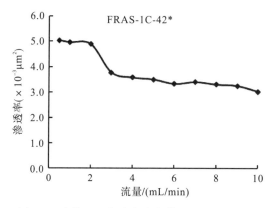

图 3-2　沙特 B 区块致密砂岩储层速敏实验曲线

对于后期开发来说，致密砂岩气藏可采用以下方式降低微粒运移损害：①降低产量；②对于射孔完成井，通过高密度射孔增加流动通道面积，降低流速；③条件允许时，尽可能采用裸眼完井；④应用水平井增大与储层接触的泄流面积，适当降低流速；⑤采用水力压裂技术；⑥工作液中加入适当的黏土防膨剂和地层微粒稳定剂；⑦控制油气井过早见水和含水率。

3.2.2　裂缝中的微粒运移损害

除孔隙介质中能发生微粒运移损害外，岩石破裂同样会诱发裂缝微粒运移损害。在射孔和水力压裂过程中，岩石破裂会降低岩石强度，弱化微粒间结合力，诱发微粒分散运移而造成储层损害。

岩石破裂诱发微粒分散运移机理可归结为力学因素和地质因素两个方面。力学因素体现在岩石破裂导致岩石强度降低，微粒之间的内聚力减弱，微粒结构失稳，微粒在流体流动等作用下易发生分散运移，造成速敏损害；地质因素主要指矿物组分对于微粒运移的诱发作用。蒙脱石、伊/蒙间层、石英和方解石被认为是极易发生微粒运移的矿物。岩样破裂时，这些矿物颗粒从基块中释放出来，随流体发生分散运移，至裂缝狭窄处堵塞，降低岩石渗透率。岩石破裂诱发微粒运移是以上两种因素综合作用的结果（张浩，2007）。

在射孔作业中，孔眼形成过程即为岩石破裂过程，必然伴随着微粒释放。射孔液的冲击作用使附着于裂缝壁面的岩石微粒脱落下来，随流体运移至裂缝狭窄处造成堵塞，导致储层渗透率降低。水力压裂通过水力裂缝可提高储层渗流能力。但在裂缝形成过程中，岩石破裂诱发的微粒在裂缝中分散运移往往会堵塞支撑剂充填层，导致增产效果不佳（陈金辉等，2010）。

如图 3-3 所示，川西须家河组致密砂岩储层（孔隙度：$16.8\% \sim 19.2\%$；渗透率：$0.0098 \times 10^{-3} \sim 0.1720 \times 10^{-3} \ \mu m^2$）干式裂缝和湿式裂缝均存在一定的速敏特性。如表 3-2

所示，干式裂缝岩样的临界流速为 0.16～0.50mL/min，速敏损害程度为中等偏强；而湿式裂缝岩样的临界流速为 0.25～0.30mL/min，速敏损害程度为强。

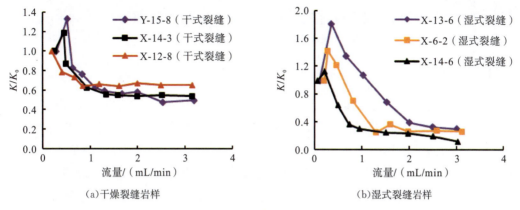

（a）干燥裂缝岩样　　　　　　　　　　（b）湿式裂缝岩样

图 3-3　川西须家河组致密砂岩储层裂缝速敏曲线（据陈金辉等，2010）

表 3-2　川西须家河组致密砂岩储层速敏评价结果（据陈金辉等，2010）

	岩心编号	临界流速/(mL/min)	速敏损害率/%	平均值/%	损害程度
基块	Y-15-2	1.225	20.34	18.71	弱
	Y-15-3	1.253	17.07		
干式裂缝	Y-15-8	0.500	57.94	51.29	中等偏强
	X-14-3	0.410	50.02		
	X-12-8	0.160	45.90		
湿式裂缝	X-14-6	0.250	78.63	77.84	强
	X-13-6	0.300	78.03		
	X-06-2	0.270	76.85		

湿式裂缝岩样的速敏程度强于干式裂缝岩样，因为存在于岩石孔隙和微裂缝中的水与岩石颗粒及结构面会产生物理化学作用，减弱了岩石的力学性质。根据 M-C 破坏准则和有效应力原理，这种弱化作用主要体现在减小岩石的内聚力和抗压强度，因此在相同的受压情况下，湿式裂缝岩样比干式岩样更容易破裂，且破裂后强度更低，故其诱发微粒运移的程度强于干式岩样。可见，工作液侵入储层会弱化岩石强度，加剧微粒运移损害（陈金辉等，2010）。

3.3　工作液－地层流体/岩石不配伍性损害

在储层被钻开之前，地层水各种矿物之间是保持着化学及物理平衡。接触储层的钻井完井液，无论是离子组成类型、总矿化度，还是各种处理剂，与地层水存在显著差异时，都可能打破这种平衡，发生物理化学反应，从而降低储层渗透率，导致储层损害。

3.3.1 工作液—地层流体不配伍性损害

当外来流体的化学组分与地层流体的化学组分不相匹配时，将会在储层中引起沉积、乳化，或促进细菌繁殖等，最终影响储层渗透性。

1. 无机垢沉积

由于外来流体与储层流体不配伍，可形成 $CaCO_3$、$CaSO_4$、$BaSO_4$、$SrCO_3$、$SrSO_4$ 等无机垢沉淀。影响无机垢沉淀的因素有：①外界液体和储层液体中盐类的组成及浓度。一般说，当这两种液体中含有高价阳离子（如 Ca^{2+}、Ba^{2+}、Sr^{2+} 等）和高价阴离子（如 SO_4^{2-}、CO_3^{2-} 等），且其浓度达到或超过形成沉淀的溶度积时，就可能形成无机沉淀；②液体的 pH，当外来液体的 pH 较高时，可使 HCO_3^- 转化成 CO_3^{2-} 离子，引起碳酸盐沉淀，同时，还可能引起 $Ca(OH)_2$ 等氢氧化物沉淀形成；③地层流体温度场改变，若储层产水，地层水由储层中的高温环境进入井筒的低温环境，地层水中的 CO_3^{2-} 在热力学条件改变下产生碳酸盐沉积，在近井地带和井筒管柱壁面形成如图 3-4 所示的无机垢（杨大刚，2008）。

图 3-4　某井油管壁面沉积的无机垢

2. 乳状液堵塞

地层中固有的油和水极少会产生乳化液堵塞，但当注入地层的水或水基压裂液与地层油或水发生乳化时，将堵塞地层。这种堵塞作用是乳化液中的分散相在流经地层毛管喉道时产生的贾敏效应叠加而成，由此引起的地层损害程度取决于乳状液黏度和稳定性（刘建坤，2011）。鲜酸、部分反应的酸以及完全反应的残酸偶尔与原油或凝析油形成乳化液，导致地层产生两相流使产量降低。另外，沥青质的絮凝会生成酸渣，从而堵塞孔喉。应考虑对酸化工作液进行破乳剂防止乳化及生成酸渣，或应用有机酸代替矿物酸以降低乳化和生成酸渣。

乳化液是两种或多种互不相溶流体（包括气体）的混合物，它们并不以分子状态相互分散。乳化液由外相(也叫非分散相或连续相)和内相(分散相或非连续相)组成,内相由悬浮于外相的微滴组成。油田中发现的所有乳状物几乎都通过产品混合时某种形式能量附加而产生,当能量源被消除,大多数乳化物迅速被破坏。这些不稳定乳化物的破坏机理是通过微粒接触、生长,然后被流体分隔开。当微滴靠近并接触,微滴表面层液膜就变薄并破裂,形成更大液滴,这个过程叫结合。由于形成分离层的液体之间的密度差异,较大微滴沉降更迅速,只有微滴的一部分会接触而结合。当最小的结合发生时,乳化物就稳定了。

如果乳化液不分离,就有一个稳定力起着使流体保持乳化的作用。最常见的稳定力是在其界(表)面由于化学反应、部分润湿微粒的沉淀或附加作用,电离子、高粘化合物或者合成流体黏度引起的表面膜力量的改变。这些力量可以单独起作用或混合起作用。

天然表面活性剂通过使液滴周围的膜绷紧或使小固体颗粒部分润湿而有助于乳化物稳定。天然表面活性剂存在于大多数的水中和大多数的原油中,它们可能由几种化合物组成,或为生油过程产生的部分物质,或为细菌副产物。像其他表面活性剂一样,它们含有一个亲油基和一个亲水基(通常带一小电荷),并聚集在油、水界面。

液体中微小固体通过增加微滴周围表面膜的黏度或充当一个氧化剂的作用,并使带有电荷的分散液体束缚而使乳化物稳定。使油田乳化液稳定较常见的固体材料是硫化铁、石蜡、砂、粉砂、黏土、沥青、垢、金属剥落碎片(来自于管道)、岩屑或腐蚀产物(米卡尔,2003)。

工作液的化学添加剂油基钻井液滤液进入储层后,可改变孔隙界面性能,并于地层水混合形成乳状液。这样的乳状液造成的储层损害有两方面:一方面是比孔喉尺寸大的乳状液滴堵塞孔喉,导致贾敏效应(图3-5);另一方面是提高流体的黏度,增加流动阻力。影响乳状液形成的因素有:①表面活性剂的性质和浓度;②微粒的存在;③储层的润湿性(梅玉玲,2011)。

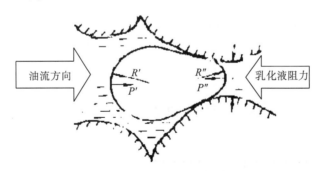

油流方向　　　乳化液阻力

图 3-5　乳状液堵塞孔喉导致储层损害

下列措施可消除压裂过程的乳化堵塞:应该尽量少使用以阳离子为代表的表面活性剂,其润湿黏土的作用会造成稳定油包水乳化剂出现;使用能够彻底破胶的优质压裂液,可尽量少地形成压裂液残渣、地层“微粒”,更能够避免油水界面的膜稳定被破坏;使用性能好的破乳剂,避免其进入地层产生堵塞(李婷,2014)。

改变 pH 能影响乳化液的稳定性。大多数游离水脱出器和处理器有效工作的 pH 为6~7,具体值因井而异。酸处理后 pH 可降到 4 并可能发生乳化。这种条件下产生的乳化液直到 pH 上升到 6~7 之前都是稳定的。当井在酸处理时，地层原油会发生乳化或形成酸渣，则应在注入工作液中加入破乳剂。

3. 细菌代谢损害

细菌可生长于不同环境和条件下，温度变化范围为 $-11~120℃$，pH 范围 1~11，矿化度可达 30%，压力可达 170MPa。细菌的消耗物及其产物在生产操作中是一个严重的问题。细菌被分为以下几类：①需要氧气的需氧细菌；②不需要氧气的厌氧细菌（氧气抑制其生长）；③由于细菌的新陈代谢改变而适应环境，故在有氧和无氧环境下都能生长的兼性细菌。它们在有氧环境里生长比在无氧环境下快约 5 倍。

在油田中最有危害的细菌是硫酸盐还原菌、黏泥形成的细菌、氧化铁细菌，以及破坏压裂液和二次采油液体中的聚合物的细菌（王丛丛，2010）。

硫酸盐还原菌在油藏中能导致大多数损害问题。它将水中的硫酸盐或亚硫酸盐还原成硫化物，并产生 H_2S。这种还原过程为细菌生长提供能量。生物材料累积能在大量菌落下导致钢的点蚀（或锈斑）。H_2S 增加了水的侵蚀性并产生碳钢起泡和硫化物裂解的可能性。硫酸盐还原菌是厌氧型细菌，它在氧气存在时生长率缓慢。可通过温度和限制它们的培养基来控制其生长率，主要培养基是碳、氮、磷和溶解铁，杀菌剂也通常用来控制这些细菌（康毅力，2006）。

氧化铁细菌是需氧细菌，将 Fe^{2+} 转化为 Fe^{3+} 形成 $Fe(OH)_3$ 凝胶，这种 $Fe(OH)_3$ 很难溶于水并从水中沉淀。细菌的代谢过程使铁溶于水中。二价铁只能溶解于低 pH 的液体中（即当水为酸性）。因此一般认为 $Fe(OH)_3$ 是一种酸反应产物，却忽略了氧化铁细菌的代谢作用。

黏泥形成的细菌是兼性细菌，产生高密度的黏质物团（垫子）覆盖在岩石表面。它的主要损害效应是堵塞岩石孔隙。

侵蚀聚合物细菌是多种多样的需氧型细菌和少数厌氧型细菌。大多数聚合物是优良的碳源，它容易被消耗从而导致快速的细菌生长率。大量生物体的结果是堵塞地层。所有这些细菌都能通过应用多种杀菌剂来控制。

3.3.2　工作液－岩石不配伍性损害

1. 水敏性损害

若进入储层的工作液与储层中的水敏性矿物（如蒙脱石）不配伍时，将会引起这类矿物水化膨胀，或分散/脱落，导致储层渗透率下降。储层水敏性损害特征包括：①当储层物性相似时，储层中水敏性矿物含量越高，水敏性损害程度越大；②储层中常见的黏土矿物对储层水敏性损害强弱影响顺序为：蒙皂石＞伊/蒙间层矿物＞伊利石＞高岭石、绿泥石；③当储层中水敏性矿物含量及存在状态均相似时，高渗透储层的水敏性损害比低渗储层的水敏性损害要低些；④工作液的矿化度越低，引起储层的水敏性损害越强，工作液的矿化度降低速度越大，储层的水敏性损害越强；⑤工作液矿化度相同的情况下，含高价阳离子的成分越多，引起储层水敏性损害的程度越弱(梅玉玲，2011)。

例如，迪北地区阿合组致密砂岩储集层伊蒙间层矿物含量 5%～20%，表现出中等偏强水敏，与上述潜在损害因素分析相符。低矿化度入井液进入地层后，黏土矿物膨胀、分散、运移，堵塞孔喉。并且水敏实验后岩心气测渗透率下降了 23.5% 与 15.5%(表 3-3)，水敏损害对储集层渗透率造成的损害是不可逆的。

表 3-3　迪北地区阿合组致密砂岩储层水敏评价结果

样品编号	地层水渗透率/(×10⁻³ μm²)	次地层水渗透率/(×10⁻³ μm²)	蒸馏水渗透率/(×10⁻³ μm²)	水敏损害率/%	损害程度
D-26	0.620	0.40	0.28	54.8	中等偏强
D-03	0.245	0.16	0.12	50.8	中等偏强

2. 碱敏性损害

高 pH 的工作液侵入储层时，与其中的碱敏性矿物发生反应造成黏土微结构失稳、分散/脱落、新的硅酸盐沉淀和硅凝胶体生成，导致储层渗透率下降，这就是储层碱敏性损害。储层产生碱敏损害的原因为：①黏土矿物的铝氧八面体在碱性溶液作用下，使边面的负电荷增多，导致晶体间斥力增加，促进分散；②隐晶质石英和蛋白石等较易与氢氧化物反应生成不可溶性硅酸盐，这种硅酸盐可在适当的 pH 范围内形成凝胶而堵塞流道。影响储层碱敏性损害程度的因素有：碱敏性矿物的含量、工作液 pH 和侵入量，其中 pH 起着重要作用，pH 越大，造成的碱敏性损害越大(康毅力等，2007)。

例如，如表 3-4 所示，苏里格气田中下二叠统砂岩储层含有大量高岭石，高 pH 溶液进入储层后对高岭石具较强的溶蚀作用，因而能提高储层的渗透率。长石在酸性水介质环境中可被溶蚀形成高岭石。反过来，高岭石在高 pH 的碱性环境中也可被溶蚀形成长石、方沸石。实验过程中，岩心中驱出的碱液在静置 36h 后，发现有白色沉淀物，X 射线衍射分析其成分为长石。

表 3-4　苏里格气田中下二叠统砂岩储层碱敏损害评价结果(据曾伟等，2010)

样号	层位	孔隙度/%	渗透率/(×10⁻³ μm²)	K_1/(×10⁻³ μm²)	K_2/(×10⁻³ μm²)	碱敏指数/%	pH
1	盒8	8.66	0.298	0.0754	0.0805	−6.76	
2		14.38	1.626	0.4450	0.800	−79.76	
3		4.86	0.315	0.0899	0.1170	−30.14	
4	山1	12.05	0.717	0.091	0.0764	16.04	12
5		9.08	0.772	0.2600	0.2630	−1.15	
6		4.57	0.516	0.0581	0.0911	−56.80	
7		11.07	1.160	0.099	0.1320	−33.33	

样号	层位	孔隙度/%	渗透率/($\times 10^{-3} \mu m^2$)	K_1/($\times 10^{-3} \mu m^2$)	K_2/($\times 10^{-3} \mu m^2$)	碱敏指数/%	pH
8	盒8	6.05	0.361	0.0831	0.0773	6.98	
9		8.90	0.463	0.0999	0.1200	10.91	
10		10.22	0.431	0.0681	0.0538	21.00	
11	山1	6.46	0.386	0.1890	0.1490	21.16	9
12		7.51	0.398	0.0823	0.0644	21.75	
13		8.49	0.451	0.104	0.0892	14.23	
14		3.55	0.338	0.0465	0.0360	22.58	

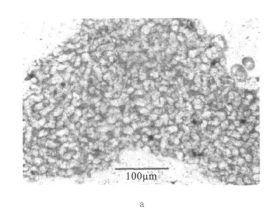 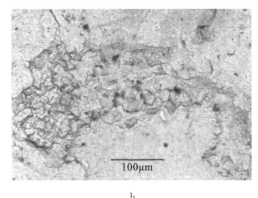

a   b

图 3-6　碱敏损害前后苏里格中下二叠统致密砂岩高岭石形貌特征

a. 碱敏损害前高岭石分布均匀晶形好；b. 碱敏损害后高岭石被溶蚀成残缺状分布不均匀(据曾伟等，2010)

实验中，用 pH 为 12 的碱液驱替岩心并浸泡后，发现岩心端面出现溶孔，扫描电镜下观察表明高岭石被溶蚀，除去被完全溶蚀的高岭石外，还见部分高岭石被溶蚀成残缺状(图 3-6a)，高岭石晶形变差，分布不均；与未与碱液作用的晶形好、分布均匀的高岭石形成鲜明对比(图 3-6b)。

在实际作业中，碱液应及时有效返排，以防止长石、方沸石等沉淀物的产生，造成孔喉堵塞，从而引起地层损害。含水气层应预防碱液侵入，强碱进入储层后，虽然能溶蚀高岭石，但同时又与储层中的自由水反应形成 $Ca(OH)_2$ 沉淀，造成储层损害。低 pH 的碱液进入储层后，会造成一定的储层损害，应防止这类碱液进入储层。

3. 酸敏性损害

储层酸化处理后，释放大量微粒，矿物溶解释放出的离子还可能再次生成沉淀，这些微粒和沉淀将堵塞储层的流道，轻者可削弱酸化效果，重者可导致酸化失败。酸化后导致储层渗透率降低的现象就是酸敏性损害。造成酸敏性损害的无机沉淀和凝胶体有：$Fe(OH)_3$、$Fe(OH)_2$、CaF_2、MgF_2、氟硅酸盐、氟铝酸盐沉淀以及硅酸凝胶。这些沉淀和凝胶的形成与酸的浓度有关，其中大部分在酸的浓度很低时才形成沉淀。控制酸敏性损害的因素有：酸液类型和组成、酸敏性矿物含量、酸化后返排酸的时间(梅永贵，2009)。

1)硅铝酸盐沉淀

硅铝酸盐(黏土和长石)一次反应为：

$$M_z Al_x Si_y O_{\left(\frac{z}{2}+\frac{3x}{2}+2y\right)} + (x+y)HF$$

$$=xAlF_6^{3-}+yH_2SiF_6+\left(\frac{z}{2}+\frac{3x}{2}+2y\right)H_2O+(3x-z)H^++zM^+$$

式中，M 为金属元素(如 Na 或 K)

反应产物 AlF_6^{3-} 和 H_2SiF_6 继续与硅铝酸盐反应并在黏土表面生成二氧化硅凝胶。

这种二次反应的其中一例为：

$$2yH_2O+(x+z)H^++\frac{x}{3}H_2SiF_6+M_z Al_x Si_y O_{\left(\frac{z}{2}+\frac{3y}{2}+2y\right)}$$

$$=\left(y+\frac{x}{3}\right)Si(OH)_4+xAlF^{2+}+\left(\frac{z}{2}+\frac{x}{6}\right)H_2O+zM^+$$

理论上，其他二次反应能生成氟硅酸铝固体，此固体可能损害地层。尽管可能性一般很小，反应仍存在生成损害产物的潜在性。

2)氢氧化铁沉淀

地层和管柱的铁来源于绿泥石，菱铁矿、赤铁矿和铁锈。砂岩在酸化过程中，当残酸的 pH 高于 2.2 时，三价铁离子会产生氢氧化铁($Fe(OH)_3$)沉淀。二价铁离子只在 pH 高于 7.7 时，才会生成氢氧化亚铁($Fe(OH)_2$)沉淀。同时氟与铁络合会使残酸的 pH 上升，进而促进沉淀过程，铁离子增加也会使酸液与油形成刚性膜和乳化现象，对地层造成损害。因此，为降低铁离子对储层危害，储层酸化工作液中需加入铁离子稳定剂(米卡尔，2003)。

3)碳酸盐沉淀

砂岩在盐酸中的溶解度可以大致表征碳酸盐的含量。若砂岩的盐酸溶解度高于20%，则不推荐使用 HF。过量的碳酸盐岩与 HF 反应会生成氟化钙沉淀，而且已反应的 HF 能反应生成六氟硅酸钙沉淀。绿泥石和一些沸石(水合硅铝酸钙/钠/钾)部分溶于盐酸中并因其残余物的运移引起严重的堵塞。

4)氟硅酸盐沉淀

氟硅酸盐是砂岩基质酸化中产生的最有害沉淀，氟硅酸钠、钾和钙(分别为 $Na_2SiF_6^{2-}$、$K_2SiF_6^{2-}$、$CaSiF_6^{2-}$)的溶解度很低，当地层水或任何含钾/钠/或钙的盐水与反应后土酸接触即可生成。因此在注酸前配注前置液和注酸后注顶替液可避免产生沉淀。

5)铝酸盐沉淀

当 pH 高时(大于 2 时)，可能会生成氟化铝(AlF_3)和氢氧化铝($Al(OH)_3$)的沉淀，另外二氟合铝离子与粉砂和黏土在高于 95℃或含 $AlCl_3$ 的缓速土酸配方中会发生三次反应，加入过多的 Al 可导致 Al 的饱和及铝硅酸盐沉淀。为防止这一现象可使用柠檬酸和乙酸用于砂岩酸化中，络合铝并缓冲溶液，使 pH 低于 2，避免沉淀生成(米卡尔，2003)。

例如，川中地区上三叠统须家河组致密砂岩储层须二段比须四段黏土矿物绝对含量高。其中，须二段绿泥石含量占优势，平均含量为 61.13%，须四段伊利石含量占优势，平均含量为 55.35%。2 个层位中伊/蒙间层矿物含量均不高，须二段平均含量为 3.02%，须四段平均含量为 3.86%，间层比为 10%。如表 3-5 所示，盐酸、氟硼酸对致密砂岩储层损害严重，氢氟酸损害较弱。根据损害率和平均损害率综合评定盐酸、氢氟酸和氟硼酸的损害程度分别为强、弱和中－强。在对储层进行酸化处理过程中，盐酸及氟硼酸可以破坏绿泥石的晶体结构，使 Fe^{2+} 和 Mg^{2+} 等游离出来，在氧化条件下，Fe^{2+} 氧化成 Fe^{3+}。随着更多的绿泥石及其他矿物受酸液溶蚀，H^+ 浓度下降，pH 上升，当 pH 大于 2.2 时，就会出现 $Fe(OH)_3$ 胶体沉淀，损害储层。氢氟酸与硅酸盐矿物游离出的 Si^{4+} 和 Al^{3+} 作用后形成氟硅酸盐及氟铝酸盐沉淀，与碳酸盐矿物反应形成 CaF_2 沉淀共同损害储层。氢氟酸酸敏损害程度总体为弱，主要是由于氢氟酸的酸度适中，且储层中碳酸盐矿物含量有限。

表 3-5　川中地区上三叠统须家河组酸敏评价结果（据杨建等，2006）

酸液类型	不同酸敏程度样品数				损害率/%	平均损害率/%	损害程度
	无	弱	中	强			
盐酸	1	0	0	3	73.35~85.30	80.73	强
氢氟酸	1	2	1	0	11.66~65.64	23.93	弱
氟硼酸	0	0	2	2	56.39~95.00	75.96	中－强

4）润湿性改变

岩石润湿性是岩石表面与流体相互作用的一种性质，它表现为流体延展或附着到岩石表面的倾向性，产生这种倾向性的根本原因是由于分子间力的作用。影响岩石润湿性的因素有岩石的矿物组成、岩石表面的粗糙度、流体的化学性质、温度和压力等。岩石的润湿性是控制孔隙中油（气）水分布的重要因素。对于亲水岩石，水通常被吸附在颗粒的表面，或占据小孔隙角隅，油（气）占据孔隙的中间部位；对于亲油性岩石，则恰好相反。图 3-7 为油层岩石亲油性、亲水性的转换过程，实质上是油膜形成与消除的过程（谢玉洪等，2008）。以往经验表明，润湿性对岩石相对渗透率有明显影响：

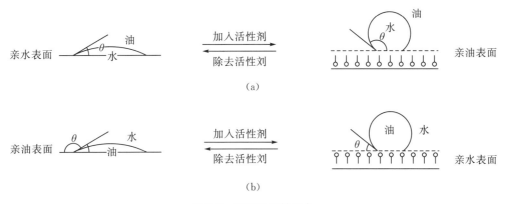

图 3-7　润湿性反转现象

（1）在含水饱和度一定时，随着岩石亲油程度增加，油的相对渗透率逐渐降低，水的相对渗透率逐渐增加。在相对渗透率曲线上表现为 $K_{rw}=0$ 的位置及曲线的交叉点左移。

（2）亲水岩石的油、水相对渗透率曲线交点的对应饱和度数值大于 20％，亲油岩石对应的饱和度数值小于 50％。

（3）亲水岩石的束缚水饱和度一般大于亲油岩石的束缚水饱和度（苏崇华，2011）。

3.4 水相圈闭损害

相圈闭与不利的毛管压力和相对渗透率效应有密切关系（图 3-8）。相圈闭的基本表现是，由于某一相流体（气、油、水）饱和度暂时或永久性的增加而造成我们所希望的产出或注入流体相对渗透率的下降。当油基工作液进入气层、或者含油污水注入到地层中可形成油相圈闭；凝析气藏开发一段时间后，当井底压力低于气藏露点压力时，凝析液在井眼附近聚集形成油相圈闭；若在低于泡点压力下开采黑油油藏，溶解气的溢出使气相饱和度增加，可出现气相圈闭。水基工作液滤液进入储层后，会增加水相的饱和度，降低油或气的饱和度，增加油气流阻力，导致油气相渗透率降低，进而导致产量下降（图 3-9）。

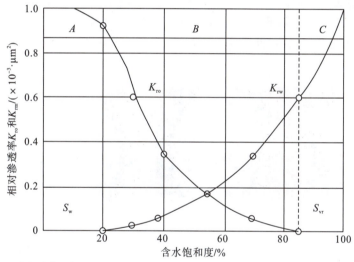

K_{ro}. 油的相对渗透率；K_{rw}. 水的相对渗透率；S_{or}. 残余油饱和度；S_{wi}. 束缚水饱和度

图 3-8　含水饱和度与油相渗透率的关系

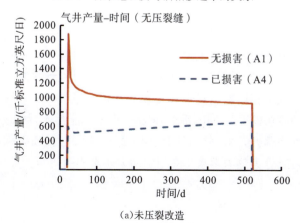

（a）未压裂改造

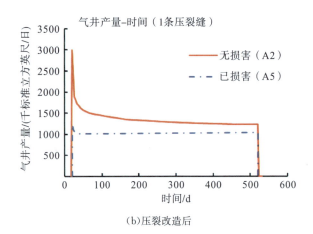

（b）压裂改造后

图 3-9　水相圈闭损害前后气井产量变化曲线（据 Hassan Bahrami 等，2012）

在作业引起的相圈闭损害类型中，水相圈闭最为常见。根据产生毛管阻力的方式，可分为水锁损害和贾敏损害。水锁损害是由于非润湿相驱替润湿相而造成的毛管阻力，从而导致油相渗透率降低。贾敏效应损害是由于非润湿液滴对润湿相流体流动产生附加阻力，而导致油相渗透率降低（王文红，2007）。对于致密砂岩气藏来说，由于初始含水饱和度经常低于束缚水饱和度，且储层毛管压力大，水相圈闭损害应引起高度重视（图 3-10）。

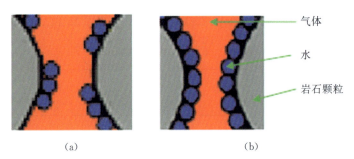

（a）　　　　　　　　　　　　　（b）

图 3-10　超低初始含水饱和度气藏的水相圈闭损害机理（据 Hassan Bahrami 等，2012）

3.4.1　水相圈闭损害类型

钻井液、完井液、增产液液体进入地层后，地层的含水饱和度上升，气相流动阻力增大，致使气相渗透率下降，这种现象称为"水相圈闭损害"。钻井过程中一打开储层，就有一系列的施工工作液接触储层，若外来的水相流体侵入到水润湿储层孔道后，就会在井壁周围孔道中形成水相堵塞，其水-气弯曲界面上存在一个毛细管压力。要想让油气流向井筒，就必须克服这一附加的毛管压力。若储层能量不足以克服这一附加压力，就不能把水的堵塞彻底驱开，最终会影响储层的采收率，这种损害称作水锁损害。根据水相圈闭损害成因可其分为热力学水相圈闭和动力学水相圈闭两大类（游利军，2004；张浩等，2007）。

1. 热力学水相圈闭

假设储层孔隙可视为毛管束，按 Laplace 公式，当驱动压力 p 与毛管压力平衡时，储层中未被水充满的毛管半径 r_k 应为：

$$r_k = 2 \cdot \sigma \cdot \cos\theta \cdot p \tag{3-1}$$

式中，σ、θ—分别为水的表面张力和接触角。

按 Purcell 公式，油相渗透率 k 可表示为：

$$k = \frac{\varphi}{2} \sum_{r_i}^{r_{\max}} r_i S_i \tag{3-2}$$

式中，φ—隙度，%；

r_i、S_i—第 i 组毛管的半径和体积分数；

$r_{\max}$—最大孔隙半径。

由公式(3-1)可知，液体的界面张力 $\sigma \cdot \cos\theta$ 越大，r_k 越大；因此，公式(3-2)中求和下限越高，油相渗透率越低。由此可见，排液过程达到平衡时的水相圈闭效应取决于外来流体和地层水表面张力的相对大小，若前者大于后者，则产生水相圈闭效应；若两者相等则无水相圈闭效应；若前者小于后者，不但无水相圈闭效应而且会使油气增产。由于这是以排液过程中达到热力学平衡为前提的，所以就称作热力学水相圈闭。

2. 动力学水相圈闭

假设气驱水符合毛管束模型，按照 Poiseuille 公式，在驱动压差 P 作用下，从半径为 r 的毛管中克服毛管力 P_c 排出液体的流量 q 为

$$q = \frac{\pi r^4 (P - P_c)}{8\mu l} \tag{3-3}$$

式中，μ—液体的黏度；

l—液柱的长度；

P_c—毛管压力。

将流量转换为线速度，再对时间积分，就得到从半径为 r 的毛管中排出长为 l 的液柱所需时间 t 的表达式为

$$t = \frac{4\mu l^2}{r^2 (P - P_c)} \tag{3-4}$$

毛管压力 P_c 为

$$P_c = \frac{2\sigma\cos\theta}{r} \tag{3-5}$$

首先由公式(3-3)可知，只有当驱动压力 $P > P_c$ 时，毛管中液体才可能被排出；其次，由公式(3-4)可知，毛管半径越小，排液时间越长；再次由公式(3-5)可知，当毛管半径 r 变小时，毛管压力变大，故对某一驱动压力 P_1 就有一相应的毛管半径 r_1，使得 $P = P_1$，此时高于 r_1 毛管中的液体将被排出，而低于 r_1 毛管中的液体只有进一步提高驱替压力，使 $P > P_1$ 时，才能将其中的液体排出；在驱动力 $P = P_1$ 时，低于 r_1 毛管中的液体则很难被排出，形成水锁；在驱动力足够大时，岩心中液体将逐渐从由大至小的毛

管中排空，岩心渗透率将逐渐得到恢复。由公式(3-4)、公式(3-5)还可以看出，排液时间 t 随着液柱长度 l、液体黏度 μ 及粘附张力 $\sigma\cos\theta$ 增加而增加，随着压差 P 及毛管半径增加而减小。因此，外来流体侵入深度大，黏度高及黏附张力高，水相圈闭损害就越大，地层渗透率越高，水相圈闭损害就越小。在低渗、低压的致密储层中，排液过程十分缓慢，即使外来流体在储层中的毛管力小于地层水在地层中的毛管力时，仍然会产生水锁(钟新荣等，2008；丁绍卿，2006)。

3.4.2 水相圈闭损害影响因素

水相圈闭损害是造成低渗透气藏产能下降的重要因素，目前普遍认为的影响因素有：气测渗透率大小、初始饱和度、界面张力、水相物理侵入深度、注入流体黏度、驱动压力、孔隙结构、黏土矿物种类及含量等。

1. 含水饱和度

气藏初始含水饱和度与束缚水饱和度存在差异。差值越大，不利的相对渗透率效应也就越明显，水相圈闭渗透率造成损害的可能性就越大(刘静，2006)。

在相同驱替压力梯度下，气藏含水饱和度上升后，其气体渗透率下降越大，水相圈闭损害越严重。水相圈闭损害所造成的损害程度与含水饱和度之间呈非线性关系，主要表现为：随含水饱和度的增加，水相圈闭损害所造成的损害程度上升并逐渐趋于平缓(图3-11)(周小平等，2005)。

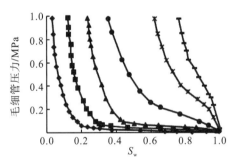

图 3-11 毛管压力与含水饱和度关系曲线(据周小平等，2005)

2. 气、水相渗曲线

由于孔隙介质不混相流体的多相干扰作用，流体低饱和度区间的气－水相对渗透率曲线越陡，说明水饱和度增加对气相渗透率的下降作用越明显。岩石的孔渗性影响相对渗透率曲线形态，岩石越致密，曲线越陡(图3-12)。

3. 滞留水的有效气藏压力

残余流体饱和度是毛管压力梯度的一个直接函数参数，一般情况下，有效气藏压力越大，有效毛管压力梯度就越大，最终形成的束缚水饱和度越低。

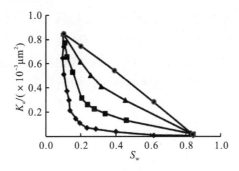

图 3-12　气水相渗曲线反应水锁损害程度示意图（据周小平等，2005）

4．水相物理侵入深度

水相物理侵入深度严格制约着有效储层压力排出滞留水的能力。一般来讲，侵入深度越深，排出滞留水就越困难，水锁造成的渗透率降低量越大。

5．流动压差

流体饱和度与施加在该体系中的毛管压力梯度直接相关，流动压差越大，产生的毛管压力梯度就越高，最终束缚水的饱和度就越低。

6．岩石润湿性

对于水湿性气藏，若具有超低含水饱和度特征，则水的自吸和水相圈闭损害将非常明显（周小平等，2005）。

3.4.3　水相圈闭损害机理分析

气层中水相圈闭损害产生的原因如图 3-13 所示。图中用气、水相渗透率与岩样的气测渗透率比值作为相对渗透率。AB' 为气体的相对渗透率曲线；BA' 为水的相对渗透率曲线。气驱水时，当岩石中含水饱和度降至 A' 点时，水相失去连续性，便不再减少，此时，A' 点对应的含水饱和度 S_{wirr} 被称为不可降低水饱和度或束缚水饱和度，亦称临界水饱和度。水驱气时，当岩石中含气饱和度降至 B' 点时，气相失去连续性，也不再减少，B' 点对应的含气饱和度被称为残余气饱和度 S_{gr}。

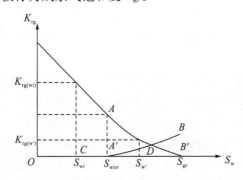

图 3-13　用相渗透率曲线说明水锁机理（据赵春鹏等，2004）

　　早期研究认为开发前的地层中储层流体驱替已达到平衡，原生水处于束缚状态。近年来的研究发现，地层的原生水饱和度与束缚水饱和度可能相等，也可能不相等。它们的形成机理不尽一致。如果原生水饱和度低于束缚水饱和度，则气驱替外来水时最多只能将含水饱和度降至束缚水饱和度，必然出现水相圈闭损害。设原生水饱和度为 S_{wi}（如图 3-13 中 C 所示），束缚水饱和度为 S_{wirr}（A'），它们分别对应的气体相对渗透率为 $K_{rg(wi)}$ 和 $K_{rg(wirr)}$，其水锁损害率 DR 为：

$$DR = \frac{K_{rg(wi)} - K_{rg(wirr)}}{K_{rg(wi)}} \tag{3-6}$$

　　造成水相圈闭损害的另一原因是对外来水返排缓慢，在有限时间内含水饱和度降不到束缚水饱和度的数值。由图中水相渗透率曲线 BA' 可以看出，气体排驱水时，水相渗透率随着含水饱和度而接近于零，含水饱和度却在有限时间内达不到束缚水饱和度，设此时含水饱和度为 $S_{w'}$（如图 3-13 中 D 所示），对应的气体相对渗透率为 $K_{rg(w')}$，则水锁损害率 DR 为：

$$DR = \frac{K_{rg(wi)} - K_{rg(w')}}{K_{rg(wi)}} \tag{3-7}$$

　　原生水饱和度低于束缚水饱和度造成的水相圈闭损害和外来水返排缓慢造成的水相圈闭损害相比较，前者的损害率总是小于后者，但前者的损害率对一定储层为一定值，后者的损害率则总是随着时间的增加而逐渐降低，只是降低速度随储层的孔隙结构和外来水的性质及多少而异。

　　由以上理论分析可知，水锁损害不仅与储集空间的孔喉半径有关，同时也与储集层能量、侵入液的深度、侵入液黏度等有关。由储集层本身特性确定的水锁损害为储层原生水锁损害，是产生水锁损害的根本因素，而储层打开过程等使流体侵入储集层是产生水锁损害的动态因素（赵春鹏等，2004）。

3.4.4　水相圈闭损害防治对策

　　在实际储层钻进过程中，水锁造成的储层损害主要是由钻井液滤液侵入引起的。侵入的滤液如果不能及时返排出来，就会导致地层损害，所以防止水相圈闭损害应从两方面着手：一是防止钻井液中滤液侵入地层，这就要求钻井完井液具有良好的流变性能和造壁性能，以减少滤液对储层的侵入；二是由于完全避免液相侵入是不可能的，所以要求钻井液滤液在与储层有良好配伍性的基础上，应具有良好的抑制性能和返排性能（王志伟等，2003）。

　　致密砂岩气藏水相圈闭损害是气藏内因和施工外因联合作用的结果。气藏从发现到投产的过程中将与多种工作液接触，气藏极易受水相圈闭损害且不易解除，严重阻碍了气藏的发现和采收。因此，在钻井、完井及其他作业过程中应坚持"预防为主，解除为辅"的原则，主要考虑通过控制作业条件来预防水相圈闭损害。

　　(1)采用合适的工作液。气井作业采用不适宜的水基工作液是导致水相圈闭损害最直接的外因。应尽量避免水基工作液进入地层，可使用气体类流体（空气、N_2 等）作业。若必须采用水基工作液，应尽量降低工作液滤失量或降低工作液滤液的表面张力。

(2)确定合理的工作压差。采用降低压差或负压差作业可降低工作液进入储层的动力。正压差作用时，屏蔽暂堵技术可以极少滤失量快速形成致密的滤饼防止水相继续进入地层，可一定程度上降低水相圈闭损害程度；负压差作业时由于不能形成滤饼，工作液在毛管力作用下进入储层，但合理选择负压可降低水相圈闭损害程度。

(3)减少工作液与地层的接触时间。工作液与地层接触后，地层含水饱和度随时间增加而增加，气相渗透率则大幅度降低。因此，可采取相应措施快速钻进同时防止作业事故。

当水相圈闭损害已经存在时，可根据实际情况合理选取以下方法能一定程度上减弱水相圈闭损害程度。

(1)增大生产压差返排水相。水相自吸进入地层后部分滞留于较大的孔隙中，当以一定的生产压差生产时可返排出部分水相。对于致密砂岩储层，大部分的水相被毛管力束缚于更小的孔喉空间，通过增大生产压差可消除毛管力对部分处于较大孔隙中水相的束缚，水相排除后可增加气相饱和度和渗流通道，进而一定程度上消除了水相圈闭损害。此方法在束缚水饱和度较低的地层可取得较好效果。

(2)降低表面张力。水相滞留于气层不易返排的一个重要原因是较大的气水两相界面张力造成了较大的毛管力。向地层注入互溶剂，如乙醇、甲醇等，将侵入水相向地层深部扩散或形成混合溶液，降低近井损害区域的表面张力，这种方法在应用中已取得较好的效果。另一种方法是向地层中注入 CO_2 气体。一方面 CO_2 可把近井损害带水相推向深部地层，另一方面 CO_2 可溶于水，降低气液两相界面张力，在压差作用下实现返排。

(3)注入干气。经过长期的地质时期，天然气与原生地层水处于热力学平衡状态，地层水无力溶解更多水相。注入干气或氮气，使圈闭带水分蒸发掉则是可行途径。此方法应用于原生高矿化度地层水的地层时应谨慎，防止因水分蒸发形成无机垢。

(4)进行储层改造。目前可施行深穿透射孔、井下燃爆、水力压裂和泡沫压裂等方法直接穿透损害带，沟通井筒和深部地层。这些技术也是当下应用得较为广泛、效果也较为明显的损害解除方法，但施工过程中仍然应该选取合理的工作液和压差等施工参数，防止二次损害。

(5)采用欠平衡作业。欠平衡钻井，当循环泥浆液柱压力低于地层压力时，地层流体源源不断地进入井筒，这时可以减缓滤液进入地层，但逆流自吸和置换性漏失仍不可避免。问题出在欠平衡条件下，井壁附近不能形成良好的具有保护性能的泥饼。如果不能维持连续的欠平衡状态，一旦在欠平衡之后又进行过平衡作业，大量的流体滤失必然发生，造成的损害甚至是致命性的。

水相圈闭损害是影响致密砂岩气藏开发效果的损害方式之一，其发生的容易性、影响气藏开发效果的严重性和治理的艰难性决定了生产过程中应采取合理的预防措施。

3.5　固相侵入损害

入井流体常含有两种固相颗粒：一种是为达到工艺性能要求而必须加入的有用颗粒，如钻井完井液中的黏土、加重剂和桥堵剂等；另一种对于储层而言属有害固相，如钻井完井液中的钻屑和注入流体中的固相杂质。当井眼中液柱压力大于储层孔隙压力时，固相颗粒就会随流体一起进入储层，在井眼周围或井间的某些部位沉积下来，从而缩小储层流道尺寸，甚至完全堵死储层（王亮，2012）。

外来固相颗粒对储层的损害有以下特点：①颗粒一般在近井地带造成较严重的损害；②颗粒粒径小于孔径的十分之一且浓度较低时，虽然颗粒侵入深度较大，但是损害程度可能较低，此种损害程度会随时间的增加而增加；③对中、高渗透率的砂岩储层来说，尤其是裂缝性储层，外来固相颗粒侵入储层的深度和所造成的损害程度相对较大（苏崇华，2011）。

当作业液柱压力较大时，有可能使储层破裂，或使已有的裂缝开启，导致大量的工作液漏入进入储层而产生损害。影响这种损害的主要因素是作业压差和地层的岩石力学性质。

射孔完井或通过压裂投产的油气井，固相侵入损害可以得到一定程度的消除。对于裸眼井或未水泥固井的衬管完井，固相损害表现十分严重。水平井大部分采用裸眼或衬管完成，所以防止固相侵入损害非常必要，应采用屏蔽暂堵原理设计无损害的钻井完井液，或者采用欠平衡作业。现场一般通过对压井液、射孔液、修井液、酸液、压裂液、注入流体的严格过滤来避免固相侵入损害（王亮，2012）。

3.5.1　钻井过程中的固相侵入损害

对于致密砂岩储层而言，由于其基块孔喉细小，大部分均处于纳米级，因此钻井完井液中的固相难以侵入基块，但很容易侵入作为渗透通道的裂缝。裂缝性砂岩一般可分为两类：①基块系统和相互连通的高渗裂缝系统对有效产能贡献相近的裂缝性砂岩；②基块渗透性极差（可能包括孔隙度），裂缝系统作为流体产出的主要通道的裂缝性砂岩。对于第一种情况，既有对基块的损害，也有对裂缝的损害，因此，在设计工作液体系时不仅要考虑对基块的保护，而且还必须考虑对裂缝的保护。对于第二种类型，基块的贡献可以忽略不计，最首要的是把对裂缝本身的侵入损害控制到最低程度。

对于实际储层而言，裂缝类型是多变的，要完全清楚储层中的裂缝系统在许多情况下是十分困难的。为方便讨论，将裂缝划分为：①地层条件下宽度小于 $100\,\mu m$ 的微裂缝；②地层条件下宽度大于 $100\,\mu m$ 的宏观裂缝（肉眼可辨）。大部分砂岩储层和泥页岩储层的地下裂缝宽度小于 $100\,\mu m$；当存在溶蚀作用时，如一些碳酸盐岩储层地下裂缝宽度可大于 $100\,\mu m$，甚至达到数十毫米。

工作液滤失和固相侵入会导致微裂缝和宏观裂缝系统严重损害。对宏观裂缝来说，由工作液滤失所引起的损害要弱于微裂缝系统。但由于宏观裂缝规模大，特别是在较高过平衡压力下，侵入的深度和速度上可能会很大。过平衡压力条件下作业时，控制微裂缝和宏观裂缝系统损害最为关键的措施在于快速建立稳定的封堵带。一般通过加入暂堵剂来实现。在大多数情况下，天然钻屑与裂缝的匹配性差，难以形成高质量的滤饼。在某些情况下，需要有较大直径颗粒来对裂缝产生有效封堵，且为了在较大颗粒之间形成封闭网络，仍然需要微小粒子。采用裂缝屏蔽暂堵技术可以有效地防止完井液对微裂缝储层的损害，这项技术已在川西致密气藏开发中得到推广应用。

微裂缝系统对水相圈闭损害较为敏感，高毛管力可捕获侵入流体并有效地阻挡油气流动。进入微裂缝的流体可以部分返排，但需要相当长的时间，速度缓慢，且可能大部分被储层吸收，这取决于裂缝宽度、基块孔喉尺寸、润湿性和流体饱和度。

宏观裂缝系统不会产生严重的毛管滞留效应，只要侵入流体中的固相未对裂缝初始渗透性造成永久性损害，侵入的滤液就会很快地返排、清除干净。因此，使用低密度工作液，泡沫或气基流体体系具有明显的技术优势。图 3-14 说明了裂缝系统中的固相侵入损害机制。

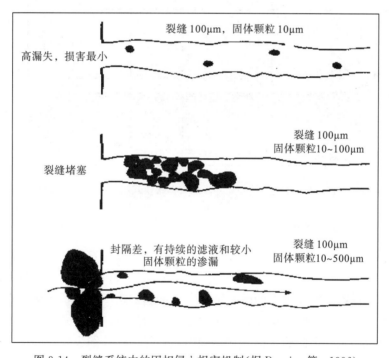

图 3-14　裂缝系统中的固相侵入损害机制(据 Bennion 等，1996)

1. 裂缝性致密储层工作液损害机理分析

裂缝性致密储层天然裂缝、微裂缝发育，工作液漏失频繁。工作液漏失易诱发严重的储层损害，即使经过酸化作业后效果仍不理想。裂缝性致密砂岩储层钻井完井液漏失损害形式主要表现为：固相堵塞、水相圈闭和敏感性损害。钻井完井液固相、液相对基块和裂缝的损害会沿裂缝网络系统进入油气藏深部，对油气藏形成整体损害，而且钻井完井液进入裂缝网络空间和基质后，还会随时间发生一系列的物理化学反应，生成沉淀或自生矿物，从而堵塞裂缝和基块孔喉。另外，后期入井工作液的滤失还会使漏失的钻井完井液进一步向地层深部推进，加剧储层损害（图 3-15）（杨玉贵等，2007；佘继平等，2012）。

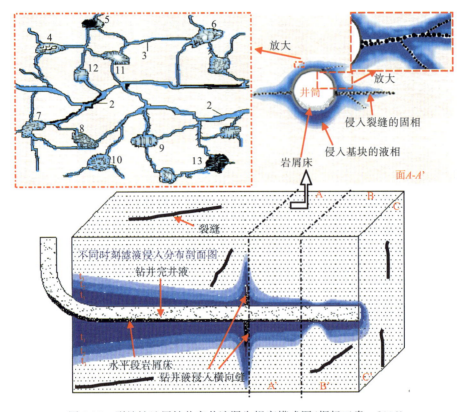

图 3-15　裂缝性地层钻井完井液漏失损害模式图（据杨玉贵，2006）

2. 工作液漏失损害模式

　　钻井完井液固相及液相沿储层网状裂缝侵入储层深部诱发严重的储层损害。完井试气过程中，压井液几乎无封堵能力，压井液漏失将诱发微粒运移、流体敏感性、水相圈闭等储层损害，同时对漏失进入储层的钻井完井液起到挤压作用，导致漏失损害范围扩大、损害程度加剧。酸化解堵作业只能解除近井带的损害，但漏失损害范围远超过酸化作业的有效作用范围，因此酸化作业并不能彻底解除工作液漏失导致的储层损害。综合考虑到储层裂缝的非均质性，建立损害模式（图 3-16）。基于此，康毅力等（2015）根据三区复合模型将气藏系统分割成同心的三个区（图 3-16），井位于系统中心，从内到外分别标记为Ⅰ、Ⅱ、Ⅲ三个区。钻井完井液漏失发生后，漏失损害程度应该由Ⅰ区到Ⅲ区逐渐减弱，但酸化解堵后，压力恢复试井解释结果显示，Ⅱ区渗透率最低。分析认为这是由于Ⅰ区通过酸化解堵等作业后，储层损害得到一定程度的解除；而Ⅱ区的内边界大于酸化作业有效半径，为酸化措施无法有效解除的损害区域，存在严重的储层损害；Ⅲ区距离井筒有一定距离，没有受到损害，因此Ⅱ区渗透率最低。分析结果与损害模式吻合。

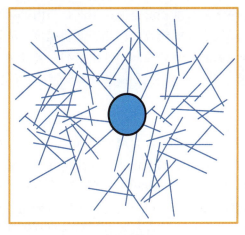

(a)地层未损害

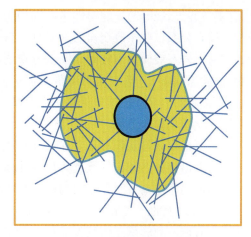

(b)钻井完井液漏失损害带分布范围

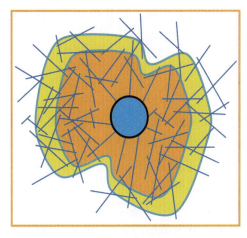

(c)压井液漏失损害带分布范围

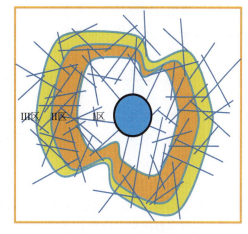

(d)酸化后损害带分布范围

图 3-16　工作液漏失损害模式图(据康毅力等，2015)

3.　钻井完井液漏失损害防治对策

1)提高钻井完井液封堵能力

降低工作液对储层的损害，防是首要，治是关键。裂缝性致密储层损害方式以水相圈闭、固相侵入为主，使用屏蔽暂堵技术可以有效减少液相及固相进入储层的量，可取得较好的预防效果(叶艳等，2008)。要求结合原地有效应力下静态裂缝宽度与动态裂缝宽度预测，在工作液中加入与裂缝宽度相匹配的酸溶性屏蔽暂堵材料，有效提高工作液漏失控制能力、封堵层承压能力和渗透率最大返排恢复率。工作液密度－裂缝宽度－架桥封堵材料粒径三者紧密相关，工作液优化设计时，须在保证工作液封堵性能的前提下调整密度，从而协同作用来稳定井壁和控制井漏，最终达到保护储层的效果。

2)加入表面活性剂

钻井过程中，钻井完井液滤液在压差和毛管力作用下进入储层，导致井筒或裂缝面附近含水饱和度增加，降低气相渗透率，改变岩石表面润湿性对降低水相圈闭损害意义重大(刘雪芬等,2009)。润湿性是由固相表面原子及其堆积形态所决定的,与内部组成及排序没有关系,要想改变岩石润湿性,就要降低表面能或改变固相表面粗糙度。表面活性剂易在岩石表面强烈吸附,降低储层岩石表面能,使表面润湿性由水润湿转变为中间润湿(或油润湿),毛管压力降低,促进液相返排,有效降低水相圈闭损害(杨建等,2010)。常用的表面活性剂包括氟化物 FW-134 等。

　　3)优化酸化作业范围

　　由于对地层条件认识不足,在钻井过程中极易产生漏失,引起储层损害,需要选择合理的治理措施。九龙山气藏常采用酸化解堵的方式解除漏失损害,提高近井地带渗透率,然而成功率不高。对九龙山构造珍珠冲组、须家河组气藏酸化后试气 70 余井次,获 $1 \times 10^4 \mathrm{m}^3/\mathrm{d}$ 以上的产气量共 20 余井次,成功率仅为 33.8%,分析施工失败原因为酸化作业时没有能有效解除工作液漏失引起的储层损害。因此,在酸化施工前需要预测井的生产潜力。选定作业井后,借鉴本文建立的储层工作液漏失损害模式,综合考虑单井漏失量、试井曲线及地层裂缝发育情况,预测钻井完井液漏失损害带分布范围,同时考虑压井液等其他工作液对损害带的挤压推进作用,优化酸化作业范围。

3.5.2　储层改造过程中的固相侵入

　　当油气井酸洗作业时,清除生产管柱的沉淀物或腐蚀产物,可能会导致大量损害物质会侵入生产层。因此,对防止这些悬浮(损害)物质挤入孔隙介质要予以高度重视。那些可溶于洗井液的混合物特别危险,因为它们不会形成阻止往地层侵入的不渗透泥饼。酸中的锈或热油中的蜡就是井筒中两种最典型的重新溶解的混合物。它们会在地层中再沉淀,引起大范围损害,而且这种损害通常是永久性的。

　　水力压裂引起的损害存在两种不同形式:裂缝本身内部的损害(支撑剂充填损害)和裂缝穿透地层的损害(裂缝面损害)。第一种损害通常是因为压裂液聚合物没有完全破胶而引起;第二种损害是因为过度滤失而引起。这两种损害对储层渗透率的影响是不同的。对于低渗透气藏,这两种损害都不是主要因素。随着渗透率增加,支撑剂充填损害(并且本身可避免)逐渐地变为主要损害因素,而对裂缝表面的损害相对不是主要因素。在高渗透储层,二者都是主要损害因素,在渗透率特别高的地层中,裂缝表面损害起主导作用(李钦,2004)。

　　压裂液残渣是压裂液破胶后不溶于水的固体微粒,其来源主要是植物胶稠化剂的水不溶有物和其他添加剂的杂质。残渣对压裂效果的影响存在双重性:一方面形成滤饼,阻碍压裂液侵入地层深处,提高了压裂液效率,减轻了地层损害;另一方面是堵塞地层及裂缝内孔隙和喉道,增强了乳化液的界面膜厚度,难于破乳,降低基块和裂缝渗透率,损害储层。

　　压裂液滤饼对地层的损害:压裂液在裂缝的表面形成具有一定弹性的薄膜即滤饼。滤饼的形成受许多因素的控制,包括压裂液组分、流速、压差以及储层特性。由于滤饼的渗透率比储层渗透率小得多,因此在生产中滤饼阻碍了地层流体向裂缝的流动,同时由于裂缝闭合,支撑剂嵌入,滤饼占据了部分以至整个支撑剂之间的间隙,导致裂缝一导流能力大大降低，阻碍压裂液的返排和原油的产出(卢拥军等，1995)。

对于压裂作业，在硼或钛交联的胍胶压裂液部分甚至完全破胶的情况下，仍有部分压裂液残渣留在裂缝中，导致污染的裂缝对气体流动率没有作用或者贡献很小，从而使有效缝长比设计支撑缝长短，压裂液破胶以后的残渣含量直接影响压裂改造的效果。当残渣含量过大时，容易造成支撑裂缝导流能力或者储层基质的潜在损害，是堵塞支撑裂缝和形成滤饼的主要因素(任山，2011)。

由支撑裂缝损害后的显微图可见，压裂液残渣和浓缩胶粘附在支撑剂表面，堵塞支撑剂间孔隙通道，甚至把支撑剂固结在一起，导致支撑裂缝的导流能力大大降低，阻碍了压裂液的返排和油气的产出(图 3-17)。

图 3-17　压裂液对支撑裂缝导流能力损害显微图(据任山，2011)

填充在支撑剂孔隙中的残渣会影响裂缝内支撑剂的导流能力，要取得预期的增产效果，就必须降低压裂液残渣对支撑裂缝的损害。实验采用 20/40 目圣戈班陶粒，模拟裂缝支撑剂铺砂浓度 10kg/m³，在无压裂液残渣、0.38%胍胶浓度压裂液和 0.45%胍胶浓度压裂液破胶液的导流能力对比损害实验中来评价压裂液残渣对导流能力的影响。表 3-6 列出了不同压裂液的残渣含量，表 3-7 为裂缝导流能力实验结果，图 3-18 为压裂液残渣损害综合对比图。

表 3-6　不同压裂液的残渣含量(据任山，2011)

类型	残渣含量/(mg/L)
0.32%GRJ-11 配方	472
0.38% GRJ-11 配方	485
0.45%GRJ-11 配方	525

表 3-7　压裂液损害综合对比数据(据任山，2011)

闭合压力/MPa	无压裂液	0.38%胍胶浓度压裂液		0.45%胍胶浓度压裂液	
	导流能力/(μm²·cm)	导流能力/(μm²·cm)	损害程度/%	导流能力/(μm²·cm)	损害程度/%
10	241.36	160.66	33.44	103.84	56.98
20	183.69	127.12	30.8	80.17	56.36

闭合压力 /MPa	无压裂液	0.38%胍胶浓度压裂液		0.45%胍胶浓度压裂液	
	导流能力 /(μm² · cm)	导流能力 /(μm² · cm)	损害程度/%	导流能力 /(μm² · cm)	损害程度/%
30	154.93	100.39	35.2	65.38	57.80
40	121.84	82.88	31.98	47.62	60.92
50	88.79	65.82	25.87	38.56	56.57
60	74.68	51.34	31.25	31.75	57.49
70	67.75	41.2	39.19	24.59	63.70
80	55.43	31.66	42.88	18.93	65.85
90	45.86	25.84	43.65	16.37	64.30

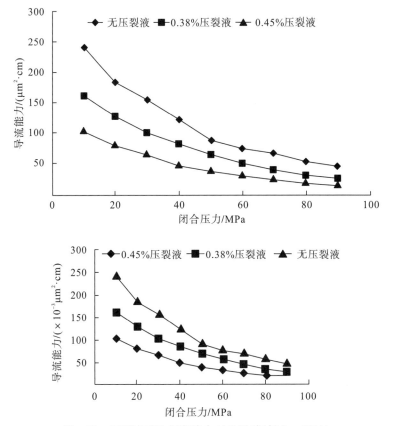

图 3-18　压裂液残渣损害综合对比图(据任山，2011)

从表 3-7 可知，由于压裂液残渣的损害，支撑裂缝的导流能力有很大程度的下降，平均损害程度可达 60%，并且压裂液胍胶浓度越大，对导流能力的损害越大。实验分析认为，压裂液残渣损害直接反应为裂缝的导流能力下降，是裂缝损害的主要因素之一，在很大程度上影响了有效缝长。要提高设计的有效缝长，必须通过降低压裂液残渣，从而降低压裂液的损害，以提高支撑裂缝导流能力。因此，降低压裂液胍胶浓度、强化压裂液破胶性能是降低压裂液残渣对裂缝损害的研究方向。

　　压裂施工过程中，压裂液与储层不配伍生成的沉淀、破胶后的压裂液固相以及储层微粒、黏土矿物等随滤液进入储层，造成储层损害，其损害方式主要分以下 3 种（法鲁克·西维等，2013），固相损害模型见图 3-19。

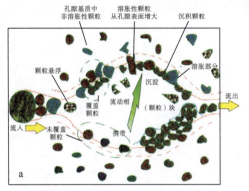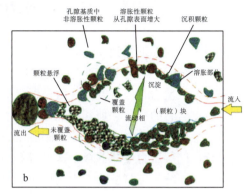

图 3-19　压裂过程中的固相侵入损害模式（据何兵威，2013）

　　(1)表面沉淀引起的渐变式孔隙缩小(孔隙变窄、孔壁衬填)。工区地层水属于 $CaCl_2$ 水型，易与压裂液中 Na_2CO_3 反应后生成 $CaCO_3$、$CaSO_4$ 等沉淀。压裂液滤液进入储层，滤液前端与地层水生成沉淀，随着滤液进一步侵入地层，生成沉淀量逐渐减少，形成了渐变式缩小的孔隙结构。

　　(2)屏蔽作用引起的单个孔隙堵塞(孔喉堵塞)。羟丙基胍胶压裂液破胶后还存在一些短链分子和支状分子，由于尺寸太大，无法进入孔喉，仅吸附于裂缝表面上，形成了具有一定黏弹性的薄膜，即滤饼。滤饼一方面能阻止液相进一步侵入储层，但另一方面给压裂液返排带来了困难，导致大部分液体滞留于储层中。同时，残渣也会吸附在支撑剂表面，降低支撑剂的导流能力；残渣含量越大，损害就越严重。

　　(3)粗滤作用引起的孔隙体积充填(由于滚雪球效应引起的内部形成滤饼)。压裂施工过程中，压力波动和滤液的侵入易导致地层微粒、黏土矿物的脱落、运移，从而堵塞喉道。大牛地气田上古生界气藏孔隙类型以粒间孔、次生溶孔为主，储层物性相对较好，盒 1 和盒 2 段孔隙类型属于中孔细喉，易在喉道处形成堵塞(王雷，2005)。

　　由图 3-19a 可以看出：压裂时，由于压裂液残渣粒径远大于孔隙喉道，不易进入孔喉，残渣主要集中在裂缝与孔隙表面，阻止了压裂液滤液进一步侵入；压裂液与储层不配伍生成的沉淀主要吸附在孔隙表面，并随着滤液侵入储层深处；而黏土矿物微粒粒径大于孔隙喉道，少部分黏土微粒运移到喉道附近，堵塞喉道，降低了储层的渗透率。由图 3-19b 可以看出：当压裂液返排时，由于裂缝和孔隙表面存在未完全破胶的压裂液，残渣粘附在孔隙和裂缝表面，阻碍了滤液的返排；压裂液不配伍生成的沉淀以及运移到孔隙和裂缝内喉道附近的黏土矿物微粒，形成一层致密滤饼，进一步降低了储层的渗透率，使得压后返排效果降低。

　　控制外来固相颗粒对储层的损害程度和侵入深度的因素有：①固相颗粒粒径与孔喉直径的匹配关系；②固相颗粒的浓度；③施工作业参数如压差、剪切速率和作业时间。应用辩证的观点可在一定条件下将固相堵塞这一不利因素转化为有利因素，如当颗粒粒径与孔喉直径匹配较好、浓度适中，且有足够的压差时，固相颗粒仅在井筒附近很小范围地形成严重堵塞(即低渗透的内滤饼)，这样就限制了固相和液相的侵入量，从而降低损害深度(王亮，2012)。

3.6　应力敏感性损害

储层岩石在地下受到垂向应力(S_V)、侧应力(S_H，S_h)和孔隙流体压力(即地层压力P_R)的共同作用。上覆岩石产生的垂向应力仅与埋藏深度和岩石的密度有关，对于某点岩石而言，上覆岩石压力可以认为是恒定的。井眼形成后，由于岩石变形和应力的重新分布，井壁岩石的压缩和剪切膨胀可以产生应力损害。损害程度决定于井眼轨迹取向、岩石力学性质和原地应力场参数。储层压力则与油气井的开采压差和时间有关。随着开采的进行，储层压力逐渐下降，这样岩石的有效应力($\sigma = S_V - P_R$)就增加，使流道被压缩，尤其是裂缝-孔隙型流道更为明显，导致储层渗透率下降而造成应力敏感性损害，影响应力敏感损害的因素包括压差、储层自身的能量和油气藏类型(张浩等，2007；李凯等，2016)。

表 3-8　储层应力敏感主控因素

	影响因素	主要研究者	研究成果
内部因素	岩石压缩系数	李传亮	建立了岩石应力敏感指数与压缩系数之间的理论关系式，储层岩石压缩系数大，其应力敏感性强(李传亮，2007)
	岩石组分	康毅力	随着岩屑含量增加，致密砂岩储层应力敏感性增强(康毅力等，2007)
	含水饱和度	游利军	含水饱和度升高，裂缝性储层应力敏感性增强(游利军等，2004)
	天然裂缝	张浩等 游利军等	天然裂缝严重加剧了储层盈利敏感程度；裂缝性储层应力敏感性明显强于一般储层，因此应以保护裂缝储层为主，兼顾基块(张浩等，2004；游利军等，2004)
	启动压力	罗瑞兰等	启动压力梯度的存在，使得低渗、特低渗储层比中、高渗储层具有更强的应力敏感性(罗瑞兰等，2005)
	储层温度	康毅力等	温度和有效应力的耦合作用，使得储层应力敏感性更强；高温储层要尤为重点保护(康毅力等，2006)
外部因素	工作液侵入	杨建等	钻井完井液损害加剧了致密砂岩应力敏感程度；建议作业中应尽量避免工作液侵入储层(杨建等，2006)
	重复施压	康毅力等	重复施压对于储层应力敏感性具有强化作用；作业中应尽量减少重复开关井次数，避免重复加压卸压对储层应力敏感的强化作用(康毅力等，2006)
	加压时间	王业众等 杨胜来	考虑有效应力时间效应的岩样应力敏感性比常规岩样强；生产过程中制定合理的开发速度，可适当减弱时间效应对储层应力敏感性的强化作用(王业众等，2007；杨胜来等，2005)

渗透率及孔隙度的应力敏感性实验结果如表 3-9、图 3-20、图 3-21 所示。有效应力的改变对致密砂岩渗透率改变影响较大，随有效应力的增加，储层岩石的渗透率不断降低，以有效应力 10MPa 为界限，在小于 10MPa 之前，随有效应力的增加，渗透率下降很快；在 10MPa 之后，随有效应力的增加，渗透率下降趋势减慢；到 60MPa 时致密砂岩的渗透率降低到 2.5MPa 时渗透率的 $1/4\sim1/10$。从表 3-9 可以看出，岩样的应力敏感

性系数范围从 0.32~0.62，基本上属于中等程度的渗透率应力敏感。

表 3-9 渗透率应力敏感性实验结果

岩心编号	深度/m	有效应力/(MPa)/岩样渗透率/(×10^{-3} μm^2)				S_s	应力敏感程度
		2.5MPa	5MPa	20MPa	60MPa		
FRAS-1 C-4 19	5093.0	0.681	0.328	0.164	0.073	0.35	中等

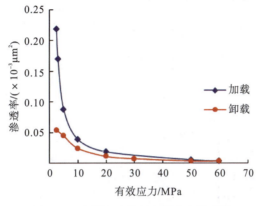

图 3-20 有效应力往复变化应力敏感性

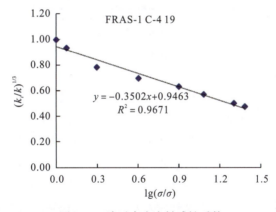

图 3-21 渗透率应力敏感性系数

按与渗透率应力敏感性相似的实验评价步骤对孔隙度的应力敏感性进行实验评价得到实验评价结果见表 3-10 和图 3-22。从实验结果中可以看出，有效应力的改变对致密砂岩孔隙度的改变影响较大，随有效应力的增加，储层岩石的孔隙度不断降低，整体上孔隙度的应力敏感没有渗透率的应力敏感趋势明显。以有效应力 20MPa 为界限，在小于 20MPa 之前随有效应力的增加，孔隙度下降很快，在 20MPa 之后随有效应力的增加，下降的趋势减慢，说明孔隙度的微小改变，随孔喉半径的变小致密沙储层的渗透率将发生很大的变化。到 60MPa 时致密砂岩的孔隙度降低到 2.5MPa 时孔隙度的 65%~85%，因此，致密砂岩储层的孔隙度应力敏感程度基本上属于弱的程度。

对于致密砂岩储层，在钻开储层前，储层岩心处于受压实状态。当岩心从地下取出后，上覆岩层压力消失，岩心的骨架应力得到释放，岩心的孔隙结构将发生变化，部分小喉道将增大或开启；当岩心再次受到压力作用，初始增压时，岩石中相对较小的喉道将最先被闭合，而孔隙基本不闭合，由于致密砂岩岩心的渗透率主要受喉道控制，且小喉道半径所占比例越大，喉道减小或闭合的数量就越多，因此渗透率大幅度降低，随着有效覆压压的继续增大，岩石骨架颗粒不断被压实，未闭合喉道的数量越来越少，且多为不易闭合的喉道，因此中后期渗透率降低的趋势会逐渐减小（单钰铭等，2009）。

表 3-10　孔隙度应力敏感实验结果

岩心编号	深度/m	有效应力/MPa/孔隙度/%							
		2.5MPa	3MPa	5MPa	10MPa	20MPa	30MPa	50MPa	60MPa
ANTB-2 C-2 41	4488.8	5.87	5.78	5.56	5.33	4.93	4.58	4.17	3.90

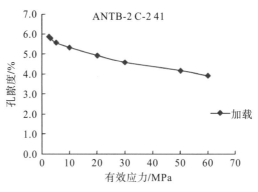

图 3-22　孔隙度的应力敏感性

1. 损害机理

1）岩石组分对力学性质的影响

张浩等（2004）对塔巴庙地区致密砂岩气藏岩石学特征对应力敏感性影响进行过研究，发现岩石组分是影响致密砂岩形变的重要内部因素。大牛地气田致密砂岩气藏岩石类型主要有石英砂岩、长石砂岩及岩屑砂岩等，岩石组分可以分为碎屑颗粒和填隙物两种。不同类型的碎屑颗粒岩石力学性质也有所差别，石英颗粒硬度最大、长石次之，岩屑的硬度一般较低。杂基主要为火山碎屑物质及细粒黏土矿物，其硬度低，在外力作用下极易发生塑性形变。致密砂岩岩石成分以石英及长石占优，就颗粒本身来说在外力作用下其形状、大小不易发生改变，即颗粒内部质点之间不易发生相对位移。对于整个岩石来说，由于颗粒之间存在孔隙，致密砂岩岩石孔隙度一般为 4%～12%，在外力作用下岩石颗粒朝孔隙空间方向发生相对位移，导致孔隙体积缩小，这一外力作用发生在弹性形变范围内时，卸载外力，孔隙空间恢复原状。

2）有效应力对致密砂岩力学性质的影响

有效应力不断增加的三轴压缩变形实验结果表明，随有效应力增加致密砂岩杨氏模量测量值增大，随有效应力增加泊松比同样具有增加的趋势。同一有效应力变围压与恒定围压相比，变围压下岩石模量大、泊松比小。在岩石力学曲线特征上表现为在 15MPa 之前岩石的压缩系数较大，在 15MPa 之后变化趋于平缓。

2. 对钻井储层保护的启示

应力敏感性对致密气藏负压钻井具有重要启示，从渗透率应力敏感可以看出，在有效应力为 2~3MPa 时，即负压值选择 2~3MPa 时，随井筒钻井液负压值的加大，岩心的渗透率降低到原来的 80％~85％，这一阶段应力敏感性很弱，当"负压值"超过 10~20MPa 时，岩心的渗透率降低到原来的 20％~30％，在欠平衡钻井作业中一般负压值在 2~3MPa，不会产生应力敏感。

负压值为 2~3MPa，测试压差达到 20MPa，仍然没有油气出来，说明地层产能很差，继续使用氮气气举增大压差也没有产量，也说明地层的本身条件差、与应力敏感影响关系不大。

第4章 致密砂岩气藏储层保护钻井技术

应用水基钻井液钻开储层过程中，由于钻井正压差、浸泡时间等因素作用下，钻井液与储层接触必然会引起水相滤失、黏土矿物的水化膨胀等对储层渗透率造成不同程度损害。致密砂岩储层普遍具有低孔、低渗、超低含水饱和度等特点，钻井完井液接触造成的储层损害势必会更加严重且更加难以解除。因此，做好钻井完井过程中的储层保护技术是致密砂岩储层高效开发的关键环节。对致密砂岩气藏储层保护钻井技术的原理、技术特点、应用效果进行评价能够为致密砂岩气藏合理开发提供技术保障。

4.1 致密砂岩储层保护钻井液技术概况

1. 水基钻井完井液

近几年来，许多油田和科研单位根据不同储层特点，开展了低渗透储层的钻井完井液研究工作。

中石油勘探开发研究院针对低渗储层的水敏和液相圈闭损害问题，研究了适合该类储层的低损害钻井完井液，其主要组成包括膨润土、MMH、阳离子聚合物、非离子表面活性剂等。江苏油田针对低渗透储层的特点，优选两性离子聚合物钻井完井液及阳离子聚合物钻井完井液，加快了低渗透储层的钻井速度，缩短了完井周期，减轻了对储层的浸泡时间，有助于保护储层。四川钻采工艺研究院将聚合物钻井液转换为钾石灰聚合物钻井液，在川中地区低渗储层水平井钻进中取得良好效果(邵振滨等，2015)。

屏蔽暂堵钻井完井液技术适用于包括低渗透储层在内的多种类型储层的保护。屏蔽暂堵技术的基本原理是利用固相颗粒的暂堵规律，在钻开储层的极短时间内，在井壁附近暂时形成一个渗透率很低、厚度能被射孔弹穿透，且易于进行解除处理的薄而致密的屏蔽环，阻止钻井液侵入地层，从而达到保护油气层的目的。胜利钻井院研制的无固相抗高温钻井完井液、无黏土钻井完井液、生物完井液、聚合醇钻井完井液等，加快了低渗透储层的钻井速度，缩短了完井周期，减少了对储层的浸泡时间，降低了液相圈闭和固相损害，取得了良好的储层保护效果(罗平亚等，2006)。

2. 油基钻井完井液

由于油基钻井完井液的滤液是油而不是水，因而不会引起储层中水敏性黏土矿物水化膨胀、分散运移而堵塞孔道，也不会对低孔隙、低渗储层产生水相圈闭损害(鄢捷年等，1998)。

目前，国内外使用最多的是油包水乳化钻井完井液，可用于在低渗透、低孔隙砂岩储层中钻深井、丛式井等。在挪威北海 Smorbukk Sor 油田的开发中，针对低渗、高温砂岩油气藏特点，为了保护产层和稳定井壁，成功地将油包水钻井液用于水平井钻进中，取得了良好的效果。这种钻井液对产层几乎没有损害，大大地提高了油气井产能。另外，全油钻井液发展较快，如美国 Baroid 公司的全油钻井液由于桥堵剂的粒径分布合理，可确保形成低渗透性的薄泥饼，有效地阻止滤液和固相侵入储层。

3. 气体型钻井液完井液

20 世纪 80 年代初期，美国在德克萨斯州科斯地区戈梅兹（Gomes）气田用泡沫钻深井（6780～6903.7m）。桑迪亚（Sandia）公司国家实验室从 1980 年起进行地热钻进用泡沫钻井液配方的研究工作。最近，Siroos 等人对用欠平衡钻井的方式来使地层损害最小化进行了研究及其可行性分析。美国威德福公司开发出一种通过酸碱度调控的可循环泡沫（Trans-Foam）的专利技术。

针对钻井用发泡剂的缺乏，目前国内外已有不少部门开展专用发泡剂的研制，其中一些发泡剂性能已达到国外同类产品水平。胜利油田研制的由阴离子和两性离子型复合而成的发泡剂不仅发泡能力强、稳定性好，而且有较好的携岩能力和抗污染能力，2006年完成我国在低压低渗砂岩储层第一口氮气泡沫可循环钻井液井（史 3-3 一斜 91 井，试验井段 3290～3324m）的现场应用，并完成樊 142-8 井（试验井段 3192.5～3260m）氮气钻井向氮气泡沫钻井液成功转换及试验。为解决气体钻井遇水层无法继续实施的问题，川东北分 1 井、大湾 101 井和东岳 1 井采用了空气泡沫钻井液技术。现场试验采用泡沫流体体系组成为：氮气＋发泡剂＋抑制剂＋辅助剂，并实现了空气泡沫钻井液的循环利用，有效地解决了地层出水问题。但是，在钻遇不稳定地层如含煤线地层、砂泥岩地层时也发生过井壁坍塌等情况，有待于进一步研究解决。2009 年，采用氮气泡沫＋全过程欠平衡钻井液技术在大牛地气田完成了三口水平井钻井，在不压裂情况取得了自然产能（李公让，2011）。

4.2　孔隙型致密砂岩储层钻井液保护技术

4.2.1　保护致密砂岩储层"屏蔽暂堵"钻井液技术

1. "屏蔽暂堵"保护致密储层技术的提出

在油田的开发过程中，无论是钻井还是修井作业，由于钻井完井液与地层压力之间形成的正压差，导致大量的固相颗粒以及外来液体进入储层，从而使油井周围的油相渗透率降低。现场及实验研究表明，在钻井过程中固相对储层的损害率高达 90%，浸入深度达 1.5m；滤液对储层的损害率达 40%，损害半径可达 4m，这样严重的损害仅靠射孔是难以解除的（杨同玉等，1996）。

屏蔽暂堵技术是在深入研究了颗粒尺寸与地层孔喉尺寸的匹配关系后提出的（张绍槐和罗平亚，1993）。组成暂堵剂的固体颗粒包括架桥粒子、充填粒子和可变形粒子。屏蔽暂堵技术的关键在于储层孔隙尺寸与钻井液中暂堵剂颗粒尺寸大小上的合理匹配。暂堵剂的优选，起初是凭经验决定微粒尺寸大小，然后通过多次岩心驱替试验进行选择，这种方法盲目性较大。后来，Abrams等人通过研究发现，如果钻井液中含有足够量粒径大于1/3平均储层孔隙直径的颗粒时，这些颗粒便会通过架桥作用在井壁附近形成滤饼，从而阻止钻井液的固相和液相侵入储层(Abrams，1977)。国内学者在此基础上进一步的研究发现，当架桥颗粒直径等于储层孔隙平均直径的2/3时，桥堵效果最佳，并指出，暂堵颗粒应由起桥堵作用的刚性颗粒和起充填作用的充填粒子及软化粒子组成(鄢捷年等，2007)。架桥粒子通常使用超细碳酸钙，按1/2～2/3孔喉直径选择架桥粒子；充填粒子颗粒直径通常小于架桥粒子约1/4孔喉直径；可变形充填粒子常用油溶性树脂、石蜡、沥青等，粒径与充填粒子相当，变形粒子的软化点应与油气层温度相适应。一般按"3％的刚性粒子+1.5％的充填粒子+1％～2％软化粒子"的规则，来确定各暂堵剂的比例。当钻井钻开油层后，在井壁附近快速形成一个渗透率几乎为零的屏蔽带，从而达到保护油层的目的(姚恒申等，1997；张春祥，2003；李惠东等，2004)。

2. "屏蔽暂堵"保护致密储层技术

1)屏蔽暂堵技术原理

屏蔽暂堵技术是把压差和钻井液中固相颗粒两个不利因素转变为有利因素，利用储层被钻开时，钻井液液柱压力与储层之间形成的压差，在极短时间内，迫使钻井液中人为加入的各种类型和尺寸的固相粒子进入储层孔喉或裂缝的狭窄处，在井壁附近形成渗透率近于零的屏蔽暂堵带；此带能有效地阻止钻井液、水泥浆中的固相和滤液继续侵入储层，其厚度必须大大小于射孔弹射入深度。实施比较理想的屏蔽暂堵技术，可以显著降低滤液侵入量及其侵入深度，有助于改善测井评价。

屏蔽暂堵技术关键在于"快速"、"浅层"和"高效"。"快速"是指10～20min内形成屏蔽环；"浅层"是指暂堵带深度(包括液相)在10cm以内；"高效"是指暂堵带渗透率近于零(杨建，2005)。

2)孔隙型储层屏蔽暂堵模型

(1)运移过程中的沉积和堵塞。固相粒子在地层中随流体流动时可能被孔隙捕获，从而停止运动。其分为两种模式，一种是沉积，多发生在孔隙的大直径处，另一种是喉道堵塞(桥塞式桥堵)，发生在喉道处，即"卡"在喉道处不再运移。两种模式都降低地层渗透率，但喉道堵塞降低得更多。

(2)单粒逐一堵塞模型。"单粒逐一堵塞模型"即为对喉道的每一次堵塞、填充都是单粒的行为，而且是粒径从大到小的粒子逐粒堵塞的行为，即在喉道截面上，任何时刻都只有单个微粒运移通过。单粒逐一堵塞在粒子浓度较低时，喉道截面较大时即可成立。

钻开储层过程中，在压差的作用下，泥浆向地层滤失，其中尺寸大于地层孔隙的粒子沉积于井壁表面，形成外泥饼；小于储层孔隙的粒子随液相进入地层，运移到喉道处，形成内泥饼。除大于喉道的粒子沉积以外，远小于喉道直径的粒子($D_粒 < D_喉/7$)穿过喉道，进入地层深部。

只有当大小和形状与喉道(直径和类型)相当的粒子，才能"卡死"在喉道处。桥塞粒子堵塞喉道，形成直径更小的喉道，在此新喉道处，固相粒子重复上述过程，只是发生沉积、穿过、卡住的微粒都比第一次大为减少，其中直径大小和形状与新喉道相当的粒子又将"卡"在新喉道上。每次堵塞喉道的粒子直径不同，其次序如下：架桥粒子、填充粒子、变形粒子。

(3)双粒(多粒)桥架堵塞模型。当固相粒子浓度很高，固相通过喉道时，任意时刻在喉道截面上同时有两个或多个固相粒子存在，尽管每一个微粒粒径大小均不足以产生桥塞或填充，但两个或多个粒子同时挤在喉道处，当其直径之和达到与喉道相当时，则可由两个或多个粒子以桥架方式在喉道处桥塞或填充，这样的喉道堵塞过程，称为微粒的双粒或多粒架桥模型。

一般认为，现实中两种模型同时存在，两种模型并不抵触，按单粒堵塞模型建立的堵塞技术，对发生多粒堵塞的过程效果会更好。

3)裂缝型储层屏蔽暂堵模型

裂缝型储层屏蔽暂堵相对孔隙型储层屏蔽暂堵而言，有共同点，也存在着特殊性。固体粒子对裂缝的堵塞主要是桥塞粒子首先在裂缝狭窄处产生一系列架桥作用，把"缝"变成"孔"然后再在孔上进行类似孔隙性地层暂堵模型的堵塞过程。因此关键在于钻井液中含有能在裂缝喉道处架桥的粒子。国内外研究表明，这类粒子以长轴尺寸与喉道狭缝宽度相当的纤维状粒子最有效。

(1)非规则粒子的物理模型。钻井完井液中的固相粒子随流体进入裂缝性储集层，有些粒子可能进入储层深部，造成渗透率的降低，损害储层；有些粒子可能架桥在离井壁较近距离，这是保护储层的屏蔽暂堵技术所希望的。因此，研究粒子在什么条件下架桥在近井壁的裂缝内，什么条件下运移到储层裂缝的深部，即粒子在裂缝中的架桥规律，对于研究裂缝性储层损害和保护的屏蔽暂堵技术都是尤为重要的。这里的粒子是广义的，可以是各种形状的，很难是规则的(图 4-1)，只不过通常通过激光粒度计测得的参数是颗粒的当量球直径。

(a)球体　　(b)椭球体　　　　　(c)棒体　　　　　　　　(d)类纤维体

图 4-1　固体颗粒形状示意图(据杨建，2005)

(2)粒子在裂缝中的架桥机理。惰性粒子随流体在裂缝中运移时被捕获，主要有架桥、沉积、拦截、惯性、扩散、流体动力作用等方式。在距井壁近距离处，尤其刚钻开气层时，裂缝中流体在压差作用下有一定的流速，粒子被捕获的主要机理是架桥。在地层深部，流速大为减弱的条件下，粒子被捕获的机理才是沉积、拦截、惯性、扩散、流体动力作用。扩散主要是针对粒径小于 $1\mu m$ 的微粒；而粒径大于 $2\mu m$ 的粒子发生沉积。

粒子在裂缝中的架桥机理如下：裂缝面粗糙不平，裂缝宽度是不均匀的，因此裂缝中也有喉道。如果一个粒子的当量直径大于裂缝喉道处机械宽度，那么粒子经过喉道时，就要被卡在喉道处形成架桥，此为单粒架桥，如图 4-2 所示。另外，粒子的表面也不是光滑的，也不可能是规则的球体。粒径比裂缝喉道宽度小的多个粒子也可能共同到达喉道处，发生架桥(图 4-3)。

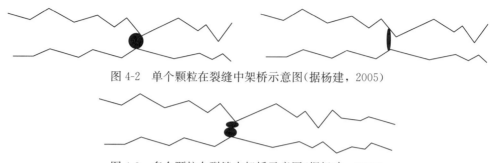

图 4-2 单个颗粒在裂缝中架桥示意图(据杨建,2005)

图 4-3 多个颗粒在裂缝中架桥示意图(据杨建,2005)

4)屏蔽暂堵技术的特点

(1)屏蔽暂堵技术的关键在于钻井液中含有足够多的能与储层孔喉尺寸分布相匹配的各种架桥粒子及填充粒子,对于裂缝性储层,需要有相应的非规则粒子。在进入储层前,按 2/3 架桥理论,根据储层的裂缝特点和钻井液中各种粒子的粒径及分布情况,只需加入一定量的架桥粒子,即可将一般钻井液改造成具有优良保护效果的钻井完井液,施工简单,维护方便,成本低。

(2)屏蔽暂堵技术只与钻井液中固相颗粒的粒径及分布、非规则粒子的尺寸大小及含量和储层孔喉大小及分布有关,而与钻井液体系和储层的矿物及各类敏感性无关。因此,可以在较复杂的储层条件下保护储层,易于大面积推广(杨建,2005)。

3.“屏蔽暂堵”保护致密储层效果评价

1)鄂北塔巴庙储层概况

鄂尔多斯盆地北部塔巴庙区块和杭锦旗区块位于陕西榆林市与内蒙古自治区伊克昭盟,是中石化培育大中型气田的重要目标区,其上古生界主要含气层分布在二叠系下石盒子组、山西组、石炭系太原组。该地区天然气勘探开发前景巨大,但由于储层普遍具有低压、低孔、低渗(或致密)特征和非均质性较强,前期勘探中单井产气量低,严重制约着该地区天然气勘探开发的进展(郝蜀民,2001)。2001 年以前完钻井 DST 测试结果显示,表皮系数普遍较高(平均 19.25,最高达 57.18),说明存在严重的油气层损害。

2)原钻井液损害模拟实验及结果

为了评价和验证钻井过程中钻井液对气层的损害,在室内进行了原钻井液体系对岩心的动态损害实验(表 4-1)。实验结果表明,如果在鄂北地区不采取保护气藏的钻井完井液技术,钻井液对气层的损害将是十分严重的(李志刚等,2005)。

表 4-1 原钻井液体系对岩心的动态损害实验(据李志刚等,2005)

岩心编号	渗透率/($\times 10^{-3}\mu m^2$)			损害率/%	压差/MPa	时间/h	失水/mL
	K_∞	K_0	K_w				
D10-79	0.072	103.47	15.92	84.6	3	2	5.2
D1-8	0.129	61.5	2.94	95.2	3	2	3.8
D1-104	0.1179	68.71	3.63	94.7	3	1.5	3.6

注:①K_∞、K_0、K_w分别表示克氏渗透率、地层水测渗透率、损害后的地层水测渗透率;②损害率=(K_0－K_∞)/$K_0 \times 100\%$。

3）屏蔽暂堵钻井完井液技术及应用成果

（1）试验区屏蔽暂堵钻井完井液基本配方。在塔巴庙、杭锦旗地区实施保护气层屏蔽暂堵钻井完井液体系的基本配方是：原钻井液＋纤维状暂堵粒子＋架桥粒子＋填充粒子＋变形粒子＋复配处理剂。体系配方密度控制在 $1.06\sim1.13\mathrm{g/cm^3}$，其中纤维状暂堵粒子、架桥粒子和填充粒子根据各井储层孔喉特征进行设计和复配，各种粒子和复配处理剂的加量根据实际情况调节。表 4-2 是采用屏蔽暂堵钻井完井液体系配方后的岩心渗透率的恢复率，由此可以看出，其效果是理想的。

表 4-2　屏蔽暂堵实验结果（据李志刚等，2005）

岩心编号	渗透率/$10^{-3}\mu m^2$			恢复率/%	暂堵试验条件		
	K_∞	K_0	K_w		压差/MPa	时间/min	滤液/mL
D10-37	0.191	96.56	60.45	62.6	3.0	30	0.8
D10-4	0.089	4.79	4.35	91.00	3.0	30	<0.1
D10-21	0.068	64.40	50.78	78.85	3.0	30	0.2
D1-121	0.087	12.61	9.70	76.92	3.0	30	<0.1
平均值				71.74			

4）现场实施技术简介

（1）施工概况。2001 年首次在塔巴庙区块大 10 井和大 11 井开展屏蔽暂堵钻井完井液技术试验，取得初步成效。2002 年在总结初步试验成果经验和进一步深化研究的基础上，在塔巴庙区块大 12、大 13、大 14、大 15、大 16 井、大 17、DK1、DK2 及杭锦旗区块锦 3 和锦 4 两口井等鄂北地区所有天然气勘探开发井中组织大面积推广应用，具体保护层位为石千峰组底，上石盒子组、下石盒子组、山西组和太原组。

（2）现场施工技术措施。①把钻井液转换成屏蔽暂堵钻井完井液前对泥浆进行适当处理，以满足保护气层的要求；②加强屏蔽暂堵钻井完井液性能的控制与检测；③根据实际钻井施工情况，适时添加各类处理剂，调整钻井完井液性能；④着重加强暂堵材料含量和钻井完井液颗粒粒度分布的检测与控制。

5）屏蔽暂堵技术应用效果分析

（1）降低失水、减少水锁损害。将钻井液改造成屏蔽暂堵钻井完井液后，体系密度一般增加 $0.02\sim0.03\mathrm{g/cm^3}$，有利于快速形成滤饼。由于暂堵剂的加入，使形成的滤饼致密坚韧且光滑细腻，从而降低体系失水，减少了储层水锁损害程度。

（2）改善测井响应，提高测井解释质量。主要表现为：①自然伽马数值降低且平整，减小了泥浆侵入造成的泥质含量增高假象；②砂岩自然电位负异常增大，更加真实反映其渗透性；③砂岩声波时差增大，体积密度降低，更加真实反映其孔隙性；④深侧向电阻率增大，更接近地层真电阻率。

（3）提高井壁稳定性，降低井径扩大率。屏蔽暂堵技术在近井壁形成渗透率较低的内外滤饼，这样就能有效地隔离两个压力系统，此时的正压差可起到稳定井壁，并在一定程度上防止井径扩大的效果。统计表明，采用屏蔽暂堵技术的井井径扩大率范围为 5％～

13%，而未采用屏蔽暂堵技术的井井径扩大率范围高达 9%～32%。

（4）显著降低储层污染程度。已有地层测试分析结果表明，2002 年以前没有采取屏蔽暂堵的井层，地层表皮系数平均为 28.3，最高达 57.18。2002 年以来采取屏蔽暂堵的井层（截至 2002 年 8 月 1 日，统计已完成 DST 测试的 3 口井—大 10 盒 3 层/锦 3 井/锦 4 井），地层表皮系数平均仅为 1.13，最高仅为 1.49。

（5）显著提高气井单层产量。2001 年 10 月 31 日至 2001 年 12 月 4 日对大 10 井太一段进行测试和压裂求产，获得稳定日产量 $10500m^3$，与 2001 年测试求产的井对比，该井为当年单层产气量最高的井。通过对前述施工试验井和该研究项目前未采用该技术的井进行统计分析，塔巴庙地区 2001 年下半年至 2002 年 10 月 1 日，采取屏蔽暂堵技术的 7 口井 13 层经压裂后均获工业气流，平均单层天然气无阻流量达 $57675～81328m^3/d$，远高于没有采取屏蔽暂堵技术的层压裂后产量，增幅高达 14.2～20.38 倍（李志刚等，2005）。

4.2.2　致密砂岩储层水相圈闭损害防控钻井液技术

1. 致密砂岩储层水相圈闭损害控制方法

经过大量文献调研，水相圈闭损害控制方法丰富多样（见表 4-3）。钻井完井过程中，水相圈闭损害控制"预防为主，解除为辅"（邵振滨，2015）。预防方法包括避免使用水基工作液、尽量避免水基工作液侵入（屏蔽暂堵）、降低界面张力促进返排（注互溶剂，注 CO_2、界面修饰）、欠平衡作业等；解除方法包括直接穿越损害带压裂，增大压降、降低界面张力（注互溶剂、注 CO_2、界面修饰）、改变孔隙结构（酸化），直接清除技术（注干气，地层热处理，延长关井时间）等（蒋官澄等，2011；蒋官澄等，2012；高原，2014）。

各种方法相对独立，且发展不均衡，都有自己的优点和局限性。如欠平衡钻井技术可以有效减少钻井完井液侵入，但无法避免自吸作用且难以保持全过程欠平衡状态；压裂可以直接穿越损害带，但易造成二次损害且成本较高；地层热处理可以破坏黏土矿物活性，解除水相圈闭损害，但技术还不够成熟等。

表 4-3　水相圈闭损害控制方法（据高原，2014）

	控制方法	效果	评价
预防方法	欠平衡钻井	减少钻井完井液侵入	自吸无法避免，且连续欠平衡状态难以保持
	使用非润湿相钻井完井液	避免水相进入地层，易于返排	成本较高，且对凝析气藏等不适用
	加注 CO_2，注互溶剂	降低界面张力，促进工作液返排	界面张力本来就比较小，效果不明显
	屏蔽暂堵技术	能够避免、减少钻井完井液侵入	效果明显，暂堵剂必须与孔喉严格匹配
	界面修饰技术	不仅降低界面张力，而且增大润湿角，促进工作液返排	效果明显，返排率较高，研究较少

续表

控制方法		效果	评价
解除方法	压裂	直接穿越损害带,一定程度解除圈闭损害	易造成二次损害,成本较高
	酸化	减小毛管压力,促进水相快速返排	酸液本身会引起损害,不适用于砂岩
	增大压差	增加损害带内外的毛管压力差,可以使含水饱和度得到一定程度的降低	较大的毛管压力差只能造成较小的含水饱和度降低,效果不明显
	注入干气	使圈闭带的水蒸发携带出	对高矿化度盐水圈闭,产生无机垢
	地层热处理	破坏黏土矿物活性,一定程度解除水相圈闭损害	消除有限厚度损害带,成本高,技术不成熟
	延长关井时间	关井一段时间,水逐渐被地层吸收	无法恢复到初始饱和度,成本高
	界面修饰技术	不仅降低界面张力,而且增大润湿角,促进工作液返排	效果明显,返排率较高,研究较少

2. 聚合醇表面活性剂防控水相圈闭损害钻井液技术

聚合醇表面活性剂预防致密砂岩储层水相圈闭损害机理主要包括浊点效应、降低滤液化学活性和吸附三点。

1)聚合醇浊点效应在钻井液中的作用

(1)在浅井段,低于浊点温度时,聚合醇呈水溶性,因其具有表面活性,易吸附在钻具和固体颗粒表面,形成憎水膜,一是阻止致密砂岩水化分散,稳定井壁;二是减少泥饼孔隙,降低泥饼渗透率,从而降低滤失,同样起到稳定井壁作用。

(2)在钻井过程中,随井深增加,井温不断升高。在高于浊点温度时,聚合醇从钻井液中析出,形成的"微粒"可封堵地层孔隙;同时聚合醇分子粘附在钻具和井壁上,形成类似油相的分子膜(或表面膜或涂层),进一步抑制滤液的侵入。钻井液从井底返至地面时,因温度降低,聚合醇又恢复其水溶性,避免被振动筛筛除。

2)降低滤液化学活性

聚合醇可以降低滤液活度,当滤液中水的活度与致密砂岩孔隙水的活度相同时,可阻止水分子向致密砂岩渗透,从而稳定井眼和保护储层。

3)吸附机制

聚合醇的吸附量在浊点温度之前,随温度增加略有减小,浊点之后,迅速增加,在高于浊点温度30℃时,进入平台区;在浊点温度之前,随聚合醇浓度增大,吸附量增大,吸附等温线近似符合 Langmuir 方程;浊点之后,吸附量随其浓度按近似线性规律迅速增加。聚合醇与黏土颗粒间具有吸附交联、粘结成膜的作用。聚合醇基本没有絮凝包被作用,分子主链全部是碳原子,侧链大多是羟基,使醇分子与黏土颗粒间形成大量氢键。

3. 应用案例分析

沙特 B 区块施工的井多为探井,目前已经完钻的井有 FRAS-0001、HDDH-2、AT-NB-0002 等,主力气层主要是 SARAH 组,在钻井过程中,根据 MI SWACO 钻井液公司的技术特点,他们使用无坂土相 KCl 抗温钻井液体系,不使用细颗粒坂土,尽量降低细颗粒固体对储层损害,使用重晶石对泥浆加重,使用 KCl 抑制地层造浆,降低储层的损害主要依靠降低失水和高质量的泥饼。

1)沙特 B 区块致密砂岩润湿性特征

润湿性测试结果表明,油滴在 FRAS 岩心上的接触角约 8°,在 ATNB 岩心上接触角约为 12°;水滴在 ATNB 岩心上接触角约为 59°,在 FRAS 岩心上接触角约为 53°。由于接触角越大,固体表面对相应的液体亲和力越小,从实验结果可以看出,FRAS-001 井、ΛTNB-002 井岩心表面的亲油能力远大于亲水能力,但对油、水同时具有润湿现象。因此,在采用水基钻井液钻进过程中,有可能出现水锁的现象。

2)表面活性剂对钻井液体系性能影响评价

使用相同浓度的 OP-10、SPAN80、聚合醇进行实验,浓度均为 0.3%,实验使用现场 MI 在该深度使用的 KCl 抗温钻井液,配方:1% Hostadrill4607+2% resinex+1% XP-20+2% soltex+0.3% XC-POLYMER+0.4% PAC(R)+0.5% KCl+重晶石。用 Mastersizer2000 激光粒度分析仪对储层段泥浆的粒度分布进行了测试,特征如图 4-4 所示。

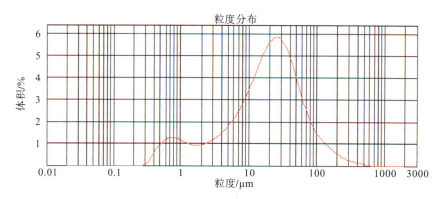

图 4-4 沙特 B 区块储层钻井液粒度分布示意图

从粒径分布图中可以看出,主要粒径分布在 0.3~100 μm。从孔喉测试结果来看,致密储层的最大连通孔喉道半径为 0.047~0.342 μm,平均为 0.178 μm。因此基本上不存在钻井液固相侵入损害储层的问题,同时钻井液体系中也包含了少量小于 0.1 μm 的固相部分,这部分固相颗粒有利于对储层微细孔喉的填充,起到阻止液相侵入的作用。钻井液性能为:API 失水 4mL、黏度 50s、PV:30mPa·s,YP:13Pa,GEL:4/13Pa,比重 1.6g/cm³(表 4-4)。

表 4-4　表面活性剂对钻井液常规性能影响

泥浆	黏度/s	比重/(g/cm³)	失水/mL	PV/(mPa·s)	YP/Pa	Gel/Pa
基浆	50	1.6	4	30	13	4/13
基浆＋OP-10	80	1.6	6	30	25	10/18
基浆＋SPAN80	74	1.6	5.8	30	12	4/12
基浆＋聚合醇	55	1.6	4.2	30	14	5/14

从实验结果可以看出，OP-10 与 SPAN80 对钻井液性能影响较大，泥浆性能变差，不适合用于现场钻井液中作为处理剂使用。聚合醇对泥浆性能影响不大（表 4-5）。

表 4-5　高温条件下聚合醇对钻井液常规性能影响

泥浆	温度/℃	黏度/s	比重/(g/cm³)	失水/mL	PV/(mPa·s)	YP/Pa	Gel/Pa
基浆	160	53	1.6	4.1	31	12	4/13
基浆＋0.1%聚合醇	30	65	1.6	4.1	51	18	5/13
	160	56	1.6	4.3	32	15	5/12
基浆＋0.2%聚合醇	30	54	1.6	4.2	48	16	5/13
	160	51	1.6	4.5	29	12	4/12
基浆＋0.3%聚合醇	30	48	1.6	3.7	53	17	4/13
	160	45	1.6	3.8	30	13	3/12

接下来，表 4-6 对 OP-10、SPAN80、聚合醇浓度均为 0.3% 加入到钻井液中进行起泡性能研究。

表 4-6　表面活性剂在钻井液中起泡性能研究

泥浆	高速搅拌 30min(12000r/min)	放置 30min
基浆	泡沫很少	泡沫自动消失
基浆＋OP-10	泡沫很多	泡沫很多
基浆＋SPAN80	有较多泡沫	泡沫不消失
基浆＋聚合醇	泡沫很少	泡沫自动消失

从以上实验结果可以看出，表面活性剂都有一定的起泡效果，但 OP-10 泡沫最多，且泡沫稳定，不适合作为处理剂使用；SPAN-80 有一定起泡作用，但配伍消泡剂可以使用；聚合醇效果最好，实验显示几乎没有什么泡沫。因此，我们选择聚合醇作为防水锁的主要处理剂，加量建议为 0.1%~0.3%，表 4-7 对不同加量聚合醇在钻井液中起泡剂性能进行了研究。

聚合醇＋泥浆在高温条件下起泡性能研究实验结果表明，高温和室温条件下，泡沫都很少，0.3%聚合醇浓度在室温条件下，有较少泡沫出现，30min 过后，泡沫消失。

表 4-7　聚合醇在钻井液中起泡性能研究

泥浆	温度/℃	高速搅拌 30min（12000r/min）	放置 30min
基浆 2	160	泡沫很少	泡沫自动消失
基浆+0.1％聚合醇	室温	泡沫很少	泡沫自动消失
	160	泡沫很少	泡沫自动消失
基浆+0.2％聚合醇	室温	泡沫很少	泡沫自动消失
	160	泡沫很少	泡沫自动消失
基浆+0.3％聚合醇	室温	泡沫较少	泡沫自动消失
	160	泡沫很少	泡沫自动消失

3）聚合醇抑制毛管自吸效果评价

配制 0.2％、0.3％的聚合醇溶液，把所选岩心吊在聚合醇溶液上方，进行自吸水实验。经过一定时间的自吸后，将岩样放入岩心夹持器中返排，取出，测气测渗透率和孔隙度，实验结果如图 4-5 和表 4-8 所示。

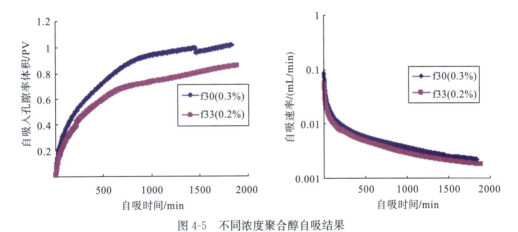

图 4-5　不同浓度聚合醇自吸结果

表 4-8　岩样自吸聚合醇溶液后返排结果

样号	长度/cm	直径/cm	孔隙度/％	气测渗透率/（×10⁻³μm²）	聚合醇浓度/％	驱替后孔隙度/％	驱替后渗透率/（×10⁻³μm²）	返排压力/MPa
f33	5.75	2.55	9.6	0.266	0.2	3.64	0.0748	1.0
f30	5.97	2.5	13.34	0.109	0.3	5.30	0.101	1.0

4）聚合醇钻井液体系保护效果

根据前述评价结果可知，前面的聚合醇溶液自吸和返排实验研究结果证实，聚合醇在防止自吸和自吸后提高渗透率的返排恢复率方面具有良好的效果。

为考查聚合醇在现场用的钻井液体系中对储层保护的适应程度，进行了现场钻井液体系+0.3％的聚合醇室内实验储层渗透率保护效果分析，实验结果如表 4-9 和图 4-6。结果表明，损害后的渗透率恢复率达到 83％～89％，保护效果良好。

表 4-9　聚合醇钻井液体系储层渗透率保护效果分析

岩样	孔隙度/%	气测渗透率 /(×10⁻³μm²)	损害并返排后 气测渗透率 /(×10⁻³μm²)	损害后渗透率 恢复率/%
ATNB-2 C-2 38	7.07	0.247	0.206	83.401
			0.209	84.615
			0.218	88.259
ATNB-2 C-3 52	4.62	0.018	0.0156	88.136
			0.0155	87.571
			0.0159	89.831

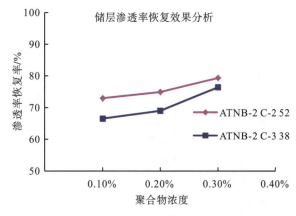

图 4-6　不同浓度聚合物钻井液体系储层渗透率保护效果

5）现场应用效果

现场在测试过程中以显示最好的 ATNB-0002 井以及 ATNB-0002S 为例，说明了目前的工程措施对储层损害轻微，工程措施在保护储层方面达到了较完善的水平，具体的测试井段及表皮系数见表 4-10。

表 4-10　ATNB-0002（S）井测试井段及表皮系数

井号	测试层位	射孔井段/m	累计射孔段厚度/m	表皮系数
ATNB-0002	Qasim	5417.8～5450.1	32.3	−1.32～1.12
ATNB-0002	Sarah	5309.0～5402.9	65.8	−0.11～0.07
ATNB-0002S	Sarah	5459.0～5533.3	裸眼测试	1.6
ATNB-0002S	Sarah	5476.0～5500.4	24.38m，加砂压裂	一关地层系数 0.304×10⁻³μm²·m、裂缝 0.14，二关约 2、三关表皮系数约 1，属于致密凝析气层，在一关后有轻微损害

产后产量快速降低的原因：①地层太致密、连通性不好；②另外一个可能的原因是出现了凝析油在近井地带析出造成液相堵塞，降低储层气体渗透率。可以采取的措施是欠平衡钻进，加入 0.3%聚合醇减轻水锁，尽量降低钻井液失水，API 滤失最好保持在 4mL 以下。

4.3 孔隙－裂缝型致密砂岩储层钻井液保护技术

对于孔隙－裂缝型致密砂岩储层而言，裂缝是其主要的渗流通道。但发育的裂缝为工作液漏失提供了漏失通道，工作液漏失又会给致密砂岩储层造成严重损害。在兼顾保护基块渗透率的同时，既保证工作液不发生漏失，又能保证后期生产具有较高的裂缝渗透率是储层保护的关键。本节以川西孔隙－裂缝型致密砂岩储层为例，系统阐述针对这类储层的暂堵堵漏储层保护技术。

4.3.1 "暂堵堵漏"储层保护技术内涵

粒度分布广：在数十微米级至毫米级漏失通道并存的情况下，暂堵性堵漏液固相颗粒粒度分布广，能够满足不同尺寸漏失通道的要求，且能在不同尺寸漏失通道中形成优质封堵层。

架桥快速：固相粒子进入储层后能在较短的时间内(5min)被不同尺寸的漏失通道捕获，减缓钻井液、完井液向储层漏失的速度，变大漏失通道为小漏失通道，为封堵层的形成赢得时间。暂堵性堵漏除选用刚性架桥粒子外，可以适当添加大变形粒子作为架桥粒子，以弥补刚性架桥粒子的缺陷，来满足多尺寸漏失通道快速架桥的要求。

封堵层致密：利用堵漏材料与储层发生物理－化学作用形成致密封堵层，以免钻井压差传递到储层深部，给储层保护带来不利影响。如果封堵层不致密，钻井液、完井液在封堵层形成后，仍继续漏失或大量滤液侵入储层深部，钻井压差就会传递到储层深部，可能会引起压裂性漏失，甚至沟通储层深部裂缝/孔洞等漏失通道，形成难以控制的恶性漏失。

侵入适度：钻遇漏失通道，一方面，允许钻井液、完井液侵入储层一定深度，形成有一定厚度的封堵层，保证封堵层具有一定的承压能力。另一方面，钻井完井液侵入不能太深。否则，封堵层就起不到控制漏失和保护储层的作用。

双向承压：封堵层不仅能承受从井筒到储层方向钻井液、完井液液柱压力与激动压力之和，还要能承受储层到井筒方向的抽汲压力，以免封堵层被破坏致使储层漏失反复发生。否则，封堵层就可能在压力激动或抽汲中破坏，发生反复漏失和封堵层重复形成，造成储层损害。

酸溶解除：堵漏材料具有90%以上的酸溶性，酸溶解除封堵层简单可行且成本低廉(闫丰明等，2011)。

4.3.2 裂缝宽度变化综合研究及对储层保护工作液设计要求

裂缝宽度预测是油气层保护钻井完井液设计的基础。通过对川西致密砂岩储层岩心观测、铸体薄片统计、应力敏感性实验、加载岩石微观图像分析以及裂缝宽度数值模拟预测对裂缝宽度的求取进行综合描述(表4-11)。

根据裂缝宽度综合研究结果，得到如下的结论认识：

(1)岩心观察裂缝宽度分析。半充填及未充填裂缝宽度范围主要为 $500\sim2000\,\mu m$，经岩心观察在新 3 井须二段储层发育方解石充填裂缝，其方解石胶结物宽度为 $3000\sim20000\,\mu m$，地面岩心观察裂缝宽度是在应力释放的条件下获得的，其裂缝宽度值远大于实际原地裂缝宽度。

(2)加载岩石微观图像分析法裂缝宽度研究。模拟原地应力条件，应用加载岩石微观分析系统观测得到裂缝平均宽度为 $3\sim20\,\mu m$，这一裂缝宽度值反映了储层内部静态原地有效应力状态下裂缝宽度特征。

(3)井筒附近裂缝宽度变化的数值模拟。应用数值模拟对井筒正压差条件下，井壁附近裂缝宽度张开程度进行预测。结果显示，随井筒压力增大，井壁裂缝不断变宽，单条连通井筒 1m 长裂缝在 $1\sim10MPa$ 正压差下裂缝宽度增幅 $50\sim900\,\mu m$，相同条件下成组裂缝宽度变化范围更大，在实际储层保护钻井完井液设计中考虑到原有的裂缝宽度及可能瞬时正压差下的裂缝宽度增幅，应当把保护储层的钻井完井液粒度设计在 $10\sim2000\,\mu m$。

表 4-11　屏蔽暂堵钻井完井液体系裂缝宽度分布设计依据

研究方法 (应力状况)	地面岩心观察 (应力释放)	裂缝微观图像分析 (原地应力)	计算机数值模拟 (钻井完井液正压差条件)
裂缝宽度 图像特征	10mm	100μm	5mm
裂缝宽度 变化范围	$500\sim2000\,\mu m$	$3\sim20\,\mu m$	$30\sim2000\,\mu m$

4.3.3　暂堵堵漏材料选择及酸溶性实验评价

1. 堵漏材料显微结构分析

合理有效的预防和处理井漏也是保护储层的一个重要方面，为了防漏和堵漏取得较好的效果，通常是在钻井液中加入一定量无机或有机材料，从而使钻井液具有防漏和堵漏的功能(蒋官澄等，2014)。要达到较好的防漏和堵漏效果，根据漏失地层和漏失本身特性选择合适的防漏和堵漏材料尤为重要，不同的防漏和堵漏材料在发挥作用时的机理有所不同，要取得防漏和堵漏的成功，需要有多种材料发挥协同作用。选用的 FD-2、LF-2、FRD-2、DTR 和 QP1 等暂堵堵漏材料通过显微镜和目测分析。

从表 4-12 可以看出，这些材料是一些分布范围较宽的刚性颗粒、柔性颗粒、纤维物质和片状物质，加入高粘切高失水的钻井液中而配得堵漏浆，当堵漏浆进入漏层位置后，刚性的粗颗粒先在孔道内架桥，然后是纤维物质、片状物质以及细小的可变形粒子进行填充，形成了坚实的堵塞段，从而达到暂堵堵漏的目的。

表 4-12　主要暂堵堵漏材料基本资料分析

序号	材料名称	显微结构	基本描述	作用用途
1	LF-2		放大 40 倍，与一般储层裂缝大小相匹配的封堵粒子	防漏或堵漏
2	FD-2		放大 40 倍，多功能复合型孔隙封堵剂	防漏或堵漏
3	FRD-1		放大 40 倍，1mm 左右的刚性颗粒	防漏或堵漏
4	SD1		放大 1000 倍，较细的纤维物质	防漏
5	FRD-2		放大 40 倍，小于 2mm 的刚性颗粒	堵漏

序号	材料名称	显微结构	基本描述	作用用途
6	DTR		放大 40 倍，具有良好渗透性的物质、纤维状物质及聚凝剂复合而成	堵漏
7	QP1		放大 600 倍，粗纤维物质	堵漏
8	SRD2		1：1 拍摄，针对 2mm 左右裂缝的刚性颗粒及片状物质	堵漏
9	SRD3		1：1 拍摄，针对 3mm 左右裂缝的刚性颗粒及片状物质	堵漏
10	SRD5		1：1 拍摄，针对 5mm 左右裂缝的刚性颗粒及片状物质	堵漏

2. 堵漏材料酸溶率评价

由表 4-13 可以看出：①12 目的花生壳与不同的酸液（15％盐酸、36％醋酸、土酸）反应 48h，酸溶程度分别为 4.49％、2.97％、8.04％；30 目的花生壳与不同的酸液（15％盐酸、15％醋酸、土酸）反应 48h，酸溶程度分别为 6.54％、3.45％、8.65％；②在相同的反应时间内，不同粒径的花生壳与同种酸液反应，其酸溶程度随其粒径变小而增大（15％盐酸反应时，12 目为 13.53％，30 目为 20.87％）；③同种粒径的花生壳在与不同酸液的反应中，土酸对其溶解程度最大，12 目为 8.04％，30 目为 8.65％。另外，花生壳与盐酸反应时，颜色变黑，发生了碳化。

表 4-13　花生壳酸溶性实验

粒径	酸液	反应时间/h	溶解前质量/g	溶解后质量/g	酸溶程度/％
12 目	15％盐酸	48	5	4.7752	4.49
	36％醋酸	48	5	4.8513	2.97
	土酸(12％HCl+3％HF)	48	5	4.5978	8.04
30 目	15％盐酸	48	5	4.6728	6.54
	15％醋酸	48	5	4.8276	3.45
	土酸(12％HCl+3％HF)	48	5	4.5676	8.65

由表 4-14 可以看出：①12 目的核桃壳与不同的酸液（15％盐酸、15％醋酸、土酸）反应 48h，酸溶程度分别为 13.53％、6.84％、5.45％；16 目的核桃壳与不同的酸液（15％盐酸、37％盐酸、土酸）反应 48h，酸溶程度分别为 20.87％、34.81％、9.39％；②在相同的反应时间内，不同粒径的核桃壳与同种酸液反应，其酸溶程度随其粒径减小而增大（与 15％盐酸反应，12 目为 13.53％，16 目为 20.87％）；同粒径的核桃壳与不同浓度同种酸液反应，其酸溶程度随酸液的浓度增大而增大（16 目的核桃壳，与 15％盐酸反应的酸溶程度为 20.87％，与 37％的盐酸反应的酸溶程度为 34.81％）；③同种粒径的核桃壳与不同酸液反应，盐酸对其溶解程度最大，12 目为 13.53％，16 目为 34.81％。另外，核桃壳与盐酸反应，颜色变黑，发生了碳化；与 37％的盐酸反应时颜色较深，碳化程度随酸液的浓度增大而增大。

表 4-14　核桃壳酸溶性实验

粒径	酸液	反应时间/h	溶解前质量/g	溶解后质量/g	酸溶程度/％
12 目	15％盐酸	48	5	4.3237	13.53
	15％醋酸	48	5	4.6581	6.84
	土酸(12％HCl+3％HF)	48	5	4.5300	5.45
16 目	15％盐酸	48	5	3.9563	20.87
	37％盐酸	48	5	3.2591	34.81
	土酸(12％HCl+3％HF)	48	5	4.7276	9.39

由表 4-15 可以看出：①LF-1 与不同的酸液（15％盐酸、36％醋酸、土酸）反应 5h，酸溶程度分别为 83.32％、93.43％、94.85％；LF-2 与不同的酸液（15％盐酸、15％醋酸、土酸）反应 5h，酸溶程度分别为 76.58％、83.83％、74.81％；②QP1、SRD 与盐酸反应，酸溶程度分别为 91.98％ 和 99.735％；③LF-1 与土酸反应，酸溶程度最高为 94.85％，LF-2 与醋酸反应时酸溶程度最高为 83.83％。另外，与酸液的反应过程中，有大量的气泡产生；LF-1 与土酸反应，产生乳状液，过滤时能透过滤纸；LF-2 与酸液反应，生成不溶于水的透明固体颗粒。

表 4-15   LF-1、LF-2、QP1、SRD 酸溶性实验

材料	酸液	反应时间/h	溶解前质量/g	溶解后质量/g	酸溶程度/％
LF-1	15％盐酸	5	10	1.668	83.32
	36％醋酸	5	10	0.6569	93.43
	土酸（12％HCl+3％HF）	5	10	0.5151	94.85
LF-2	15％盐酸	5	10	2.3424	76.58
	15％醋酸	5	10	1.6172	83.83
	土酸（12％HCl+3％HF）	5	10	2.519	74.81
QP1	15％盐酸	5	10	1.802	91.98
SRD	15％盐酸	5	10	0.265	99.73％

由表 4-16 可以看出：①纤维素与不同的酸液（15％盐酸、36％醋酸、土酸）反应 24h，酸溶程度分别为 27.88％、12.08％、60.25％；②纤维素与不同的酸液（15％盐酸、15％醋酸、土酸）反应 48h，酸溶程度分别为 33.74％、16.49％、70.59％；③在不同的反应时间内，其酸溶解程度随时间的增加而变大（与土酸反应 24h、48h，酸溶程度分别为 60.25％、70.57％）；④ 与不同酸液反应，土酸对纤维素的溶解程度最大，在 60.25％～70.57％。

表 4-16   纤维素酸溶性实验

酸液	反应时间/h	溶解前质量/g	溶解后质量/g	酸溶程度/％
15％盐酸	24	5	3.605	27.88
36％醋酸	24	5	4.396	12.08
土酸（12％HCl+3％HF）	24	5	1.987	60.25
15％盐酸	48	5	3.313	33.74
15％醋酸	48	5	4.175	16.49
土酸（12％HCl+3％HF）	48	5	1.471	70.57

总体而言，在相同的时间内，与同浓度同种酸液反应，花生壳和核桃壳的酸溶程度随其粒径的减小而增大；与不同浓度同种酸液反应，其酸溶程度随酸液浓度的增大而增大，但总体上酸溶程度较低。与同种酸液反应，纤维素的酸溶程度随反应时间的增加而增大，总体上酸溶程度较弱。LF-1、LF-2、QP1 和 SRD 酸溶程度较高，达 90％以上。花生壳和核桃壳与盐酸反应，都会发生碳化，且碳化的程度随酸液浓度的增加而增加。

综上所述，可以将核桃壳和花生壳视为非酸溶性材料即惰性材料；纤维素视为弱酸溶性材料；LF-1、LF-2、QP1 和 SRD 视为强酸溶性材料。

4.3.4 暂堵堵漏钻井液体系

川西深层气藏多年的勘探开发实践表明，对于川西须家河组气藏来说裂缝是关键的产出通道，也是储层保护的主要对象。换句话说，没有裂缝的疏导，致密砂岩储层不可能形成良好的产能，保护产能关键就是要保护好裂缝。尽管可以通过计算机模拟从理论上预测井壁裂缝宽度，但还是可能存在预测的地下裂缝宽度与井下实际情况有差别的情况。因此，川西深层气藏钻井完井过程中储层保护的思路应是"防漏为主，堵漏为辅"的广谱暂堵堵漏钻井液体系，同时要保证暂堵堵漏材料具有较高的酸溶性。

1. 酸溶性暂堵堵漏钻井液体系实验评价

新场、大邑须家河组地层为黑色页岩及致密砂岩不等厚互层、夹煤层，井眼经过处可能钻遇若干裂缝系统，既要注意煤层释放的局部高压气流，又要防止裂缝处漏失。在易漏地层中钻进时，只要采用合理的井身结构设计、得当的钻井工艺技术、有效的井漏预防措施，也可做到降低漏失的概率甚至不发生井漏，同时要改变见漏就堵、以堵为主的施工措施，建立起以"防漏为主，堵漏为辅"的广谱暂堵堵漏的施工措施，把防漏技术作为解决该地区井漏问题的关键。

为了在过平衡钻井时防漏钻井液体系既能有效封堵储层裂缝，又能在后期的压力下返排、酸化改造中解堵，恢复地层原始的渗流能力，这里选用 LF-2、FD-2 和 FRD-1 等酸溶材料作为防漏材料。

1）配伍性实验评价

防漏是在不影响钻进的前提条件下进行的，因此，所选用的防漏材料必须要与钻井液体系有较好的配伍性。在室内的研究中，采用新场、大邑地区常用的两性复合离子聚磺钻井液体系与所选防漏材料开展了配伍性实验，实验结果如表 4-17 所示。

表 4-17 防漏材料与钻井液体系的配伍性

体系	实验条件	$\rho/(g/cm^3)$	FV/s	PV/(mPa·s)	YP/Pa	G_1/G_2	FL/mL
两性复合离子聚磺钻井液体系	老化前	2.16	38	35	13.5	8/17	1.7
	120℃老化16h后	2.17	26	29	1.5	3/8	2.3
体系1	老化前	2.16	51	48	20	10.5/23	3.6
	120℃老化16h后	2.18	42	47	13	12.5/18	3.0
体系2	老化前	2.16	47	46	18.5	12/25	1.0
	120℃老化16h后	2.18	35	42	7.5	11.5/20.5	2.0

注：两性复合离子聚磺钻井液体系钻井液配方：

4%NV-1+0.15%FA-367+0.3%XY-27+1%KPAN+1%NH₄PAN+2%FT342+1%SMT+5%SMC+5%SMP-1+6%DHD+3%WDN-7+BaSO₄；

体系 1 配方：

4%NV-1$+0.15\%$FA-367$+0.3\%$XY-27$+1\%$KPAN$+1\%$NH$_4$PAN$+2\%$FT342$+1\%$SMT$+5\%$SMC$+5\%$SMP-1$+6\%$DHD$+3\%$WDN-7$+$BaSO$_4$$+3\%$LF-2$+2\%$FD-2$+3\%$QD80$+2\%$SD1；

体系 2 配方：

4%NV-1$+0.15\%$FA-367$+0.3\%$XY-27$+1\%$KPAN$+1\%$NH$_4$PAN$+2\%$FT342$+1\%$SMT$+5\%$SMC$+5\%$SMP-1$+6\%$DHD$+3\%$WDN-7$+$BaSO$_4$$+3\%$LF-2$+2\%$FD-2$+1.5\%$FRD-1。

体系 1 和体系 2 配方是分别在两性复合离子聚磺钻井液体系中加入不同种类及加量的防漏材料，比较上述三个体系的老化前后性能可以看出：实验所选用的几种防漏材料与两性复合离子聚磺钻井液体系均具有较好的配伍性，同时也可以看出体系 2 采用的防漏配方与钻井液的配伍性优于体系 1。

2)不同裂缝宽度岩心的封堵率及其承压强度

为了评价防漏体系 1 和体系 2 的防漏效果，用须二段人造裂缝岩心开展了屏蔽环形成及强度实验，实验结果如表 4-18 所示。

表 4-18　不同裂缝宽度岩心的封堵率及其承压强度

工作液	岩心号	层位	缝宽/μm	K_{w1}/($\times10^{-3}\mu m^2$)	循环压力/MPa	驱压/MPa	K_{w2}/($\times10^{-3}\mu m^2$)	封堵率/%
体系 1	5-2/15	T$_3$x^2	100	1695.119	1.0	6.8	0.00927	99.99945
						8.8	0.00648	99.99962
						10.8	0.00729	99.99957
					3.0	6.8	0.00278	99.99984
						8.8	0.00233	99.99986
						10.8	0.00211	99.99988
	5-6/15	T$_3$x^2	200	2280.960	1.0	6.8	0.04430	99.99800
						8.8	0.03660	99.99840
						10.8	0.03110	99.99860
					3.0	6.8	0.02280	99.99900
						8.8	0.02510	99.99890
						10.8	0.02050	99.99910
	1-27/40	T$_3$x^2	480	7069.396	1.0	6.8	0.00753	99.99989
						8.8	0.00806	99.99989
						10.8	0.00749	99.99989
					3.0	6.8	0.00482	99.99993
						8.8	0.00469	99.99993
						10.8	0.00683	99.99990

工作液	岩心号	层位	缝宽/μm	K_{w1}/($\times10^{-3}\mu m^2$)	循环压力/MPa	驱压/MPa	K_{w2}/($\times10^{-3}\mu m^2$)	封堵率/%
体系1	1-33/40	T_3x^2	700	11171.117	1.0	6.8	0.01000	99.99991
						8.8	0.01100	99.99990
						10.8	0.01000	99.99991
					3.0	6.8	0.00380	99.99997
						8.8	0.00350	99.99997
						10.8	0.00320	99.99997
体系2	2-23/50	T_3x^2	920	12379.307	1.0	6.8	0.00200	99.99998
						8.8	0.00300	99.99998
						10.8	0.00400	99.99997
					3.0	6.8	0.00200	99.99998
						8.8	0.00200	99.99998
						10.8	0.00100	99.99999

注：K_{w1}指初始正向地层水渗透率，K_{w2}指封堵后用地层水不同驱替压差下渗透率。

由表 4-18 可知，上述两个防漏体系对宽度为 0.1～0.92mm 的裂缝均有较好的封堵效果，封堵率都在 99％以上，实现封堵的最小循环压力为 1MPa，形成的屏蔽环的抗压能力可以达到 10.8MPa 以上。由此可以看出：体系 1 和体系 2 对于宽度小于 1mm 的裂缝都能起到防漏的目的。

3）屏蔽环酸溶性评价

为了最大限度地恢复油气层岩石的渗透率，对于防漏时所形成的屏蔽环应具有较好的酸溶性，以便于后期的酸化作业具有较好的增产效果。在评价封堵时所形成的屏蔽环的酸溶性时，首先用体系 1 和体系 2 在一定的条件下对岩心进行封堵，然后对封堵后的岩心进行酸溶处理，测定酸化处理前后岩心的渗透率，从而可以评价屏蔽环的酸溶性，实验结果如表 4-19 所示。

表 4-19　屏蔽环酸溶性评价实验数据表

体系	岩心号	层位	缝宽/μm	K_{w1}/($\times10^{-3}\mu m^2$)	K_{w2}/($\times10^{-3}\mu m^2$)	封堵率/%	K_{w3}/($\times10^{-3}\mu m^2$)	恢复率/%
体系1	1-36/40	T_3x^2	200	2365.350	0.00278	99.99984	1930.087	81.59
	1-18/62	T_3x^2	150	2017.330	0.14525	99.99280	1598.936	79.26
体系2	1-20/62	T_3x^2	120	1896.829	0.03600	99.99810	1659.915	87.51
	1-20/40	T_3x^2	320	5119.028	0.03839	99.99925	4453.554	87.00

注：K_{w1}指初始正向地层水渗透率，K_{w2}指封堵后地层水渗透率，K_{w3}指酸溶后正向地层水测渗透率。

由表 4-19 中数据可以看出，采用体系 1 和体系 2 对岩心进行封堵所形成的屏蔽环的酸溶性较好，岩心的渗透率的恢复率达到 80％左右。同时也可以看出：体系 2 比体系 1 更有利于酸化返排解堵，这是由于体系 2 中防漏材料的酸溶率比体系 1 高的的原因导致的。

2. 堵漏浆流动性及封堵性能

堵漏浆要取得良好的堵漏效果，在配制堵漏浆时应根据漏失的实际情况选择合理的堵漏剂种类。具体应遵从如下几个原则：为了保持堵漏浆的悬浮性能和较好的流动性能，应通过实验确定膨润土的最佳加量；堵漏浆应有颗粒状的骨架材料，片状、颗粒状和絮状填充材料以及纤维状加固材料相配合，并且粒级搭配合理；骨架材料粒度与裂缝宽度相匹配。根据上述原则，这里拟定了几组堵漏实验配方，如表 4-20 所示。

表 4-20　堵漏配方设计

实验编号	堵漏配方
①	基浆：1.5％ NV-1
②	基浆＋3％FD-2＋4％LF-2＋2％FRD-2＋3％DTR＋6％QP1＋6％SRD2
③	基浆＋3％FD-2＋4％LF-2＋3％FRD-2＋3％DTR＋6％QP1＋2％SRD2＋6％SRD3
④	基浆＋3％FD-2＋4％LF-2＋3％FRD-2＋3％DTR＋6％QP1＋3％SRD2＋3％SRD3＋4％SRD5
⑤	基浆＋3％FD-2＋4％LF-2＋3％FRD-2＋3％DTR＋7％QP1＋4％SRD2＋3％SRD3＋4％SRD5

依照以上堵漏配方，参考了中华人民共和国石油天然气行业标准 SY/T5840-93《钻井用桥接堵漏材料室内实验方法》，采用 DL 型堵漏材料试验装置为评价仪器，针对不同的缝板宽度分别进行了实验，实验结果如表 4-21 和图 4-7～图 4-9 所示。

表 4-21　堵漏实验结果

实验编号	FV/s	缝板/mm	实验压力/MPa	封堵时间/s	封堵漏失量/mL	稳压时间/min	稳压漏失量/mL	累计漏失量/mL	实验描述
①	流动好	2	0	0	全漏			全漏	不能堵住
②	流动好	2	0	3	2	10	0	2	能堵住漏失量小承压能力6MPa
			1	10	170	10	0	172	
			3	13	70	10	0	242	
			5	10	38	10	0	280	
			6	0	0	10	0	280	
③	流动好	3	0	3	40	10	0	40	能堵住漏失量小承压能力6MPa
			1	10	180	10	0	220	
			3	3	130	10	0	350	
			5	10	200	10	0	550	
			6	0	0	10	0	550	

续表

实验编号	FV/s	缝板/mm	实验压力/MPa	封堵时间/s	封堵漏失量/mL	稳压时间/min	稳压漏失量/mL	累计漏失量/mL	实验描述
④	流动好	5	0	10	1700	10	0	1700	能堵住 漏失量较大 承压能力 6MPa
			1	9	400	10	0	2420	
			3	3	340	10	0	2760	
			5	10	200	10	0	2960	
			6	0	0	10	0	2960	
			6	0	0	10	0	1330	
⑤	流动好	5	0	10	400	10	0	400	能堵住 漏失量小 承压能力 6MPa
			1	6	500	10	0	900	
			3	3	250	10	0	1150	
			5	3	180	10	0	1330	

注：堵漏温度为常温；实验压力为 1~6MPa；压力源为 12MPa 的标准氮气。

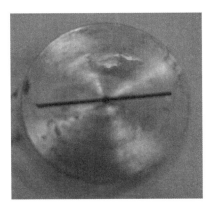 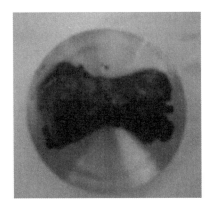

图 4-7　2mm 缝板实验堵漏（左图为正面，右图为反面）

图 4-8　3mm 缝板堵漏实验（左图为正面，右图为反面）

图 4-9　5mm 缝板堵漏实验(左图为正面，右图为反面)

由表 4-19 可知，配方②、③、④、⑤均具有较好的流动性，它们存在的差别主要在于选择骨架材料的尺寸不同，其中配方②、③、⑤能够分别堵住宽度为 2mm、3mm、5mm 的缝板，且承压能力都能达到 6MPa。因此在现场应用时，可以根据漏失层位岩石裂缝宽度及实际漏失的大小选择不同的堵漏配方。

3. 暂堵堵漏材料的酸溶率实验评价研究

主要暂堵堵漏材料酸溶性评价结果见 4-22 表。由表 4-22 表可知，所有材料均具有部分酸溶性，其中 QP1、SRD 系列材料酸溶性最好，超过 90%；FRD-2 的酸溶率超过 85%；LF-2、FD-2 酸溶率超过 66%；DTR 和 FRD-1 酸溶率超过 30%。同类产品随颗粒尺寸增大，酸溶性降低；颗粒尺寸越细，表面积越大，酸化反应越充分，酸溶性越好。

表 4-22　主要堵漏材料酸溶性

序号	材料名称	酸溶率/%
1	DTR	36.00%
2	FRD-1	49.98%
3	FD-2	66.04%
4	LF-2	78.00%
5	FRD-2	86.38%
6	QP1	91.98%
7	SRD	99.73%

此外，还对堵漏浆通过高温高压失水形成的泥饼的酸溶性进行了评价，实验数据如表 4-23 所示。

表 4-23　堵漏浆综合酸溶性

样品名称	酸化前泥饼质量/g	滤纸质量/g	酸化后总质量/g	酸溶率/%
配方②	24.0015	1.5109	5.5084	83.34
配方③	26.3368	1.4997	6.2272	82.05
配方⑤	29.3350	1.5101	7.1102	80.91

由表 4-23 可看出,上述几个堵漏浆配方通过高温高压失水形成的泥饼的酸溶率均超过 80%。

4.3.5 暂堵堵漏现场试验效果评价

防漏钻井液体系在新 2 井、新 3 井从四开开钻到发生较大漏失(漏速>5m³/h)之前,在钻井过程中未发生漏失,说明防漏材料的加入取得了良好的效果。

在储层段裂缝比较发育和满足钻井、录井和测井等现场施工作业需求的情况下,堵漏也取得较好的效果,间接的缩短了钻井周期,使储层得到了充分的保护。在新 2 井和新 3 井发生比较严重的漏失时,根据漏失的大小实施了相应的堵漏作业,堵漏均取得成功。

从暂堵堵漏技术现场应用情况来看,项目形成的室内研究成果在新 2 井和新 3 井的现场试验均取得了较好的效果。

试验井与邻井主要测试结果表明,目前已经完成替喷测试并投产的新 2 井、新 3 井分别获得了 $52.16 \times 10^4 \mathrm{m}^3/\mathrm{d}$、$22.37 \times 10^4 \mathrm{m}^3/\mathrm{d}$,尤其是新 2 井无阻流量高达 $131.56 \times 10^4 \mathrm{m}^3/\mathrm{d}$,这是继新 851 井和新 853 井在川西深层须家河组获得高产之后,又一次连续在这一构造获得重大突破,说明暂堵堵漏储层保护技术在新场气田现场试验应用取得了良好的效果。

4.4 致密砂岩气藏欠平衡钻井储层保护技术

低渗透致密砂岩气藏非均质性强,气藏开发过程中极易发生储层损害,实行欠平衡钻井技术能有效地保护储层,从而减小储层损害,提高产率和最大化净现值。欠平衡钻井(UBD)也称负压钻井,是相对于常规平衡钻井而言的,是指钻进时人们有目的地将钻井循环介质的密度降低,使井筒内液柱压力小于地层压力,允许地层流体进入井筒随钻井液循环到地面可控的钻井技术。

4.4.1 欠平衡钻井储层保护技术理论

低渗透致密砂岩气藏岩石致密、孔喉细小、毛管力高、黏土矿物改造作用强、具有强亲水性和超低原始含水饱和度特性。因此,在钻井完井过程中致密砂岩气藏极容易发生储层损害,其损害类型主要包括钻井液中液相侵入引起的敏感性损害及水相圈闭损害、固相侵入引起的孔喉堵塞、应力敏感损害等,其中液相侵入损害作用最为明显(康毅力等,2015;Ohen H A 等,1990)。因此,采用致密砂岩气藏欠平衡钻井储层保护技术提高了致密砂岩气藏在钻井完井过程中的储层保护效果,同时还极大地提高了钻速、减少钻井事故、降低开发成本,最终实现致密砂岩气藏的高效开发(康毅力和罗平亚,2007;周英操和翟洪军,2003)。其储层保护技术具体优势与特点如下(康毅力等,1999,2000):

1. 减少液相侵入敏感性损害

致密砂岩黏土矿物改造作用强，常规平衡钻井过程中，钻井液滤液可引起黏土矿物强度降低、造成黏土矿物的水化膨胀及分散运移，引起钻井液滤液与地层矿物或地层流体间的敏感性损害，尤其在钻水平井井段时，井筒附近地层长时间被浸泡在钻井液中，储层损害更为严重。实行致密砂岩气藏欠平衡钻井储层保护技术，可消除驱使钻井液中液相侵入地层的正压差，减少钻井液的液相侵入和毛管自吸量，当欠平衡钻井循环介质为气体时，能从根本上避免钻井液液相侵入敏感性损害，有效地保护致密砂岩气藏。

2. 减少固相侵入孔喉堵塞

常规平衡钻井过程中，正压差易造成钻井液固相颗粒侵入基质孔隙堵塞孔喉；当地层裂缝发育时，大量的钻井液漏失会造成固相侵入深度较大，对深部地层造成储层损害，且在裂缝表面形成滤饼大幅降低气藏渗透率，加重储层损害程度，一般该类储层损害难以解除。因此，实行欠平衡致密砂岩储层保护技术能消除正压差，减少钻井液中固相颗粒的侵入，从而实现致密砂岩的储层保护。

3. 降低水相圈闭损害

致密砂岩孔喉细小，毛管力高，常规钻井的正压差作用及毛管力作用极易造成钻井液滤液的侵入，引起近井地层含水饱和度升高，造成严重水相圈闭损害，尤其针对超低含水饱和度致密砂岩气藏，当含水饱和度大于 65% 时，气相渗透率几乎接近于零，水相圈闭损害的加重会导致气藏失去产气能力。因此，实行致密砂岩气藏欠平衡储层保护技术，利用空气或气液循环介质，避免液相的侵入增加地层含水饱和度，最大程度地保护致密砂岩气藏。

4. 避免应力敏感损害

常规平衡钻井正压差作用易造成裂缝开启，大量钻井液漏失对气藏造成严重储层损害，当完井后裂缝恢复闭合，此时气藏渗透率急剧降低，严重时会导致气藏丧失产气能力。因此，实行致密砂岩储层欠平衡钻井储层保护技术，尤其是控压钻井技术，减小井筒压力变化带来的应力敏感损害，不易造成地层微裂缝的闭合，同时减少钻井液滤失损害，实现钻井过程中致密砂岩气藏的储层保护。

5. 其他优势及特点

欠平衡钻井还具有提高钻速、减少钻井事故、降低开发成本、延长钻头寿命，利于发现油气藏、保护环境以及降低增产措施作业成本等优点，能为实现不同压力系数的孔隙或裂缝型致密砂岩气藏高效开发提供技术保障(康毅力等，1999)。

4.4.2　欠平衡钻井储层保护技术

针对致密砂岩气藏欠平衡钻井储层保护技术，从控压和改变钻井液循环介质方向出发，从根本上避免了引起储层损害的外界条件和外界物质，有效地保护了致密砂岩气藏基质孔喉和裂缝，实现致密砂岩气藏的高效开发(罗平亚等，1998)。

欠平衡钻井是国际上 20 世纪 90 年代初迅速发展起来的一项钻井新技术，欠平衡钻井作业的关键技术包括产生和保持欠平衡条件(有自然和人工诱导两种基本方法)、井控技术、产出流体的地面处理和电磁随钻测量技术等(王同良和高德利，2000)。欠平衡钻井系统包括循环介质注入设备、井口旋转密封设备、节流控压装置、油气液分离处理装置、数据采集装置和燃烧装置，如图 4-10 所示。

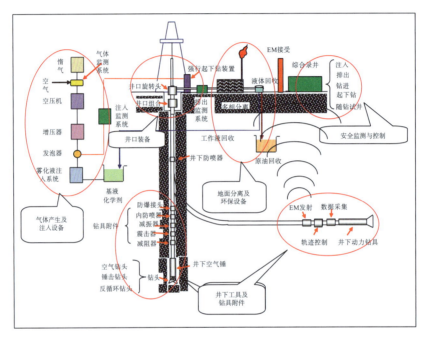

图 4-10　欠平衡钻井系统示意图

1. 实行欠平衡钻井储层保护技术关键

欠平衡钻井技术的发展包括：钻井模型分析、更有效的循环介质、更有效的井底导向系统与马达、有利于新钻井液的井控与地面分离系统、集成化趋势。如何实现合理的控压和循环介质的稳定是实现欠平衡钻井储层保护技术的关键。因此，通过技术攻关实现致密砂岩欠平衡钻井储层保护技术的进步对于低渗透致密砂岩气藏的储层保护有着重要意义，能为致密砂岩气的高效开发提供保障。

2. 欠平衡钻井储层保护技术循环介质类型

针对孔隙型、孔隙-裂缝型致密砂岩气藏，欠平衡钻井储层保护技术的关键是始终保持井筒合理欠平衡状态，同时确保循环介质对储层造成的低损害作用。因此，通过选取不同循环介质实现控制井筒欠压差值，以便适用于不同类型致密砂岩气藏的开发。通常欠平衡钻井根据循环介质的分类主要分为液相钻井、气相钻井、气液两相钻井、轻质材料钻井等(周英操等，2008)。表 4-24 为欠平衡钻井储层保护循环介质分类及特点。

表 4-24　欠平衡钻井储层保护技术循环介质分类及特点

类型	分类	当量密度/(g/cm³)	特点
液相钻井液	清水、油基泥浆、常规泥浆	0.84~1.0 以上	适用地层压力高的致密砂岩气藏，避免钻井液正压差滤失损害；使用欠平衡设备较少，成本较低
气体钻井液	空气、天然气、氮气	0.0012~0.012	适用孔隙－裂缝型致密砂岩气藏；可避免井漏造成的储层损害发生；无液相滤失，避免了储层敏感性损害及水相圈闭损害的发生
气液两相钻井液	雾化钻井液	0.012~0.036	适用于孔隙－裂缝型致密砂岩气藏的开发，避免钻井液滤失损害
	泡沫钻井液	0.036~0.48，有回压时更高	适用于孔隙－裂缝型致密砂岩气藏的开发，有效的保护了储层；含液相成分少，基本无固相，因此可大幅度减少储层损害，有利于保护油气层
	充气钻井液	0.48~0.90	适用于致密砂岩气藏的开发，减小钻井液侵入损害保护致密砂岩气藏
轻质材料钻井液	空心玻璃微珠与塑料微珠	>0.70	适用于孔隙型致密砂岩气藏的开发，减小钻井液滤失侵入损害；具有低成本即能实现对储层低损害钻井的优点

3. 欠平衡钻井储层保护技术主要配套技术和装备

欠平衡钻井储层保护技术是一项集高风险的钻井活动和储层保护技术为一体的钻井技术，是允许地层流体进入井筒的同时，避免循环介质侵入地层对储层造成损害的钻井技术。因此，对欠平衡钻井储层保护技术主要配套技术和装备的研发是极其重要的，是保障欠平衡钻井储层保护技术实施的关键。

因此，国内外对致密砂岩气藏欠平衡钻井储层保护技术进行了系统攻关，欠平衡钻井储层保护配套技术得到不断完善。从基础理论研究、专用装备研制、工艺技术研究到技术标准规范制定，从液相欠平衡钻井到气相欠平衡钻井，从单一欠平衡钻井到全过程欠平衡钻井完井，从欠平衡钻直井到欠平衡钻井与定向井、水平井技术结合应用，从实现致密砂岩气藏储层保护目的出发，形成了欠平衡钻井储层保护系列配套技术。

目前国内的欠平衡钻井储层保护技术不断扩大应用范围，其技术装备配套起到了支撑作用，包括旋转防喷器、液气分离器、真空除气器、不压井作业装置、平板阀、井下控制阀、空气锤、空气螺杆钻具、空气压缩机等均获得发展。国内外较先进的欠平衡钻井专用设备如下：

(1)高压旋转分流器－防喷器系统。高压旋转分流器—防喷器系统又称旋转防喷器(BOP)。旋转控制头总成壳体试验动压力可达 70MPa，静压力为 35MPa，工作压力为 17.5MPa。

(2)液流导向系统。国外研制了一种电磁阀导向系统，可增加钻深。马达被设计成一种金属对金属的叶片，采用非弹性体制成的正容积马达，不会由于失速而使转速过快。

(3)地面分离系统。2006 年前后，国外加强了地面分离系统研制，包括压力额定值为 35MPa 的地面分离装置、自动节流系统及各种分离器，这些设备可处理大量液体、岩屑和钻井液。

(4)隔水管帽(Riser Cap)旋转防喷器系统。一种回流装置,所用主要设备是旋转控制头,装在水上隔水管顶部,可代替隔水管系统的滑动接头、球形接头和分流器。将高压软管接到旋转控制头双流管出口端,可提高井控能力,防止钻井液流失。高压机械密封装置位于钻台下面的钻杆与隔水管之间,钻井液通过软管回流井下。

(5)实用隔水管(virtual riser)装置。该装置包括旋转控制头、封隔器-锁定总成和环形压力控制-排放系统三大部件,其中封隔器-锁定总成是一个经改进的直为508mm的可膨胀套管封隔器,起到控制头及井口下面套管间的压力密封作用。其元件是一个3m长的密封装置,置于660.40~914.40mm套管里面,用遥控船可遥控该封隔器。

(6)地面数据采集系统。欠平衡钻井时,要测量并记录压力、速度、含气量、含液量和温度,并实时显示这些数据,避免出现过平衡和井喷现象。该系统可在钻井作业时,通过与现有钻井控制与监测系统接口,提供实时信息,还可与动态多相流量模型接口,允许将实际参数与计算参数加以比较。

4. 欠平衡钻井储层保护技术的应用

随着欠平衡钻井研究的深入与发展,致密砂岩气藏欠平衡钻井储层保护技术的实践也越来越多,能有效减小钻井过程中的储层损害,高效开发致密砂岩气藏。以下为典型的以欠平衡钻井储层保护技术开发的致密砂岩气藏成功实例。

1)四川邛西构造致密砂岩

在川西邛西构造欠平衡钻井完井的邛西3、4、10、13井,测定的储层表皮系数均很小,而储层类型相似的邻构造莲花1-1井常规钻井后表皮系数达200.09,和采用常规泥浆钻井的邛西1、2井相比其产量也显著提高,这充分表明欠平衡钻井完井有利于油气层保护。

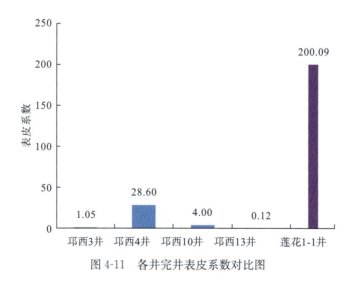

图4-11 各井完井表皮系数对比图

2)合川须家河组致密砂岩

合川001-28-X3井须二储层处于裂缝发育区,采用全过程欠平衡钻井储层保护技术,减小钻井过程中钻井液的漏失对储层造成严重敏感性损害及固相侵入孔喉堵塞损害。完井后日产气 $8.3455 \times 10^4 \mathrm{m}^3/\mathrm{d}$，是同井场利用常规平衡钻井合川 001-28-X1 井的 7 倍（日产气量 $1.20 \times 10^4 \mathrm{m}^3/\mathrm{d}$），合川 001-28-X2 井的 14 倍（日产气量 $0.5949 \times 10^4 \mathrm{m}^3/\mathrm{d}$）。

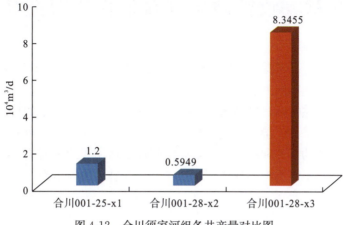

图 4-12　合川须家河组各井产量对比图

3）四川平落坝须二段致密砂岩

四川平落坝构造须二段致密砂岩气藏地层压力梯度仅为 $0.70\mathrm{MPa}/100\mathrm{m}$，该气藏在前期利用常规钻井开发数口井，其产能均较低。因此，在气藏开发后期利用天然气欠平衡钻井储层保护技术开发该衰竭性气藏平落 19 井，从根本上避免了钻井过程中钻井液对储层造成的损害，该井完井后获天然气产量 $47.27 \times 10^4 \mathrm{m}^3/\mathrm{d}$。产量比同构造以前所钻井平均测试产量提高了 3 倍。

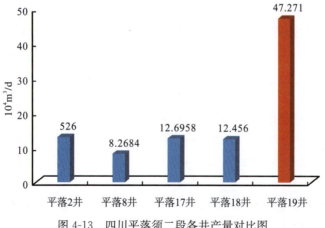

图 4-13　四川平落须二段各井产量对比图

第5章　致密砂岩气藏低伤害改造技术

致密砂岩气藏具有埋藏深、储层温度高，岩性致密、天然裂缝不发育、低产等特点，多数气井的自然产能达不到工业生产要求，需要采用增产改造才能达到高效开发的效果。然而致密砂岩气藏敏感性强，常规的工艺措施对致密砂岩储层带来的伤害程度较大，会导致致密砂岩气藏开采的经济价值进一步下降，因此需要对适用于致密砂岩气藏的低伤害改造技术进行系统的梳理和总结。本章详细阐述了适用于致密砂岩气藏的低伤害改造液及改造技术，包括不同类型的低伤害压裂液和压裂技术的发展概况、特点、性能及实际应用情况。

5.1　致密砂岩气藏低伤害改造技术概况

5.1.1　致密砂岩气藏改造液发展概况

1. 清洁压裂液发展概况

清洁压裂液，即粘弹性表面活性剂压裂液(简称 VES 压裂液)，主要由粘弹性表面活性剂和其他添加剂组成，其中 VES 是主剂。

1997 年斯伦贝谢公司，利用阳离子型粘弹性表面活性剂和其他添加剂得到了粘弹性流体，不含聚合物，称为"清洁压裂液"。在全世界范围内掀起了清洁压裂液研究与应用的热潮。

BJ SERVICES 公司，发明耐高温粘弹性表面活性剂压裂液体系，为各向异性网络结构，可在 121℃下使用(BJ Services Company，2012)。

Daniel Patrick Vollmer 利用两性表面活性剂、卵磷脂、非水性溶剂、小分子醇、有机酸配制的清洁压裂液体系抗温性能可提高至 150℃(Daniel Patrick Vollmer，et al.，2003)。

李林地利用阴离子表面活性剂 D3F-AS05 作为增稠剂，研制出无伤害清洁压裂液，配方为：3.0%增稠剂+6%KCl+0.5%KOH，能够在 120℃以下地层中施工作业(李林地等，2011)。

刘观军利用合成的非离子表面活性剂脂肪酰胺丙基-N，N-二甲基叔胺(SCF-18)作为增稠剂，以 $NaHCO_3$ 为起泡剂，制备出一套非离子型表面活性剂微泡沫酸性清洁压裂液(刘观军等，2013)。

与常规聚合物压裂液相比，清洁压裂液对地层伤害小、摩阻低，而随着油气开采深入，提高压裂液的耐高温性能、同时保持适当的成本是清洁液压裂液发展的重要方向。

2. 低浓度胍胶压裂液发展概况

胍胶压裂液破胶不能完全分解，会形成 20% 左右残渣，降低储层的渗透率，影响压裂改造效果。但是，胍胶压裂液体系由于低廉价格及其成熟的压裂液施工工艺，占据了压裂液 90% 以上的市场。为降低胍胶压裂液对地层的伤害，人们提出了低浓度胍胶压裂液技术(赖小娟，2015)。

王贤君等针对海拉尔油田低渗透油藏压裂增产改造的需要，研制了一种新型超低浓度羧甲基胍胶压裂液。该压裂液水不溶物含量大大降低，增稠效率更高，最低使用 0.2% 的稠化剂就能满足施工要求，破胶液残渣含量大大降低(王贤君等，2012)。

长庆油田开发了低浓度胍胶压裂液体系并于 2011 年进行了大规模应用推广应用(卢拥军等，2012)，胍胶使用质量分数降低至 0.15%～0.2%，并具有良好的耐温耐剪切性能，破胶液残渣为 156mg/L，对油层的伤害大大降低，岩心损害率为 25.1%。

3. 泡沫压裂液发展概况

1)国外泡沫压裂液发展

国外泡沫压裂液发展经历了下列四个阶段：

第一代泡沫压裂液：20 世纪 70 年代，水+起泡剂，气体为 N_2。在地层条件下滤失低，压裂施工后返排迅速，整个压裂液体系黏度较低，稳定性较差，很快破灭，携砂浓度较小，一般情况下浓度在 120～240kg/m^3。只能用于浅井压裂，并且为小规模施工。

第二代泡沫压裂液：80 年代，水+起泡剂+聚合物+稳泡剂，气体为 N_2、CO_2。稳定性大大增加，黏度增加，寿命较长，其携砂浓度大幅度提升，达到了 480～600kg/m^3。适合于各类油气井压裂的施工。

第三代泡沫压裂液：80 年代末至 90 年代初，水+起泡剂+聚合物+交联剂，气体为 N_2、CO_2。气泡分散性较好，气泡更加稳定，黏度更大，压出的裂缝宽而长，携砂浓度在 600kg/m^3 以上。适合高温深井压裂的压裂施工。

第四代泡沫压裂技术：90 年代至今，水+起泡剂+聚合物+交联剂+恒定内相技术，气体为 N_2、CO_2。体系更加稳定、气泡寿命更长、黏度更大，最大携砂浓度大于 1440kg/m^3，最大加砂规模在 150t 以上。适用于大型加砂压裂施工。

2)国内泡沫压裂液发展

国内将泡沫作为压裂液流体，并在现场试验是在 20 世纪 80 年代末至 90 年代初。1985 年，四川石油管理局开始泡沫酸液的基础研究和泡沫酸酸化施工技术的研究(卫鹏飞等，2011)。1986 年，西南石油学院的熊友明等开始对泡沫压裂和泡沫酸酸压设计技术进行理论研究(潘晓梅和沈文刚，2005)。1988 年，辽河油田与加拿大合作进行了全国第一口氮气泡沫压裂井的设计、施工，并获得成功(王振铎等，2004)。1997 年，吉林油田引进了美国 SS 公司的 CO_2 泡沫压裂设备，并针对其油田主要进行了油层吞吐和 CO_2 助排增能压裂工艺技术的实施。1999 年，长庆靖安油田成功进行了三口井的 CO_2 泡沫压裂工艺施工，其施工规模、CO_2 泡沫质量及压后效果等均为国内首创。2000 年，CO_2 泡沫压裂在国内油田全面推广应用。

4. 酸液体系发展概况

1)多氢酸酸液体系发展概况

1996 年，Di Lullo 等(1996)，在 SPE37015 首次提出了多氢酸的缓速和润湿性能。1997 年，壳牌公司首次将 HV 酸体系应用于尼日利亚三角洲盆地。酸化成功率提高了 400%，酸化成本降低了 25%，且得到了稳定的油气产量(Nicholas Kume and Robret Van Melsen，1999)。2004 年，多氢酸体系应用于科威特 Burgan 油田一口砾石充填井中，取得了持续稳定的产量。

2006 年，西南石油大学赵立强、郭文英等(2006)，分析研究了多氢酸的缓速机理与抑制二次沉淀性能，并建立了砂岩储层多氢酸酸化数值模型。2007 年，大港油田对段六拨区块应用多氢酸体系进行酸化施工，实现了注水井增注，取得了增注技术的新突破(杨静等，2008)。2006 年至今，多氢酸体系在中国海上油田施工 23 井次，其中 22 口油井井经过多氢酸酸化后取得了很好的增产效果，其中 5 口井为高温低渗井(最高温度 145℃)，2 口井储层为疏松砂岩储层。至今为止，多氢酸体系已经在国内很多油田运用，比如青海，塔里木东河，沈阳，青海，长庆等油田，都取得了良好的增产、增注效果。

2)清洁酸酸液体系发展概况

1998 年，DanielPerez 等人(Wang and Hill，1993)报道了自转向酸与油基非反应液体以及醇酸相结合的多级注入技术在墨西哥韦拉克鲁斯油田的酸压应用效果；

2000 年，F. F. chnag&A. M. ACock 等人(Kulatilake et al，1995)报道了新 VESAD 体系的室内实验和在墨西哥湾油田的应用效果；

2003 年，MohmaedA. Al-Muhareb 等人(Yoshioka，1994)报道了针对沙特阿拉伯油田采用无聚合物的粘弹性表面活性剂体系进行施工的效果。该体系的粘弹性滤失控制酸(VES leak-off Controlacid)，简称 VES-AC，盐酸浓度范围 5%～28%，VES-AC 的黏度依据不同温度和酸液浓度有所不同，黏度最高可达 975mPa·s，温度范围满足 24～149℃。

5.1.2 致密砂岩气藏压裂技术发展概况

1. 水力压裂技术发展概况

1947 年，水力压裂技术在美国堪萨斯州首次试验成功。

20 世纪 60 年代中期以前，以研究适应浅层的水平裂缝为主，这一时期我国主要以油井解堵为目的的进行小型压裂试验。

20 世纪 60 年代中期以后，随着产层加深，以研究垂直裂缝为主。这一时期的压裂目的是解堵和增产，通常称之为常规压裂。这一时期，我国进入工业性生产实用阶段，发展了滑套式分层压裂配套技术。

70 年代，进入改造致密气层的大型水力压裂时期。这一时期，我国在分层压裂技术的基础上，发展了适应高含水储层所需的蜡球选择性压裂工艺，以及化学堵水与压裂配套的综合改造技术。

80 年代，进入对低渗油藏改造时期。压裂规模从加液量只有 $1.9m^3$ 精确控制短小裂缝的小型压裂到加液量 $5830m^3$，用砂量 2857t，裂缝长一公里多，耗资 110 万美元以上的大型水力压裂。水力压裂还可用于包括水源井、注水井等辅助井。还可对二次采油方案的生产井和注水井进行压裂。这一时期我国发展了适用于低渗透、薄油层多层改造的限流法完井压裂和投球法多层压裂技术。

90 年代以后，人们从各种不同的方向研究了与水力压裂技术有关的新材料、新技术、新方法和新工艺。迄今为止水力压裂技术还在不断发展。

2. 无水压裂技术发展概况

1）高能气体压裂技术

高能气体压裂，又称"爆燃压裂"，是利用固态、液态火药或推进剂的快速燃烧产生高能气体，对目的层脉冲加载压裂，在井筒附近压开多方位的径向裂缝，沟通井筒与储层中的天然裂缝，从而达到增产增注的目的。

20 世纪 80 年代初，Nilson 等（1981）建立了爆燃压裂过程中的气固耦合模型。

1994 年，Paine 等（1994），建立了爆燃气体压裂径向多裂缝体系的裂缝扩展模型。

2001 年，David 和 Risnes 通过高能气体压裂过程中各个模型的建立与模型耦合求解，模拟了井下高能气体压裂作用过程。

2004 年，田和金，张新庆等（2004）研究了影响液体火药能量性能的因素以及液体火药点火和燃烧规律，经优化设计得到液体火药最佳配方。

2008 年，蒲春生等（2008）提出了多级脉冲气体加载压裂技术。研究了油水井射孔后高地应力约束条件下爆燃气体压裂井壁岩层起裂扩展条件。

2011 年，吴晋军、陈德春探讨了深层水平井爆炸裂缝体系和裂缝延伸计算模型，从不同角度对裂缝的主要参数进行了计算和分析。

2012 年，谢和平，高峰等提出了页岩高能气动脆裂技术的构想，为未来页岩压裂提供了一种可能的技术手段。

2）液态 CO_2 压裂技术

液态 CO_2 压裂，也称"CO_2 干法加砂压裂"，是以液态 CO_2 代替水、和增稠剂一起组成的一种无水压裂技术。

1998 年，Gupta 和 Bobier（1998）探讨了液态 CO_2 和液态 CO_2/N_2 混合压裂液的独特性质和压裂施工特征，其适宜在低压、低饱和度和易水锁的致密砂岩地层中应用。

2000 年，Gampbell 等（2000）研究了液态 CO_2 加砂压裂技术对圣胡安盆地 Lewis 页岩层段的压裂增产应用。发现对 Lewis 页岩层段进行无水基液的干式压裂可以消除或减少对天然或人工裂缝的渗透率伤害。

2003 年，Gupta（2003）研发了一种在液态或者超临界 CO_2 中加入特殊的可溶性起泡剂形成以气态 N_2 为内相，CO_2 为外相的液态 CO_2 泡沫压裂液。此压裂液在加拿大干煤层气井压裂作业中进行了应用。

2011 年，苏伟东、宋振云等（2011）研究了 CO_2 干法压裂技术在苏里格气田的应用，通过施工得出该技术具有一定的增产、稳产能力且压后返排迅速，但也存在施工管路摩阻较高，滤失较大，返排中易产生砂堵等问题。

2013年，王香增、吴金桥等(2013)对液态CO_2压裂和CO_2增能压裂在鄂尔多斯盆地中生界延长组长7段页岩气层进行了先导性应用试验。

2014年，宋振云、苏伟东等(2014)对CO_2干法压裂技术增产机理、压裂液体系、密闭混砂装置及压裂工艺开展了试验性研究。

5.1.3　致密砂岩气藏保护储层的改造技术难点与对策

1. 致密砂岩气藏改造难点

(1)储层物性更差，要求压裂形成较中区更长的人工裂缝，并与井网系统匹配；

(2)储层致密、渗透率低，要求压裂液体系对储层伤害较小；

(3)储层黏土矿物总量较高，对伤害敏感，比常规储层更容易受到伤害，易造成难消除的永久堵塞伤害，对压裂液低伤害的特点要求高；

(4)孔隙结构主要特征为面孔率低、喉道微细、排驱压力高，要求压裂液体系具有较低的表界面张力和较低的毛细管阻力，具备良好的压后返排性能；

(5)填隙物含量整体上比有效开发区块的含量相对较高，外来液体易使黏土膨胀，因此要求压裂液体系具有较好的防膨胀和迁移性能。

2. 致密砂岩气藏改造的技术对策

(1)储层黏土矿物含量体现出储层具有塑性特征，储层具有在压裂过程中破裂压力梯度高，地层不易压开的特点，因此，必须采用预处理技术；

(2)储层天然裂缝发育，地层滤失严重，需采用有效的滤失控制技术；

(3)压裂易形成多裂缝，要求采用高粘压裂液体系，压裂采用"段塞"技术、"线性加砂"技术；

(4)储层低渗、低孔，要求压裂液具有低伤害特性，尽可能降低压裂液对储层的损害，岩心分析结果表明，黏土矿物总量，以伊利石、绿泥石和伊蒙混层为主，在压裂液研究方面应重点考虑压裂液的防膨问题；

(5)改善压裂液助排性能，降低水锁，提高返排率，减少压裂液在储层的滞留时间；

(6)对于施工温度高储层，要求压裂液具有足够的黏度以确保施工造缝和携砂，同时要求解决压裂液彻底破胶问题；

(7)对于井深储层，施工摩阻高，对设备能力要求高，不利于使用高排量施工，要求优化施工管柱，提高压裂液的降阻能力。

5.2　致密砂岩气藏低伤害改造液技术

5.2.1　低伤害改造液类型及特点

1. 致密砂岩气藏低伤害压裂液应具备的特点

(1)储层致密、渗透率低，要求压裂液体系对储层伤害较小；

(2)孔隙结构主要特征为面孔率低、喉道微细、排驱压力高，要求压裂液体系具有较低的表界面张力和较低的毛细管阻力，具备良好的压后返排性能；

(3)填隙物含量整体上比有效开发区块的含量相对较高，外来液体易使黏土膨胀，因此要求压裂液体系具有较好的防膨胀和迁移性能。

由于低渗致密砂岩气藏对入井液体非常敏感，相比常规储层更容易受到伤害，因此对压裂液性能的要求也更高。

2. 致密砂岩气藏低伤害改造液主要类型、优缺点及适用性

表 5-1　几种典型低伤害改造液优缺点及适应性表

类型	优点	缺点	适应性
清洁压裂液	在低渗透层，滤失比常规压裂液少得多；液体工作效率高；少量的液量和支撑剂就可实现有效的缝长和更高的产能；液体配液简单，现场不需要过多设备；返排效率高，对地层伤害小	成本高；在高渗透层会出现压裂液滤失情况	低渗透油气储层，地层温度小于 120℃
低浓度胍胶压裂液	降低压裂液残渣含量，岩心伤害程度明显降低，具有优良的防膨、起泡、助排及降滤失性能	基液浓度低，大大低于常规压裂液浓度	应用范围较广，但水敏地层应用效果较差
低聚合物压裂液	能造成理想的裂缝长度，成本较无聚合物压裂液的低，比常规交联瓜胶压裂液的用量要少二分之一，返排更好，降解聚合物的伤害减少	在砂粒充填时，仍有轻微的伤害	适用于低压、低渗储层
泡沫压裂液	密度低、易返排、损害小、携砂性好	施工压力高，需特殊设备成本高	低温、低压、水敏或水锁等敏感性的油气井
酸液体系	与岩石矿物反应，可有效增大孔隙，解除污染，提高地层渗透率	在地层中存在二次反应生成沉淀	适用于含有一定碳酸盐及其他矿物，酸敏弱储层

5.2.2　清洁压裂液

1. 清洁压裂液概念、类型

1)清洁压裂液概念

清洁压裂液又称为粘弹性表面活性剂压裂液，它是在电解质溶液中添加特殊的表面

活性剂而形成的一种粘弹性物理胶束凝胶压裂液，属于水基压裂液(陈大钧等，2006)。它不含聚合物，在低渗透储层中的滤失量小，且不形成滤饼，对储层伤害小；它的配液简单，能有效控制支撑裂缝缝高，并具有较低的施工摩阻，压裂增产效果比胍胶压裂液好，特别适合低渗透储层压裂改造。

2)清洁压裂液类型

目前对粘弹性表面活性剂的分类主要是根据亲水基团的离子性与非离子性考虑的，溶于水后，能离解出离子的被称作离子性表面活性剂，否则被称作非离子型的表面活性剂。离子性表面活性剂又可分为阳离子型表面活性剂、阴离子型表面活性剂和两性表面活性剂。

(1)阳离子型清洁压裂液。该表面活性剂分子中大多数都是含有氮元素，常见的阳离子型表面活性剂大多数为季铵盐。目前阳离子冻胶主剂的合成技术已经相当成熟，价格也相对便宜，适合在油气开采过程中广泛应用。然而其不容易被微生物分解，并对生物也有毒害作用，同时阳离子表面活性剂容易吸附在地层的黏土和砂岩上，从而改变岩层的润湿性，造成储层的吸附伤害，降低油相的渗透率，不利于采收率的提高。

(2)两性型清洁压裂液。清洁压裂液体系基本组成为：主剂、异丙醇(主剂溶剂)、碳原子数比较多的烷基醇或表面活性剂(与增稠剂电荷相反)和 KCl。

在电性相反的助剂作用下形成的压裂液比使用醇制备的压裂液体系性能要好。两性表面活性剂与季铵盐表面活性剂相比，其生物降解能力增强，对环境的毒副作用小，且在地层岩石表面的吸附量也少，对地层造成的伤害低，但由于体系中 KCl 的用量比较大，只能用在 80℃ 以内的低温地层。由于其合成过程比较繁琐、产率低，该体系还未大规模推广应用。

(3)非离子型清洁压裂液。非离子型表面活性剂常见的为卵磷脂，在其溶液中加入相应的添加剂，可以形成耐温性能较高的压裂液体系，体系的添加剂主要有非水性溶剂、小分子醇和有机酸(甲酸、乙酸)等。非离子型清洁压裂液体系的耐温性达 150℃，并且体系中有酸存在，对 pH 影响比较大，酸性越强，则形成的冻胶破胶越彻底，破胶液返排越迅速，造成的伤害越低。但该体系主剂价格较高，施工过程中冻胶制备比较困难。

2. 清洁压裂液主要特点

1)不需破胶剂且破胶彻底

地层产出的原油、凝析油或纯气体影响液体中的带电环境，会破坏胶束，液体因胶束不再缠在一起而失去黏度；在地层水的作用下，清洁压裂液因稀释而降低了表面活性剂的浓度而黏度降低。由于在压裂井里总有一种或这两种情况存在，因此不需要另加破胶剂。

2)对地层污染小

清洁压裂液破胶后呈半透明液体，其破胶液黏度几乎为零，并且没有残渣，极易返排。同时清洁压裂液不形成滤饼，其滤失速度是液体黏度和弹性的函数，滤失率基本不随时间变化；在地层渗透率低于 5×10^{-3} μm² 时，该粘弹性液体很难进入孔隙喉道。实验表明清洁压裂液对地层污染远低于胍胶聚合物压裂液。

3)携砂能力强

清洁压裂液在静态时具有弹性体特征，当系统变形时，其流变特性又近乎于牛顿流体，同时该压裂液流变特性还完全可逆。即剪切速率增大时压裂液黏度降低，当剪切速率降低时其压裂液黏度又恢复增大。实验分析表明具有弹性且在低剪切速率下有较高黏度的清洁压裂液对支撑剂有很好的悬浮能力。

4)易于配制

由于不需要对聚合物进行水化，表面活性剂 VES 的浓度可在往盐水中添加的过程中不断计量，使搅拌简单易行．不需要交联剂、破胶剂、或其他化学添加剂，消除了聚合物水化造成的交联和破胶剂的影响，也不需要大量的仪表和泵注系统。

5)适用温度高

压裂液中的表面活性剂，加入高温稳定剂后，在 150℃ 和 170s^{-1} 剪切速率条件下，其黏度仍能达到 50mPa·s 以上。

6)压裂液工作效率高

同规模施工条件下，与聚合物压裂液相比耗液量较少。

3. 清洁压裂液主要性能

1)清洁压裂液的热稳定性测定

测试条件：Haake RV30 测试仪，剪切速率为 170s^{-1}，压力为 3.2MPa，测定清洁压裂液在 100～150℃ 时的热稳定性性能。实验结果如图 5-1 所示。

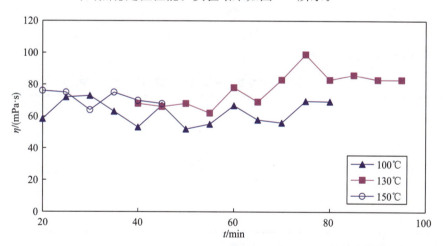

图 5-1　清洁压裂液热稳定性曲线图(据孟凡宁，2015)

从图中 5-1 可以看出：尽管热稳曲线上下波动，但波动范围基本都在 50～80mPa·s，150℃ 高温时持续 30min 仍有较高的黏度，达 68mPa·s。可以看出，该清洁压裂液在高温时仍具有较好的热稳定性，黏度保持较好，具有较强的携砂能力，能充分地适应高温油气井的压裂施工作业。

2)清洁压裂液的剪切黏度恢复性

压裂施工时，压裂液通过井筒时处于高剪切状态，而当压裂液进入地层后在裂缝中又处于低剪切状态，这就要求所选压裂液具有良好的剪切恢复性，才能具有适当的黏度携带支撑剂。图 5-2 是清洁压裂液黏度随剪切速率变化的曲线。

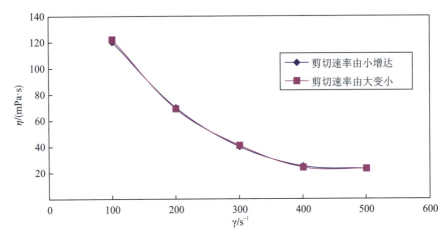

图 5-2　清洁压裂液黏度随剪切速率变化曲线(60℃)(据孟凡宁，2015)

图 5-2 所示，清洁压裂液黏度随剪切速率的增大逐渐降低，剪切速率到达 $500s^{-1}$ 时，逐渐减小剪切速率，清洁压裂液的黏度逐渐上升，两条曲线几乎重合。说明了清洁压裂液在经过高剪切破坏后，黏度能够迅速恢复。

3)清洁压裂液的破胶、水化性能

无需加入任何化学破胶剂即可破胶、水化是清洁压裂液最显著特征之一。清洁压裂液的破胶存在两个机理：与烃(油、气)接触或被地层水稀释。

在室内对清洁压裂液破胶、水化性能进行了测试，实验结果如下。

(1)水稀释(含互溶剂)破胶。

表 5-2　清洁压裂液破胶黏度和表面张力数据(据孟凡宁，2015)

比例(体积比) 清洁压裂液 VES：水：互溶剂	破胶液黏度 /(mPa·s)	表面张力 /(mN/m)
25∶4∶1	0.81	28.5
50∶4∶1	1.17	20.7
1∶1∶0	7.32	35.8
1∶2∶0	1.58	40.2

注：行业标准规定破胶液黏度低于10mPa·s为合格。

(2)与烃接触破胶。

压裂液未破胶时黏度为 137mPa·s，实验数据见表 5-3。

表 5-3　清洁压裂液破胶液黏度数据(据孟凡宁，2015)

压裂液量/mL	烃加入量/mL	破胶时间/min	破胶液黏度/(mPa·s)
100	15	20	2.87

(3)清洁压裂液残渣含量的测定。

a. 取 50mL 压裂液与水破胶后的破胶液呈透明略带乳白色的液体，经 30min、3000r/min 离心后，液体不分层，无沉淀出现，用《SY/T5107—1995 水基压裂液性能评价方法》检测清洁压裂液残渣含量，为无残渣。

b. 与烃接触破胶后残渣含量的测定

在试验中我们选择的烃为煤油。当清洁压裂液中滴入煤油后，静置或轻微搅拌均可，明显可看到压裂液体系发生变化，最后油水分层，压裂液破胶，用《SY/T5107—1995 水基压裂液性能评价方法》检测清洁压裂液残渣含量，为无残渣。

4)清洁压裂液动态悬砂性能

清洁压裂液的悬砂性能如何，对能否成功地实施压裂施工是至关重要的。因此，对清洁压裂液进行了动态悬砂实验。实验过程如下：将配制好的清洁压裂液 300mL 置于 500mL 烧杯中，按照 10% 的砂比计算，加入 50g 粒径 0.5~0.8mm 石英砂，用手摇动烧杯(摇动速度 40r/min)，目测悬砂情况。实验结果显示：大约 90% 以上的砂子均悬浮在压裂液中，该数据与 Dowell 公司的有关清洁压裂液资料中在动态悬砂实验中有 90% 以上的砂子悬浮在液体中的实验结果相近。

5)清洁压裂液对稠油的降黏性能

测试条件：30℃下，RV30 黏度计，剪切速率为 $170s^{-1}$，剪切时间 30min。原油黏度 1832mPa·s。实验数据如表 5-4 所示。

表 5-4　新型压裂液降粘数据表(据孟凡宁，2015)

体积比 ＼ 指标	黏度/(mPa·s)	降黏幅度/%
原油：压裂液=8：1	1780	2.84
原油：压裂液=4：1	100	94.54
原油：压裂液=1：1	48.7	97.33

由表 5-4 可以看出，清洁压裂液与稠油混合的比例达到一定值时，对稠油有较好的降粘效果。

4. 清洁压裂液应用实例

1)区块地质特点

延长气藏延 340S 井产层 2124~2658m，其岩性主要为石英、方解石、绿泥石及高岭石。渗透率 $0.01×10^{-3}$~$3.16×10^{-3}$ μm^2(平均为 $0.18×10^{-3}$ μm^2)，孔隙度 0.71%~21.84%(平均为 7.77%)，含气饱和度 4.37%~99.37%(平均为 65.25%)，属于典型的"低孔、低渗、致密"砂岩气藏(孟凡宁，2015)。

2)清洁压裂液施工情况

延 340S 井山$_2^3$层在 2014 年 10 月 25 日进行清洁压裂液压裂施工，其破裂压力达到了 29.7MPa，停泵压力为 23.0MPa。最高排量为 3.5m³/min，入井砂量为 48.5m³，入地层净液量为 416.1m³，砂比为 23.08%(孟凡宁，2015)。

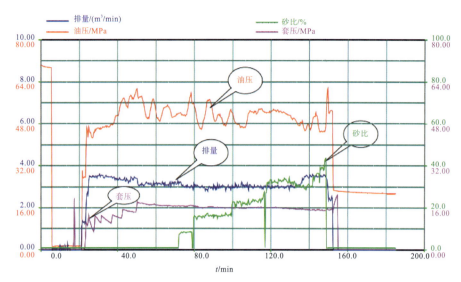

图 5-3　延 340S 井山 23 层施工综合曲线图(据孟凡宁，2015)

3)清洁压裂液施工效果评价

该压裂液体系采用清洁压裂液体系。现场压裂液的配制，严格按照设计配方、数量要求执行。按照设计要求的先后次序加入药品量并循环均匀，经现场实测，每罐液体性能均达到了设计要求(孟凡宁，2015)。

该次压裂采用了单上封保护套管、油管注入、套管打平衡的压裂方式，该工艺已非常成熟；压裂工具采用了 Y344-114 型压裂封隔器，该封隔器使用方便可靠。在压裂施工中采用了液氮伴注技术，有利于提高压裂液返排能力。采用了清洁压裂液体系，减小了对地层的二次污染(孟凡宁，2015)。

5.2.3　低浓度胍胶压裂液

1. 低浓度胍胶压裂液概念、类型

1)低浓度胍胶压裂液概念

在 20 世纪 60 年代初，以胍胶为稠化剂的压裂液开始应用。70 年代，由于胍胶化学改性(如羟丙基胍胶、羧甲基羟丙基胍胶)的成功，以及交联体系的完善(由硼、锑发展到有机钛、有机锆)，水基压裂液迅速发展，在压裂液类型中占有主导作用，但由于压裂液的残渣、未破胶和滤饼等对储层导流能力造成损害。因此，人们在现有的破胶技术基础上，加强对胍胶性能的改性研究，提出了低浓度胍胶压裂液。其胍胶的使用浓度比以往普通的羟丙基胍胶(HPG)和普通的羧甲基羟丙基胍胶(CMHPG)的使用浓度低 20%～50%，从而可以尽量减小对储层的伤害(李超，2010)。

表 5-5　低浓度胍胶压裂液与常规胍胶压裂液稠化剂用量对比（据李超，2010）

温度/℃	50	90	120	150
低浓度压裂液胍胶浓度/%	0.18	0.2	0.3	0.45
常规压裂液胍胶浓度/%	0.35	0.4	0.5	0.65

2）低浓度胍胶压裂液类型

常用的胍胶体系有羟丙基胍胶、羧甲基胍胶以及羟丙基羧甲基胍胶，其中，羧甲基胍胶性能不稳定，施工工艺不成熟；而羟丙基羧甲基胍胶的施工成本较高。因此，兼具经济性和安全性的首选是在其他添加剂浓度不变的情况下，减少羟丙基胍胶稠化剂的用量（张颖等，2013）。

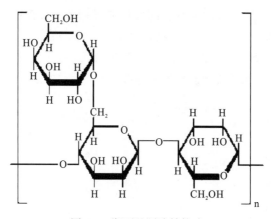

图 5-4　羟丙基胍胶结构式

羟丙基胍胶（HPG）是一种随机盘状缠绕聚合物，随着溶液中聚合物浓度的增加，聚合物在临界重叠浓度（最低浓度）下盘绕开始增加。其低浓度胍胶压裂液体系，配方组成见表 5-6（熊廷松等，2013）。

表 5-6　低浓度胍胶压裂液配方组成

组份类型	加量范围/%	作用
HPG	0.18~0.45	增稠，提供交联基团
交联剂	0.4~0.6	提供交联离子，形成冻胶
多效添加剂	1	防膨、助排、杀菌
pH 调节剂	0~2	调节 pH，提供交联所需的 pH 条件
温度稳定剂	0~0.5	增强压裂液的耐温能力
破胶剂	0.01~0.001	使冻胶压裂液破胶

2. 低浓度胍胶压裂液主要特点

1）残渣含量低

压裂液破胶液性能的好坏对储层的保护起着重要作用，压裂液破胶后的残渣越少，对地层的伤害就越小。选取 50mL 的 0.2% 低浓度胍胶压裂液，装入密闭容器中于 80℃

下恒温破胶，将破胶液离心分离出残渣烘干恒重后，称量残渣含量大约为 226.3mg/L，大大低于常规胍胶压裂液的残渣含量，满足低伤害压裂液的要求。

2）具有较好的携砂性能

采用静态悬砂仪测定了该压裂液的悬砂性能，测得单粒石英砂静态沉降速度<0.25cm/min，30％砂比时，静态沉降速度<0.51cm/min，表明低浓度胍胶压裂液具有较好的悬砂性能。

3. 低浓度胍胶压裂液主要性能

1）交联性能

影响交联时间的主要因素按影响程度由大到小依次为 pH、温度、交联剂浓度、HPG 浓度。低浓度胍胶压裂液的交联时间可以通过调节 pH 控制，pH 越高，交联时间越长。同时交联剂浓度也会影响交联时间，交联剂使用浓度太低，交联速度缓慢，成胶后的黏度也达不到要求。交联剂浓度过高，交联速度过快，会产生过交联，发生冻胶脱水现象而影响悬砂性能。对于低浓度胍胶压裂液体系来说，重要的是 pH 调节剂的使用浓度。

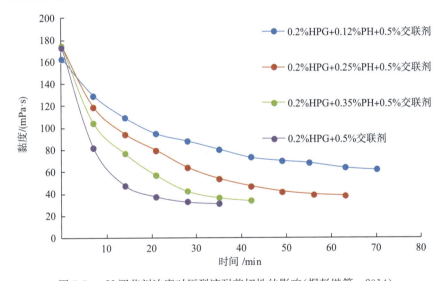

图 5-5　pH 调节剂浓度对压裂液耐剪切性的影响（据彭继等，2014）

从图 5-5 不同 pH 调节剂浓度对低浓度胍胶压裂液的耐剪切性影响实验看到，随着 pH 调节剂浓度的增大，压裂液的耐剪切性逐渐增强。在相同的实验温度（80℃）条件下，当 pH 调节剂浓度达到 0.35％时，压裂液的耐剪切性最好，剪切 60min 后黏度仍然保持在 65mPa·s 以上。说明在一定的交联剂使用浓度时，低浓度胍胶压裂液通过提高压裂液的 pH 来提高冻胶的耐剪切性能（彭继等，2014）。

2）耐温耐剪切性能

压裂液耐温耐剪切性能是评价压裂液性能的重要指标。将 0.2％的低浓度胍胶压裂液分别在剪切速率 170s^{-1}，40℃、60℃、80℃、100℃四种恒定温度下剪切一定时间，测定压裂液冻胶黏度随剪切时间的变化情况，结果见图 5-6。

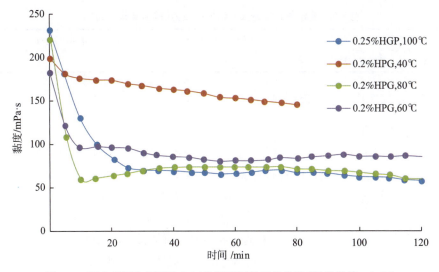

图 5-6　低浓度胍胶压裂液在四种温度下的流变曲线(据彭继等，2014)

该低浓度胍胶压裂液体系在 4 种温度条件持续剪切 80min 后，最终黏度值都在 60mPa·s 以上，满足《SY/T6376—2008 压裂液通用技术》条件大于 50mPa·s 的指标。说明该压裂液具有良好的抗剪切能力和携砂能力。

3)破胶性能

压裂液破胶液性能的好坏对储层的保护起着重要作用，压裂液破胶越彻底，则压裂液残渣越少，对地层的伤害就越小。分别在低浓度胍胶交联压裂液冻胶中加入不同量的破胶剂，将其分别置于密闭容器内，放入电热恒温器中加热恒温，使压裂液在恒温下破胶，取破胶液上层清液用毛细管黏度计测定破胶液黏度。温度和破胶剂浓度对压裂液破胶性能的影响见表 5-7。

表 5-7　温度和破胶剂浓度对压裂液破胶性能的影响(据彭继等，2014)

温度/℃	过硫酸铵浓度/%	破胶时间/h	破胶液黏度/(mPa·s)
50	0.5	4	4.9
60	0.2	4	4.1
70	0.08	3	3.7
80	0.04	2	3.5
100	0.01	3	4.7

从破胶实验结果看出，适当的破胶剂加量可使低浓度胍胶压裂液冻胶完全破胶水化，且破胶液黏度小于 5mPa·s。针对不同的井深，通过调整破胶剂的加量，可满足不同储层温度的压裂施工要求。

4)破胶液表界面张力

制备 0.2% 低浓度胍胶压裂液冻胶在 80℃下破胶 4h，测定破胶液的表面张力和与煤油的界面张力，该压裂液体系有较低的表、界面张力，可有效地降低毛细管阻力，增强地层排液能力。

表 5-8　破胶液的表面张力和界面张力（据彭继等，2014）

样品名称	表面张力/(mN/m)	界面张力/(mN/m)
低浓度胍胶压裂液破胶液	23.77	1.92

4. 低浓度胍胶压裂液应用实例

1）区块地质特点

苏里格气田属于典型的低压、低渗透率、低丰度气田，开发此类油气田最有效的方法即为水力压裂，而压裂液性能则直接关系到压裂施工的成功与否。目前苏里格气田压裂气井深度大多超过 3000m，地层温度均在 100℃ 以上，苏里格气田气藏的前期评价及相关实验结果表明，苏里格气田储层主体表现为弱－中偏弱水敏，水基压裂液不会对气井产能造成较大影响。目前使用的压裂液稠化剂多为羟丙基胍胶，浓度约 0.55%，压裂液稠化剂浓度偏高，破胶后的残渣量多，严重堵塞油气渗流通道，影响人工裂缝的导流能力。

2）低浓度胍胶压裂液施工情况

（1）直井产量对比。将低浓度羟丙基胍胶压裂液配方及工艺设计应用于苏里格气田苏 E、苏 F 区块 4 口井，用低浓度羟丙基胍胶压裂液的直井和常规浓度羟丙基胍胶压裂液进行压裂施工的邻直井（苏 E-66 和苏 E-26 均为同区块同时期压裂规模相近的相邻直井），压裂后单井日均增产效果对比见图 5-7，产气量按压裂后的前 30 个有效生产日（完整生产 24h）的产量计算。由图 5-7 可见，使用低浓度羟丙基胍胶压裂液压裂的直井，产量普遍高于对比井。并经计算可知，其单井日均产气 $1.7568×10^4m^3$，与采用常规压裂工艺的邻井产气量 $1.4098×10^4m^3$ 相比，增产 25%，增产效果明显。

图 5-7　直井产气量对比图（据杨冠科和王成，2014）

（2）水平井产量对比由表 5-9 可知，应用低浓度羟丙基胍胶压裂液的水平井（苏 F-75H），与其他用常规浓度羟丙基胍胶压裂液施工的相邻水平井（苏 F-76H、苏 F-74H）对比，在用液量相当，胍胶用量减少的情况下，单井日均产气量几乎持平。证明低浓度羟丙基胍胶压裂液应用在水平井压裂中兼具经济性和实用性。

表 5-9　低浓度与常规浓度羟丙基胍胶压裂液水平井压裂数据对比（据杨冠科和王成，2014）

井号	水平段长度/m	改造段数	加砂量/m³	平均砂比/%	入地液量/m³	液氮量/m³	返排率/%	压裂后初期平均日产/10⁴m³
苏 F-75H	1200	8	386	20.6	3814	6	14.1	10.06
苏 F-76H	1200	8	420	19.2	3704	11.5	21.6	10.13
苏 F-74H	1200	8	420	20.6	3541	11.5	14.7	9.97

截至 2013 年 5 月 1 日，采用低浓度羟丙基胍胶压裂液进行压裂改造的苏 E-21、苏 E-20、苏 E-22 和苏 F-75H 井投产已近半年，累计产气 $2053 \times 10^4 \mathrm{m}^3$，产量稳定，未出现明显递减趋势。

综上所述，使用低浓度羟丙基胍胶压裂液进行压裂施工安全可靠，能有效实现储层改造，增产效果良好（杨冠科和王成，2014）。

5.2.4　泡沫压裂液

1. 泡沫压裂液概念、类型

1）泡沫压裂液概念

泡沫压裂液是在常规植物胶压裂液基础上混拌高浓度的液态 N_2 或 CO_2 等组成的以气相为内相、液相为外相的低伤害压裂液。泡沫压裂液的优点，特别适用低温、低压、水敏或水锁等敏感性强的油气井的压裂改造。展望泡沫压裂液在国内外的研究进展及应用现状，对解决低渗致密砂岩气藏低温低压气井压裂改造中的储层伤害问题具有重要的指导意义。

2）泡沫压裂液类型

泡沫压裂液在国内外的研究历程，分别将国外和国内泡沫压裂液的研究进展总结为水基泡沫压裂液、植物胶泡沫压裂液、交联泡沫压裂液、高稳泡性泡沫压裂液 4 个发展阶段和酸性交联 CO_2 泡沫压裂液研究与应用、有机硼（碱性）交联 N_2 泡沫压裂液研究与应用 2 个方面（谭明文等，2008）。

（1）CO_2 泡沫压裂液。CO_2 泡沫压裂液是由液态 CO_2、水冻胶和各种化学添加剂组成的液－液两项混合体系。在向井下注入过程，随温度的升高，达到 31℃ 临界温度后，液态 CO_2 开始气化，形成以 CO_2 为内相，含高分子聚合物的水基压裂液为外相的气液两相分散体系（周继东等，2004）。由于泡沫两相体系的出现，使液体黏度增加；同时，通过起泡剂和高分子聚合物的作用，大大增加了泡沫流体的稳定性。因此，CO_2 泡沫压裂液流体具备了压裂液的必要条件，并拥有了常规水基压裂液不能相比拟的多种优势。

（2）N_2 泡沫压裂液。氮气泡沫压裂液通常含有 50%～70% 氮气，其余为液体和表面活性剂组成。泡沫压裂液属于较为复杂的非牛顿液体，它的性质，流动行为和特征受到许多可变因素所控制（许卫等，2007）。

2. 泡沫压裂液主要特点

1）携砂、悬砂能力强

由于泡沫压裂液中气泡对支撑剂的托浮作用，使得泡沫压裂液具有较好的携砂和悬砂能力。支撑剂在泡沫压裂液中的沉降速度仅是它在水中或凝胶中沉降速度的 $1/10\sim1/100$，有时在泡沫压裂液中的沉降速度甚至为零。很容易将支撑剂携带到裂缝中的较远位置，有利于在裂缝顶部和底部之间形成均匀的支撑剂铺垫层而有效提高支撑裂缝的导流能力，配以合理的加砂程序设计，能使泡沫压裂施工的增产倍数比普通压裂大很多。

2）滤失很小，有利于造缝

泡沫压裂液体系中含有膨胀性气体（N_2 或 CO_2）进入地层后，一方面气泡可优先占据地层岩石的孔隙与喉道而降低压裂液水相的滤失；另一方面，泡沫压裂液中泡沫的质量比很高，使水相的比例显著降低，压裂液滤失量中可伤害地层的水相比例较少。

3）返排能力强，返排速度和返排率高

泡沫压裂施工结束后，随着压力的释放，地层裂缝中的泡沫压裂液气化引起气相体积膨胀，从而对压裂液施以向井筒的返顶力，这就提供了足够的助推能量使压裂液残液很快排出地层，其增能助排作用强；同时，由于泡沫密度小而静液柱压力低，压裂液返排速度大大加快，不需要抽汲或诱喷等助排工艺措施就能获得压裂液的快速和彻底返排。因此，泡沫压裂液的返排能力强，返排速度和返排率高，压裂液的返排时间明显比常规压裂液短，能使油气井迅速投产。

4）地层伤害小

泡沫压裂液与具有同样液量的常规压裂液相比，对地层的伤害小。由于泡沫压裂液的滤失量比常规压裂液低得多，因此通过裂缝面进入地层的量就少得多，对储层产生的伤害作用也小得多。同时泡沫压裂液增能助排性强，压后压裂液返排迅速彻底，返排率高，滞留地层的压液裂少，对储层的伤害小。

5）适合于低压、低渗、对液体敏感的油气层

泡沫压裂液由于液相本身少以及滤失量低和返排速度与返排率高，再加上加入的化学添加剂与地层的配伍性好，它进入地层一般不会发生水锁等严重伤害地层的情况，因此，泡沫压裂液特别适用于低压、低渗、强敏感性地层的加砂压裂改造。

3. 泡沫压裂液主要性能

1）泡沫的稳定性

从热力学角度看，泡沫的形成增大了表面积，体系的自由能增加，体系将自发地从自由能较高的状态向自由能低的状态转化；同时，泡沫中的液体由于重力作用及边界吸引作用而不断排液，再加上温度的表面蒸发作用，使液膜不断变薄，最终导致泡沫破灭。因此，泡沫流体是一种不稳定体系。泡沫稳定性是泡沫压裂液的基本特性。

提高泡沫稳定性的主要途径有：

（1）选用合适的起泡剂，降低液相表面张力，有利于泡沫的形成，并增加液膜的强度和弹性；

（2）利用多种表面活性剂的协同效应，添加稳泡助剂；提高液相黏度及采用交联技术，形成冻胶表层，增加液膜的粘弹特性，降低液膜的排液速率；

（3）提高泡沫质量，以便气泡相互接触而发生干扰，改变泡沫的几何形态，由球形变为六边形，边界夹角达到120°，此时压差最小，排液速率减弱，有利泡沫稳定；

（4）通过高压、高速混合气液两相，形成大小均匀、结构细微的泡沫，减少排液速率，延长半衰期；

（5）随着温度的增加，表面张力升高，液相黏度降低，需要提高液相的耐温性能和起泡剂浓度。

2）耐温耐剪切性能

使用布氏黏度计，将压裂液搅拌起泡，从30℃开始实验，在每一个温度条件下，剪切速率为零开始不断增加，直到200s^{-1}，测量每一个剪切速率下泡沫的黏度，这一温度条件下实验结束后，增加实验温度，待压裂液温度恒定后继续下一组实验，最终得到不同温度，不同剪切速率条件下的黏温曲线如图5-8和图5-9所示。

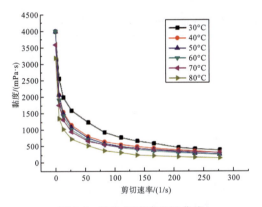 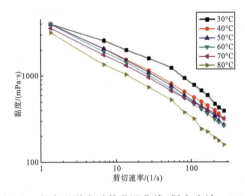

图 5-8　泡沫压裂液黏温曲线　　　图 5-9　泡沫压裂液对数黏温曲线（据安志波，2013）

从图中能够看出，泡沫压裂液体系是一种剪切变稀流体，随着转速的增加黏度不断降低，并且在剪切初期降低很快，随后降低较慢，压裂液体系随着温度的增加黏度不断降低，在不同温度下黏度降低趋势大体相同，都是初始降低较快，随后降低较慢，当实验温度达到80℃，170s^{-1}时，还有很高的黏度，达到178mPa·s，对其双对数并作图，剪切速率和黏度大体呈直线关系，在低剪切速率条件下直线关系更明显，一般认为泡沫压裂液体系满足幂律流变模型。

3）泡沫的携砂能力

泡沫流体的携砂能力除常规水基压裂液粘弹性作用，阻止支撑剂固相颗粒的沉降外，更重要是由于泡沫的微小颗粒结构，将支撑剂颗粒包裹、承托、夹持，随泡沫流体在压裂过程中运移输送到特定位置。只有当支撑支撑剂的气泡发生严重变形或泡沫稳定性极差时，在泡沫之间形成一条通道时，支撑剂才会发生下沉。当泡沫流体具有足够的泡沫存在，液相黏弹性保持较高时，支撑剂便不会发生沉降。

图 5-10　陶粒在泡沫压裂液体系中的悬浮（据安志波，2013）

表 5-10　泡沫压裂液体系携砂能力（据安志波，2013）

泡沫质量	实验温度/℃	沉降速率/(cm/s)
47%	常温(25℃)	0.0132
	60℃	0.0159
60%	常温(25℃)	0.0083
	60℃	0.0095
水基压裂液	常温(25℃)	0.0203
清水	常温(25℃)	9.43

支撑剂在泡沫中的沉降速率仅是常规水基压裂液的 $1\%\sim10\%$。

图 5-11　陶粒在水基压裂液和泡沫压裂液中的分布状态（砂比 500g/m³）（据安志波，2013）

从图 5-11 中可以看出泡沫压裂液具有很好的携砂能力，泡沫都能很好将陶粒进行悬浮，能够较好满足较大砂比的施工需求。

4）滤失特性

泡沫流体具有良好的降滤失性能，在相同条件下，滤失系数小于常规水基压裂液。这是由于泡沫气液两相结构和气液之间的界面张力作用的结果。当泡沫流体进入微细孔隙时，需要大量的能量克服界面张力和气泡的变形，同时细微结构的泡沫在微细孔隙中，由于毛细管力的叠加效应，进一步阻止了液体的滤失。在低渗透地层中，泡沫流体的滤失系数比常规水基压裂液低两倍，而在高渗透率的地层中，泡沫效率降低，与常规压裂液基本一致。增加泡沫流体液相黏度，可进一步改善泡沫流体的造壁性能，滤失系数将大大降低。

在 35℃ 的实验条件下，对常规压裂液和泡沫压裂液进行了滤失系数对比研究，实验测定了不同时间下压裂液的滤失量，如图 5-12 和图 5-13。

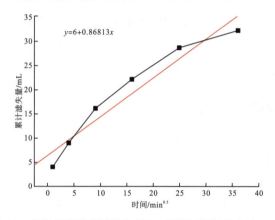

图 5-12　常规压裂液累计滤失量与时间关系（据安志波，2013）

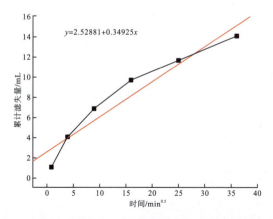

图 5-13　泡沫压裂液累计滤失量与时间关系（据安志波，2013）

5）破胶性能测定

泡沫压裂液黏度很大，携带支撑剂进入地层到指定位置，如果黏度不降低会严重影响压裂液的返排，也会对地层造成很大的伤害。

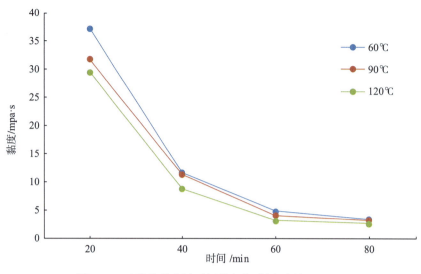

图 5-14　破胶液黏度随时间的变化(据安志波，2013)

　　如图 5-14 泡沫压裂液在 90min 后即破胶彻底，最终破胶液黏度很低，有利于压裂液的返排。泡沫压裂液破胶方面的性能能满足要求(安志波，2013)。

4. 泡沫压裂液应用实例

1)CO_2泡沫压裂液

(1)区块地质特点。新场气田上沙溪庙组气藏属中孔、低渗孔隙性储层，孔隙喉道小，水敏性较强。在新场构造联 115 井组试验 2 口井，该井组位于新场构造 T_2 反射层构造轴部东南倾末端，属于上沙溪庙组气藏(J_2s)，该构造较好部位有利于天然气富集成藏。埋深位于 2400m 左右，岩性为浅绿灰色/褐灰色细－中粒岩屑砂岩，属孔隙性储层；孔隙度 13%～13.5%，含水饱和度 33%～36%，渗透率 0.16×10^{-3}～1.3×10^{-3} μm^2，属含气性明显的中孔、中等含水饱和度、低渗孔隙性气层；储层原始压力系数 1.8，目前储层压力约 40MPa；储层温度约 70℃。

(2)CO_2泡沫压裂液施工情况。2008 年 1 月对联 115-3 井 J_2s(2429.98～2461.98m)井段和 115-2 井 J_2s(2395.18～2405.18m)井段分别实施了 CO_2泡沫加砂压裂施工。

表 5-11　泡沫压裂液与常规压裂施工参数和改造效果对比分析(据宋洪涛等，2009)

井号	层位	井段 /m	压裂类型	加砂量 /m³	砂比 /%	返排率 /%	压后产量 /(10⁴m³/d)
联 115-3	J_2s	2429.98～2461.98	CO_2压裂	40.0	22.5	69.65	12.2388
联 115-2	J_2s	2395.18～2405.18	CO_2压裂	32.6	18.6	91.90	2.4732
联 115-4	J_2s	2558.97～2574.97	常规压裂	50.0	24.3	39.91	7.6529
联 115-1	J_2s	2553.00～2563.00	常规压裂	53.0	24.9	31.10	5.6734
		2645.00～2653.00		22.5	17.2		

井号	层位	井段/m	压裂类型	加砂量/m³	砂比/%	返排率/%	压后产量/(10^4m³/d)
联 115	J_2s	2501.99~2512.99	常规压裂	56.5	18.5	32.30	4.0239
		2576.99~2581.99		14.7	18.5		
		2639.99~2645.99		19.1	20.3		

CO_2 泡沫压裂在川西新场气田上沙溪庙组低渗致密气藏已试验 2 口井，并从压后返排情况和增产效果两方面与同井场的 3 口井进行了对比分析(见表 5-11)。总体上看，CO_2 泡沫压裂大大提高了压裂破胶液的返排率，压裂增产效果也较为理想(宋洪涛等，2009)。

2)N_2 泡沫压裂液

(1)区块地质特点。大牛地气田位于鄂尔多斯盆地伊陕斜坡东北部，其储层温度 80~90℃，埋深大约为 2500~2900m，属于中温、中深储层。该地区气田上古生界为碎屑砂岩储层，以中孔细喉为主，裂缝不发育，黏土矿物以伊利石、高岭石和绿泥石为主，孔隙度和渗透率低。储层具有"三低两高"特征：低压、低渗、低孔，有效应力高、基块毛管压力高。

(2)N_2 泡沫压裂液施工情况。现场应用表明，该压裂液具有低伤害、携砂性能强、低摩阻、低滤失、高效率、快速破胶保护储层的特点，既可以满足常规压裂的要求又可以满足大型压裂对压裂液的高要求。鄂北气井压裂液平均返排率为 70%，表明采用液氮全程伴注提高了返排能力，压裂液返排快，返排率高，降低对储层的二次伤害；在储层物性基本相同的情况下，试验井的无阻流量与其他井相比有显著提高。

5.2.5　酸液体系

1. 多氢酸酸液体系

1)多氢酸体系概念

利用膦酸酯类化合物替代盐酸来水解氟盐生成活性 HF，这些膦酸酯类化合物可以在不同的化学计量条件下通过多级电离释放出多个氧离子，因此将其称为"多氢酸"(Di Lullo and Rae P，1999)。

2)多氢酸体系主要特点

(1)具有很好的缓速性，多氢酸与地层开始反应时，由于化学吸附作用，在黏土表面形成硅酸铝膜的隔层，这个薄层将阻止黏土与 HF 酸的反应，减小黏土溶解度，并且防止了地层基质被溶解，特别是在反应初期，其反应速度约是其他酸液的 30% 左右；

(2)具有极强的吸附能力，能催化 HF 酸与石英的反应。尽管反应速度比土酸慢，但随时间的增加，石英的溶解度将增大，比土酸的溶解度要高 50% 左右；

(3)具有较好的分散性和防垢性能，并且具有亚化学计量螯合特性，能较好地延缓/抑制近井地带沉淀物的生成，有利于提高注水井酸化有效期和油井产能。酸岩反应环境中，其对硅酸盐沉淀的控制能力明显优于常规土酸、缓速土酸等；

（4）防止地层坍塌，多氢酸酸液体系特别适用于胶结物松散、结构疏松的砂岩储层。因为多氢酸可以避免氢氟酸过快地与黏土反应，从而避免酸液对作为岩石胶结物的溶蚀，不会造成岩石的松散和垮塌；

（5）能保持或恢复地层的润湿性（李年银等，2009）。

3）多氢酸体系主要性能

（1）溶蚀性能：

a. 多氢酸与石英的溶蚀反应

采用土酸、多氢酸、氟硼酸在常压和 70℃ 条件下与二氧化硅粉末反应，实验结果如图 5-15 所示。多氢酸对石英的溶蚀率从反应开始就一直高于土酸和氟硼酸，反应 120min后，土酸的最终溶蚀率为 8.35%、氟硼酸为 0.50%、多氢酸体系为 14.78%。多氢酸的这一特性可使其更多地溶解岩石基质，增大储层渗透率（李年银等，2009）。

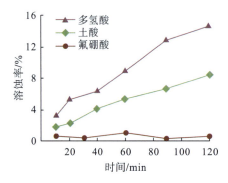

图 5-15　酸液对石英的溶蚀率曲线图
（据李年银等，2009）

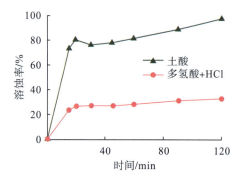

图 5-16　两种酸液对黏土的溶蚀曲线
（据李年银等，2009）

b. 多氢酸与黏土的溶蚀反应

采用 3%HF 的常规土酸及具有一定含量的多氢酸体系分别与黏土反应，实验温度 70℃，实验结果如图 5-16 所示（李年银等，2009）。

结果表明：体系与黏土的反应速度较土酸慢，溶蚀率较低。这是由于多氢酸在黏土矿物表面形成一层"薄层"，抑制了酸液体系与黏土的反应速度。

（2）黏土稳定性能。未加黏土稳定剂条件下：土酸与岩芯反应后的残酸，搅动后呈浑浊状，但几分钟后悬浮在液体中的岩粉很快沉淀下来，上部液体呈透明状。多氢酸与岩芯反应后的残酸，搅动后与土酸残酸一样呈浑浊状但这种状态能保持很长时间，在 3~4h后，上部液体才逐渐呈透明状；可见复合缓速酸有很好的分散和悬浮能力。因此多氢酸是很好的黏土分散稳定剂。

（3）分散和防垢性能。实验中配制了 4 种溶液：（a）多氢酸（加碱调至中性）＋$CaCl_2$＋$NaHCO_3$，80℃ 加热 2h；（b）多氢酸＋$CaCl_2$＋$NaHCO_3$；（c）$CaCl_2$＋$NaHCO_3$，80℃ 加热 2h；（d）$CaCl_2$＋$NaHCO_3$。通过多氢酸对 $CaCO_3$ 静态阻垢实验来看多氢酸的阻垢和分散性能（李年银等，2009）（图 5-17）。

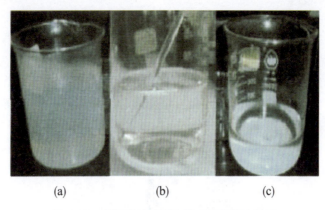

(a)　　　　　　　　(b)　　　　　　　　(c)

图 5-17　多氢酸对 $CaCO_3$ 静态阻垢实验结果

从图 5-17 可看出，溶液(b)是澄清透明溶液。说明多氢酸螯合 Ca^{2+} 后在酸性条件下不形成沉淀，多氢酸酸液体系具有很好的阻垢性能；到中性后溶液不再透明但不分层，可见多氢酸还具有一定的分散能力。

取一定量(a)、(c)、(d)溶液加入钙红指示剂观察溶液颜色(图 5-18)，由 3 种溶液颜色可看出，溶液(c)和(d)中都有 Ca^{2+}，溶液(a)中没有，说明多氢酸对金属离子具有较好的螯合能力，从而能有效抑制氟硅酸盐沉淀。

(a)　　　　　　　　(b)　　　　　　　　(c)

图 5-18　多氢酸螯合性能实验

4)应用实例

(1)地质概况。渤中 25-1 南油田构造复杂，具有埋藏浅幅度低，规模大等特点。储层岩性为长石砂岩，石英平均含量为 50.6%，长石平均含量为 38.9%，填屑物主要为水云母、泥质及结晶高岭土。油藏压力系数 0.998~1.009，油藏温度 60~75℃。平均孔隙度为 30%，平均渗透率 1.750μm²，为高孔、高渗储层。渤中 E11 井投产以来，产量一直较低，因此采用多氢酸对其进行增产(李年银等，2009)。

(2)多氢酸体系施工情况。2005 年 5 月 28 日，按照酸化设计，对 E11 井进行酸化处理。5 月 28 日 8:30~9:45 作业队正循环洗井，返排中有液返出，9:55~10:35 连接注酸管线试压至 2500psi，5min 稳压不降，试压合格。10:40~11:26 作业队通过高压注酸管线正替清洗液，正挤清洗液，11:27 完井中心酸化队开始注酸，13:26 结束。14

：15 启泵排酸，至 23：14 井口开始有残酸返出（郭文英等，2006）。

（3）多氢酸体系施工效果评价。采用多氢酸体系酸化后，该井产油量和产液量都有显著的上升，含水率稳步下降（如图 5-19 所示）。酸化之前的平均产液量为 35.85m³/d，酸化处理之后的平均产液量上升到 74.80m³/d；产液量提高了 110.23%。产油量也从酸化之前的 24.6m³/d 上升到 57.19m³/d，上升幅度达到 132.48%（李年银等，2009）。

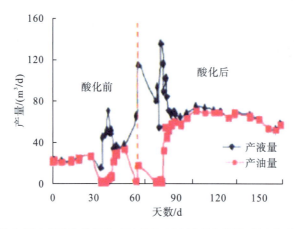

图 5-19　渤中 E11 井酸化前后的产油量和产液量变化曲线（据李年银等，2009）

2. 清洁酸酸液体系

1）清洁酸体系概念

清洁酸是在酸液中直接加入强酸基表面活性剂稠化剂形成。由于酸液中强质子介质使强酸基表面活性剂分子相互缠织在一起的蠕虫状胶束，在酸液中产生黏度形成清洁酸液体系。

2）清洁酸体系主要特点

（1）VES 为低分子粘弹性表面活性剂，无残渣，不形成滤饼，对地层污染小。

（2）具有良好的降滤失特性，能大幅度增加酸蚀裂缝长度。

（3）可自动改变黏度将活性酸分流给低渗透的处理层，从而实现了非均质储层的均匀布酸，达到了储层均匀酸化的目的。

（4）摩阻低，仅为水的 30%～40%，在井深较大时也能够大排量施工。

（5）不需破胶剂（遇油或水破胶）且破胶彻底，残液极易返排。

（6）与盐酸、土酸、多氢酸等酸液体系配伍性好，可用于碳酸盐岩和砂岩储层酸压。

3）清洁酸主要性能

（1）破胶性能。由于清洁交联的残酸凝胶是由表面活性剂的胶束形成，当残酸凝胶接触到地层中的烃类物质（如原油或天然气），将改变液体的带电环境破坏胶束，使胶束从杆状变成球状，从而失去黏性，无需外加任何破胶剂便会彻底破胶。图 5-20 为清洁酸浓度为 5%、10%、20%、50%时，清洁酸黏度随时间的变化图。

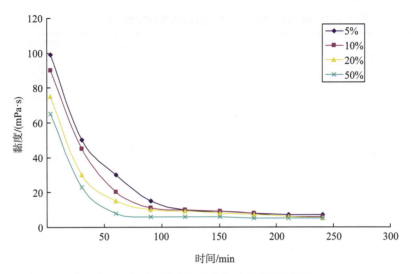

图 5-20　不同清洁酸浓度下破胶性能曲线

由图 5-20 可知，清洁酸浓度开始时随时间增加急剧下降，且黏度很低，之后趋于平稳。这说明清洁酸具有很好的自破胶能力。

(2)滤失性。在 80℃下，清洁酸与凝胶酸对不同渗透率的岩心的滤失性进行分析。滤失分析结果如下：

表 5-12　酸液滤失性能对比

酸液类型	注酸前岩心渗透率 /μm²	酸液滤失系数/（m/min^{1/2}）	
		初滤失	终滤失
清洁酸	0.0157×10^3	3.46×10^{-4}	2.01×10^{-4}
清洁酸	0.6325×10^3	1.04×10^{-4}	2.35×10^{-4}
胶凝酸	0.2862×10^3	1.40×10^{-4}	3.24×10^{-4}

在 80℃下清洁酸酸液体系的滤失系数是胶凝酸的 25.7% 左右。如果考虑岩心的基础渗透率对滤失系数的影响，清洁酸酸液体系的降滤失系数将比胶凝酸减少更多，可达到 50% 左右。

(3)伤害性能。将清洁酸的破胶液与稠化酸的破胶液、胍胶压裂液的破胶液对岩心的伤害率进行对比，温度设为 30℃，反应时间为 2h。对比结果如表 5-13。

实验结果表明，清洁酸酸液体系对地层的伤害性明显小于其他酸液。

(4)缓速性能。将多氢酸与胶凝酸在 40℃、60℃、80℃条件下，与岩石进行反应，下图为多氢酸与胶凝酸在不同温度下的反应速度对比图。

实验说明清洁酸酸液体系具有良好的缓速性能。其缓速机理有两个方面，其一，酸与岩石反应，随着酸的消耗，黏度不断增加，在酸蚀的孔、缝、洞表面形成高黏凝胶，束缚 H^+ 的运移速度，减缓了酸液中 H^+ 向已反应的岩石表面扩散。其二，VES 黏弹性表面活性剂在岩石表面吸附成膜，故减少 H^+ 与岩石面的接触机率。

表 5-13　不同酸液对岩心的伤害实验对比

岩心编号	温度 /℃	岩心伤害前渗透率 /(×10⁻³μm²)	破胶液 类型	伤害时间 /h	压力 /MPa	岩心伤害后渗透率 /(×10⁻³μm²)	伤害率 /%
1	30	51.47	清洁酸	2	8	51.09	0.73
2	30	38.98				38.37	1.57
3	30	27.42				26.65	2.82
4	30	0.147				0.138	6.1
5	30	0.253				0.240	5.1
6	30	0.245	稠化酸			0.206	15.9
7	30	0.271				0.236	13.0
8	30	0.301	胍胶压 裂液			0.211	30.0
9	30	0.196				0.127	35.2

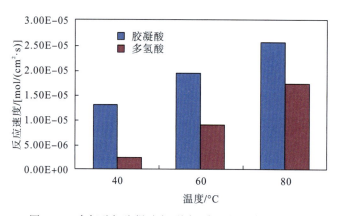

图 5-21　多氢酸与胶凝酸在不同温度下的反应速度对比

4) 清洁酸应用实例

(1) 地质概况。华北油田某区目标地层中均含有 7% 左右的碳酸盐成分；此外地层中含有 50%~65% 的石英成分；黏土矿物以高岭石和伊利石为主，含量均超过了 3%~6%。在黏土矿物含量相对较高的地层，氢氟酸溶解二氧化硅和铝硅化合物成为了抑制黏土膨胀和运移关键，由于清洁酸液体与氢氟酸具有很好的配伍性，所以针对该区采用盐酸和氢氟酸的混合酸。

(2) 清洁酸施工情况。02 井在 2009 年 10 月 23 日进行清洁酸液体携砂酸压施工，采用环空注入对该井阿尔善组 47 层进行压裂，油管与井口连接处采用内加厚接箍内通径为 45mm(施工流程如图 5-22)。其破裂压力达到了 29MPa，停泵压力为 17MPa，最高排量为 4.9m³/min，入地总液量为 327.35m³，支撑剂总量达到了 36.19m³，砂比为 23.53%。

施工完毕关井一段时间后排液，入井的各类液体总量 327.35m³，累计产油 45.57m³，累计排水 110.16m³，扣除掏空井容 15.29m³，排出压裂液 94.87m³，返排率 30.4%(如图 5-23)。

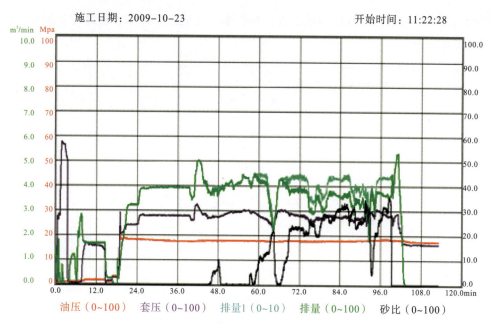

图 5-22　02 井清洁酸酸压施工曲线图

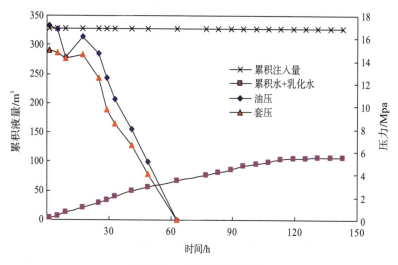

图 5-23　02 井排液曲线图

(3)清洁酸施工效果评价。02 井于 10 月 15 日定产选值抽 2 次空 1 次，抽深 1620m，动液面 1520m，产油 0.27m³，折日产油 0.81m³。累计产油 0.69m³，累计排水 0.65m³，不足井容，定为低产油层。经清洁酸液体酸压改造后于 10 月 28 日～10 月 29 日定产选值，日抽 48 次，抽深 1590m，动液面 1390m，日产油 20.95m³，已扣气泡 10%，含水 10%，乳化水 2.34m³。

由上述数据可以得知，清洁酸液体酸压改造对于低产油层能较大幅度提高产油量，又一次验证了该施工工艺在此类差油层的成功应用。由图 5-24 看出，残酸浓度在日产油量大幅上升的同时大幅下降，说明地层残酸伴随油不断被返排出地层，进一步降低了对储层的伤害。同时清洁酸液体的低伤害、高效率的改造作用对储层裂缝的延展及扩张起到了重要作用。

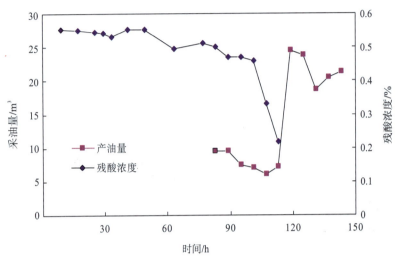

图 5-24　日产油量和残酸浓度关系图

5.3　致密砂岩气藏气体压裂技术

5.3.1　泡沫压裂技术

1. 泡沫压裂技术概念

1）CO_2 泡沫压裂技术概念

（1）CO_2 泡沫压裂工艺技术。CO_2 泡沫压裂技术是针对低渗透油气田压裂效果逐年下降，常规水基压裂返排率低等问题而开发的新压裂工艺。其技术关键是用 CO_2 泡沫液体代替普通的水基压裂液，即采用以 CO_2 为内相，压裂基液水为外相，加入相应添加剂形成泡沫液体，并结合水力压裂工艺，达到改造油层的目的。

（2）N_2 泡沫压裂工艺技术。N_2 泡沫压裂工艺技术可以分为液氮拌注压裂和泡沫压裂两种工艺。前者一般在压裂施工的全程或后期拌注液氮，其 N_2 的质量比一般小于 52%；后者是在前置液和携砂液中混入液氮，在井口或井底形成均匀稳定的泡沫压裂液，利用泡沫的结构悬浮和承托支撑剂，达到输送支撑剂的目的，其 N_2 的质量比一般都大 52%。

2. 泡沫压裂技术主要特点

1）CO_2 泡沫压裂特点

（1）泡沫由气液两相组成，由于它独特的结构，具有静液柱压头低、滤失量小、携砂性能好、对地层伤害小等良好特性。

（2）CO_2 与水反应生成碳酸使体系的 pH 降低，减少了对地层的伤害，也降低了压裂液的表面张力，有助于压后返排。

(3)压裂液返排速度快，排出程度高。由于泡沫液静水柱压力低和井口压力释放后泡沫中的气体膨胀，可大大地提高排液(效率)。

(4)液体含量低，对地层伤害小。特别是对黏土含量高的水敏地层可减少黏土膨胀。

2)N_2泡沫压裂特点

(1)与常规水基压裂液相比，只有固体支撑剂和少量无聚合物压裂液进入储层，减少了外来流体对储层的伤害。

(2)泡沫压裂液可在裂缝壁面形成阻挡层，从而大大降低压裂液向地层内滤失的速度，减少滤失量，减轻压裂液对地层的伤害。

(3)泡沫压裂液携砂性能高，可以高砂比施工，从而提高裂缝铺砂浓度。

(4)返排效果好。表现在两个方面：一是，由于泡沫密度低，井筒液柱压力低，对储层产生的回压也大大降低，有利于压裂液排出井筒；二是，流动过程中泡沫里气体发生膨胀，会产生一定能量，加速压裂液的返排(刘长延，2011)。

3. 泡沫压裂技术工艺方案

1)CO_2泡沫压裂技术工艺

CO_2泡沫压裂施工包括：压裂液部分、支撑剂部分、CO_2与泵注部分、压裂施工泵注与测试部分、井口与管柱部分。可见，CO_2泡沫压裂施工与常规水力压裂相比，增加了CO_2罐、泵注与测试系统，同时，由于流体特性，也大大增加了施工的难度。典型的CO_2泡沫压裂施工工艺应包括以下几部分：

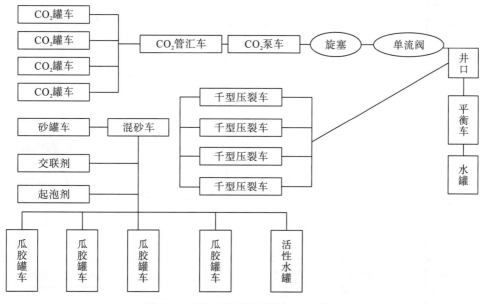

图 5-25 CO_2泡沫压裂现场施工示意图

（1）压裂液高分子聚合物水溶液的制备，其中包括稠化剂、杀菌剂、黏土稳定剂、起泡剂、交联剂和破胶剂等；

（2）小型压裂测试与进一步完善单井设计；

（3）压裂施工：包括前置液、携砂液和顶替液三个阶段，其中前置液泡沫质量较高，而携砂液由支撑剂的加入，CO_2排量逐渐降低，保持恒定内相；

（4）压后排液与测试。

2）N_2泡沫压裂技术工艺

N_2泡沫压裂液的工艺原理系指液氮被高压注入地层之后，被携砂液和顶替液沿裂缝推入地层深部，N_2在地层温度作用下气化形成泡沫，一方面泡沫优先占据岩石孔隙，降低压裂液水相在地层中的滤失量，进而降低压裂液水相对地层的伤害；另一方面，压裂施工结束放喷排液时，由于井底压力降低，受压缩的N_2迅速膨胀，推着压裂液进入井筒，达到气液两相混合，从而降低了井筒液柱压力，使压裂液连同N_2一起喷出井口，达到助排而提高压裂液返排速度和返排率的目的，进而降低压裂液滞留地层给储层带来的伤害。

氮气泡沫压裂设备及配套设施如下：①液氮泵车；②液氮罐车；③管汇车；④主压车；⑤混砂车；⑥水泥车；⑦仪表车；⑧水罐车；⑨液罐（一般为 $40\sim50m^3$）；⑩其他设备（救护车等）。

清洁氮气泡沫压裂施工流程图如图 5-26 所示（李荆，2010）。

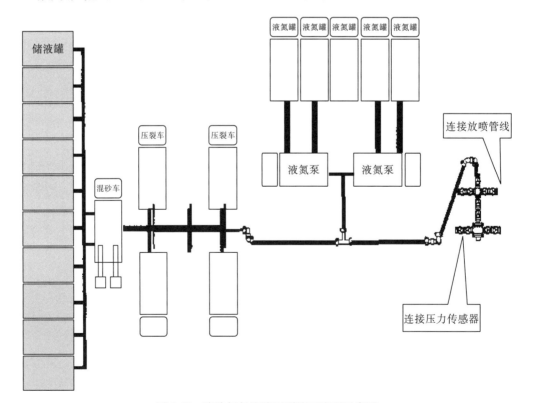

图 5-26　清洁氮气泡沫压裂施工流程示意图

4. 泡沫压裂技术应用实例

1）CO_2泡沫压裂在长庆油田的应用分析

长庆进行 CO_2泡沫压裂的储层的主要特征为低渗、低压储层，渗透率为 $0.1×10^{-3}$～$2×10^{-3}\mu m^2$，中－弱水敏，水锁性强，并且非均质性强，垂向和水平方向上物性差异大。此外，压力系数低，压后返排困难。因此，长期以来勘探工作没有得到突破。2000 年 CO_2泡沫压裂技术的应用，彻底解决了气层改造过程中气藏保护问题。

表 5-14 2000 年长庆气田天然气井 CO_2压裂试验施工及求产数据

| 井号 | 层位 | 排量/(m³/min) | 支撑剂量/m³ | 砂比/% | | CO_2量/m³ | 胨胶/m³ | 无阻流量/(10⁴m³/d) |
				冻胶	混合			
陕 28	盒 8	2.553	17.4	41.8	19.0	81.55	87.0	56.2247
陕 156	盒 8	2.795	21.4	39.3	20.83	89.81	120.7	4.1894
G34-12	山西 2	2.77	24.0	42.98	25.96	70.0	98.74	产水 46 / 产气 97.5
苏 6	山西 1	2.515	18.85	38.4	22.8	70.6	76.4	4.1052
陕 11	盒 8	2.833	28.0	39.7	22.6	94.0	85.26	待求产
苏 6	盒 8	3.1	16.37	38.5	21.9	80.2	103.8	120.1
陕 217	山西 2	2.842	28.0	40.9	24.7	80.08	116.38	15.3993

由此可见，采用 CO_2泡沫压裂后，改造有效率明显提高。2000 年 CO_2泡沫压裂技术的应用，彻底解决了气层改造过程中气藏保护问题，从而促进了该区块勘探工作。全年施工 16 口井，其平均增产效果是常规水力压裂的 2～4 倍。如在气井施工的第一口陕 28 井经过 CO_2泡沫压裂后，日产气量由 $3.3×10^4 m^3$ 提高到 $56×10^4 m^3$，获高产工业气流（该井区 32 口探井压后平均无阻流量为 $13.64×10^4 m^3/d$）；2000 年下半年压苏 6 井盒 8 层，单井日产气量达 $120×10^4 m^3$，获得该区块工业气流最高，取得了可喜的成果见表 5-14，CO_2压裂技术的应用，为该地区气田勘探开发提供了强有力的技术支持（邱峰，2009）。

2）N_2泡沫压裂的应用分析

文 23-18 井位于东濮凹陷中央隆起带文留构造文 23 气田主块，生产层位为沙四 5-6，由于产能低，本次在沙四 3-4 砂组补孔进行压裂改造，压裂井段为 2823.3～2852.8m，地层温度为 108℃。

文 23-18 井于 2009 年 9 月 4 日进行清洁氮气泡沫压裂施工。泵注前置液 90m³ 时，携砂液 110m³，总液量为 235.9m³，平均砂比 31.8%，破裂压力 31.8MPa，加砂压力 31.5MPa，排量 3.7m³/min，停泵压力 6.8MPa。

5.3.2　其他气体压裂技术

1. 高能气体压裂技术

1)高能气体压裂技术概念

高能气体压裂(HEGF)是在爆炸压裂和聚能射孔的基础上发展起来的一种利用火药或火箭推进剂在井筒中高速燃烧产生大量的高温高压气体来压裂油气层的增产增注技术(石崇兵和李佳乐,2000)。高能气体压裂技术是一项针对致密地层、物性差的油田进行增产、增注的工艺手段,是解决油层伤害问题的一种有效方法,对于各种类型的油层污染、堵塞均具有良好的解堵、增注作用。

2)高能气体压裂技术作用及特点

其主要技术作用为:

(1)机械作用(生成裂缝)。高能气体压裂一般能形成3~5条,径向长3~5m、高度为装药段长的1.2~1.4倍、不受地应力控制的多裂缝体系,裂缝可自行支撑,可解除钻井、完井、作业及正常生产过程中造成的近井地带的污染和堵塞,对中低渗透油层亦能起到一定的改造作用。

(2)脉冲冲击波作用。在高能气体压裂的动态过程中,压力的变化是脉冲式的逐渐衰减过程,形成的高压把井筒内液柱举升10~25m;压力降低后回落,在井筒附近形成较强的水力冲击波,对油层的机械杂质堵塞起到一定的解堵作用。

(3)热效应。爆压时火药燃烧时释放出大量热量,一般能达到600~800℃,在绝热条件下使气体温度达千度以上,而且相对集中,这些热量可溶解近井地带的蜡质和沥青质,解除油层孔道的堵塞,改善地层流体的物性和流态,加快原油向井底的流动速度,提高储层的驱油效率。

(4)化学作用。火药燃烧后产生一定量的 CO_2、CO、N_2、NO 及 HCl 气体。NO 及 HCl 溶于水生成腐蚀性较强的酸液,对油层能起到一定程度的酸化解堵作用(刘丹婷等,2009)。

其特点主要表现为:

(1)设备投入少,施工简单,不必加砂支撑,不受场地限制,作业时间短、费用低,经济效益高;

(2)增产机理独特,可形成3~5条不受地应力限制、以井筒为中心的径向裂缝;

(3)适用范围广,既可用来解除油层近井带的污染,又可在一定程度上改造中低渗透层,而且能适应层多且较分散井的多层压裂;

(4)高能气体压裂可用于解堵,其效果不受堵塞机理的影响;

(5)推进剂燃烧产生的 CO_2 气体不会污染地层,对水敏性、酸敏性或盐敏性地层均适用;

(6)压裂后不需排液等措施,有利于环境保护(薄其众等,2009);

3)高能气体压裂技术工艺

目前国内高能气体压裂作业方式有电缆输送和油管输送两种方式。

(1)电缆输送。该施工工艺是用射孔或测井电缆车将压裂弹传输至目的层,利用液注压挡,地面通电引燃弹体,该施工工艺适用于深裸眼井及套管井,具有动用设备少、施工周期短、安全可靠等优点。施工程序如下:①起出施工井内的管柱,配管柱通洗井,保持井内液面至井口;②电缆车下压裂弹至设计井深;③校深无误后,地面通电点火;④引 30min 左右燃后开始起出电缆,同时检测井口有毒有害气体;⑤采用与压前相同的工作制度生产或试油。

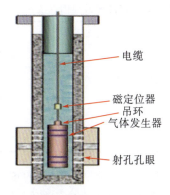

图 5-27　电缆传输高能气体压裂结构示意图

(2)油管输送。该施工工艺是用油管将压裂弹、撞击式起爆器输送至设计井深,在井口向井内投掷击棒,撞击点火器引燃弹体。该工艺具有施工简单可靠、安全性高等特点。其施工程序如下:①起出施工井内的管柱,配管柱通洗井,保持井内液面至井口;②油管输送压裂弹至设计压裂层位,管柱结构自下而上依次为:压裂弹-撞击起爆器-油管短接-油管-井口;③检查无误后,由井口向油管内投撞击棒,一般 3~5min 左右引爆;④引燃后 30min 左右开始起出油管,同时检测井口有毒有害气体;⑤按施工前的工作制度生产或试油(潘祖跃和李建科等,2012)。

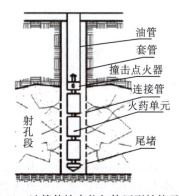

图 5-28　油管传输高能气体压裂结构示意图

4)高能气体压裂技术应用实例

高能气体压裂技术已在宝浪油田 12 口井上进行了现场实验施工，其工艺一次成功率为 100％，有效率 85％，增产幅度 1～3 倍，有效期 3 个月左右。其中注水井实施该技术压裂后比解堵增注平均 30％以上，油井解堵效果平均 12％。得到普遍认可。

宝浪油田很多井因井龄较长、重复补孔较多等因素，一些因堵塞污染产量递减严重的井已不适合补孔。实践证明，采用高能气体压裂技术对老井解除近井地带污染堵塞、油层进行改造，效果明显见表 5-15。

表 5-15　部分井产液量和产油量效果情况统计表（据王化伟，2014）

井号	措施前		措施后		效果		
	产液/(t/d)	产油/(t/d)	产液/(t/d)	产油/(t/d)	增液/(t/d)	增油/(t/d)	累增油/t
图 4310	0.8	0.8	4.1	4.1	3.3	3.3	133.6
宝 1311	0.5	0.1	18.9	0.5	18.4	0.4	63.0
宝 2547	1.3	1.3	3.7	2.9	2.4	1.6	114.7
宝 2316	1.5	0.4	3.5	3.5	2.0	3.1	400.0

高能气体压裂与水力压裂联作，作为水力压裂前的预处理，能有效降低水力压裂岩石初始破裂压力，同时因形成不受地层最小主应力控制的微裂缝在水力压裂作用下得到进一步延伸，增大了近井地带的渗流面积，对提高产量起到积极作用。宝 2329 井进行酸化压裂时，当时井口压力达到 60MPa 还是没能压开地层，而在其同区块相邻的同层位的宝 2713 井经采用该技术预处理后，只打压到 49MPa 就已经压开地层，酸液进入地层。这充分说明高能气体压裂与酸化压裂联作的有效性。高能气体压裂应用于注水井的生产改造，通过机械造缝、解除堵塞、清洁孔眼、水力振荡以及高温和化学作用，能有效降低注水压力，达到配注要求（王化伟，2014）。

表 5-16　部分井降压增注效果情况统计表（据王化伟，2014）

井号	措施前			措施后			效果	
	配注量/m³	实注量/m³	注水压力/MPa	配注量/m³	实注量/m³	注水压力/MPa	压降/MPa	增注量/m³
宝 2216	30.0	8.0	31.0	40.0	35.0	25.0	6.0	27.0
宝 1224	30.0	10.0	31.5	30.0	27.0	31.5	0.0	17.0

2. 复合压裂技术

1)复合压裂技术概念

复合压裂技术是高能气体压裂技术和水力压裂技术的创造性结合。它是在高能气体压裂作用于近井地带进而产生多条短缝之后，通过水力压裂将裂缝延伸，得到足够长的有支撑剂的裂缝。从而增大有效导流面积，达到增产增注的目的。

2)复合压裂技术特点

(1)造缝能力强。高能气体压裂可形成多条不受地应力约束的裂缝。这位其后进行的水力压裂技术提供了更大范围有力通道。

（2）增产机理多元化。由于复合压裂技术集结了高能气体压裂与水力压裂两种技术的共同优点。因而其增产机理不仅是单一的由于裂缝来提高导流能力，同时还因产生的高温高压弱酸性气体的酸化作用、机械振荡的脉冲物理作用等更进一步提高储层渗透能力。

（3）施工复杂性增幅少、经济效益高。复合压裂虽比单纯的水力压裂施工较复杂，但所增加的高能气体压裂其本身工艺以十分成熟，属于成本较低、措施简便的一种增产技术，应用非常广泛。并且并不需要在水力压裂施工设备基础上增加太多复杂工序，这有利于工艺实施。同时，复合压裂比任何单纯水力压裂成本相对仅高 4 万～5 万元/井次，而油井增产倍数则是水力压裂的 2.5 倍以上，有效期延长 1 倍以上。可见，具有良好的经济效益。

3）复合压裂技术设计原则

（1）与水力压裂相匹配的高能气体压裂。复合压裂是先进行高能气体压裂，然后进行水力压裂。为了使高能气体压裂后能顺利地进行水力压裂，高能气体压裂不能破坏油气井。高能气体是靠火药或推进剂的燃气来压裂油气层的，如果控制不当，就会破坏油气井，造成巨大的经济损失。因此，高能气体压裂的设计原则是：在保证油气井不受破坏的前提下，尽可能地加大用药量，使形成的多条径和裂缝尽可能长一些。

（2）与高能气体压裂相匹配的水力压裂。复合压裂过程中，高能气体压裂将压裂层段内大部分射开地层或全部地层的近井地带造成了多条微裂缝，疏通了射孔孔眼和地层孔隙，改善了地层的渗透性。再进行水力压裂时，地层的破裂压裂已经降低，地层的吸收能力也提高了。因此，复合压裂过程中的水力压裂施工排量应高于普通水力压裂排量的 20% 以上；在砂比和砂量上，为了不过多地增加成本，在砂量不变的情况下，降低砂比，保证延伸裂缝的长度。通过分析研究，确定砂比为 20%～25%，即复合压裂时水力压裂施工应是大排量低砂比。

4）复合压裂技术应用实例

大庆油田对萨中开发区的 6 口油井进行了复合压裂。其中高能气体压裂 17 井次，水力压裂 19 个层段。压裂后的结果显示，平均单井日产油由压裂前的 10.7t 增加到压裂后 31.8t，其含水率下降 10%，单井平均日增油 21.1t，最高达 41t，并且含水率也有不同程度的下降，如表 5-17。由此可见，复合压裂的增产效果是十分明显的。为了准确合理地分析复合压裂的增产效果，大庆油田对进行过复合压裂的井的效果进行了统计，并与同区块采用普通水力压裂工艺压裂井的增产效果进行了比较，结果见表 5-18。

表 5-17　复合压裂的效果比较（据马新仿，2001）

井号	压裂前		压裂后		增加值	
	日产油/t	含水率/%	日产油/t	含水率/%	日产油/t	含水率/%
高 156-56	8	61.9	17	65.3	9	3.4
高 157-56	5	70.6	20	61.6	15	−9.1
高 150-38	8	65.2	17	48.5	9	−16.7
高 146-473	9	80.4	34	72.1	25	−8.3
高 148-473	10	69.7	51	50.5	41	−19.2

井号	压裂前		压裂后		增加值	
	日产油/t	含水率/%	日产油/t	含水率/%	日产油/t	含水率/%
高 159046	24	47.8	52	25.7	28	−22.1
平均值	10.7	65.5	31.8	55.5	21.1	−10.0

表 5-18　同区块复合压裂与普通水力压裂效果比较（据马新仿，2001）

区块	压裂方式	统计井数/口	平均单井压裂厚度/m	单井日增油/t	采油强度增值/[t/(d·m)]
高台子	复合压裂	2	11.4	12.0	1.62
	水力压裂	8	18.6	7.5	0.70
葡萄花	复合压裂	2	3.5	7.5	2.17
	水力压裂	2	4.5	3.0	0.67
朝阳沟	复合压裂	8	14.4	3.5	0.24
	水力压裂	8	20.4	2.9	0.14

从表 5-18 可以看出，在复合压裂工艺中，平均单井压开的有效厚度都比普通水力压裂压开的厚度小，但是压裂后的平均单井日增油却多。复合压裂工艺的增产效果是比较明显的（马新仿，2001）。

5.4　致密砂岩气藏纤维防砂保护储层压裂技术

随着水平井分段压裂工艺水平的提高，水平井分段压裂规模逐渐增大，压裂液入地量不断增加。目前川西致密砂岩气藏水平井压裂液入地量一般在 2000m³ 以上。为降低压裂液对储层的伤害，需在压裂后用大尺寸油嘴快速排液，以提高压裂液返排效率，降低压裂液对储层的伤害。但是快速排液容易造成支撑剂大量回流，采用常规水平井加砂压裂工艺压裂后压裂液返排时间长，支撑剂回流现象严重，铺置效果不理想。压裂后回流的支撑剂将刺坏地面流程设备，带来安全隐患，还将减少裂缝的有效支撑面积，影响压裂效果（Nguyen et al.，2007；Asgian et al.，1994；Canon et al.，2003）。纤维加砂压裂工艺通过纤维提高支撑剂固定强度，可有效预防压裂后支撑剂回流，实现压裂液的快速返排。同时，纤维还有较强的携砂功能，可降低携砂液中支撑剂的沉降速度，改善裂缝中支撑剂铺置剖面，有效提高压裂液返排效率，改善裂缝导流能力，防止支撑剂回流。

5.4.1　致密砂岩气藏压后出砂机理及危害

1. 致密砂岩气藏压后出砂机理

致密砂岩气井压后排液和输气初期出砂的主要原因大致有三种，一是气藏和埋深浅，地层温度低，冻胶压裂液的破胶时间长，压后排液时冻胶携砂液尚未完全破胶，而且，裂缝闭合应力小，对支撑剂的夹持作用小，致使排液过程中支撑剂随残液排出。二是气井压后产量高，排液时气流驱动压力大，推动残液向井筒喷出力大，致使排液或输气过程中支撑剂随残液或气流排出。三是为了缩短残液与地层接触时间和提高返排率，降低储层伤害，常采用施工结束后及时开井用大油嘴排液和液氮拌注、气举、抽汲等强排快排液工艺，而压后及时开井排液时，裂缝可能尚未完全闭合，支撑剂夹持作用小，液氮在裂缝中气化的膨胀增压作用显著，驱动压力大，辅助排液工艺的驱动或抽吸力更大，排液速度快，这些因素都导致裂缝缝口附近的支撑剂随流体一同排出(王均等，2009；陈东林等，2007)。

2. 出砂危害

有的井出砂量虽然很小，但因带砂液喷出井口的能量很大而也会造成对井口油嘴、针阀、闸阀、弯头、堵头等地面设施的严重刺坏。此外，支撑剂返出还会使支撑裂缝缝口闭合，大大降低裂缝导流能力，影响天然气增产稳产效果和采收率。而且，喷出井口的高能带砂残液或带砂气流还严重威胁现场测试及生产输气人员的安全(任斌等，2014)。

以苏里格气田排液出砂损害为例。排液过程中，气水混合物携带支撑剂冲蚀井口针、闸阀、地面管线等，往往造成针、闸阀损坏或关闭不严，存在天然气泄漏等风险。近年针阀、闸阀损毁情况统计如表 5-19 所示。

表 5-19　2007~2010 年苏里格气田损毁闸阀、针阀统计表(据任斌等，2014)

年度	完井数/口	损毁闸阀/个	损毁针阀/个	合计损毁/个	单井更换阀门
2007	344	210	319	529	1.54
2008	400	584	321	905	2.26
2009	357	336	303	639	1.79
2010	320	292	239	531	1.66

由表 5-19 可知，返排液携带支撑剂对井口针、闸阀冲蚀、损坏现象严重。

节流放喷管汇丝堵和闸门损毁情况：2007 年长庆井下技术作业公司研制配套了节流放喷管汇(图 5-28)，可全开井口的控制阀门，利用节流放喷管汇中油嘴的节流作用控制放

图 5-28　节流放喷管汇地面连接示意图(据任斌等，2014)

喷，以此来达到保护井口针、闸阀的目的。近几年使用节流放喷管汇进行压后放喷排液有效地控制了地层吐砂以及返排液对井口闸门的冲刺损害，减少了单井井口针阀的使用数量(图 5-29)。虽经过不断改进，但也由于闸门或丝堵的刺漏而导致放喷管汇损毁的情况时有发生。

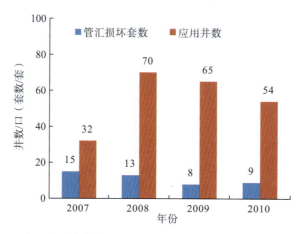

图 5-29　应用节流放喷管汇 2007～2010 年损坏情况(据任斌等，2014)

5.4.2　纤维压裂防砂技术防止支撑剂返出原理

将拌有纤维的携砂液注入裂缝后，通过纤维缠绕来包裹支撑剂颗粒，压裂施工结束而裂缝闭合时，裂缝中的支撑剂因承受侧限压力，颗粒间以接触的形式相互作用而达到力学平衡。返排压裂液时，流体流动的冲刷使平衡受到破坏，支撑剂颗粒发生塑性剪切形变，形成一系列的砂拱结构，使一盘散砂包裹成了一个个整体。支撑剂在裂缝中不易被返排出，又大大降低了裂缝的应力敏感性(张朝举，2005)。

排液过程中，砂拱剪切变形引起纤维的变形，纤维轴向力分解为切向、法向两部分，切向分量直接抵抗砂拱剪切变形，法向分量增加侧限压力，进而增大支撑剂间的摩擦力，间接抵抗砂拱剪切变形，从而提高砂拱的稳定性和压裂液的临界返排速度，有效防止支撑剂的返出(图 5-30、图 5-31)，压裂液快速返排又在一定程度上避免了水相圈闭对储层的伤害。

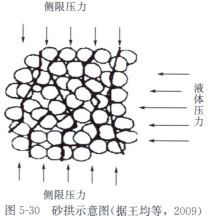

图 5-30　砂拱示意图(据王均等，2009)

图 5-31　纤维在压裂液中与支撑剂混合、缠绕

　　支撑裂缝中纤维承受的力有两部分，作为内力，承受颗粒接触压力和摩擦力，作为外力，承受轴向拉应力，由受力分析和数学推导可得下列表达式：

$$\tau = \mu\sigma_1 \tag{5-1}$$

$$\sigma_n = k\alpha^{3/2} \tag{5-2}$$

$$\sigma_1 = 2\mu k L \alpha^{3/2} \tag{5-3}$$

式中，τ—纤维表面摩擦力；σ_n—纤维与砂粒间的接触压力；μ—摩擦系数；σ_1—纤维拉应力；k—Hertz 系数；α—接触压痕深度；L—纤维长度（刘伟等，1997）。

　　取砂拱剪切变形的微面单元（图 5-32），纤维对砂拱微面元剪切变形的抵抗力可分为切向力 τ_n 和因纤维对砂团施加压力而产生的颗粒间的附加摩擦力 τ_τ，它们均对砂拱变形产生阻力。

图 5-32　纤维增强作用示意图（据王均等，2009）

　　用因纤维而产生的额外砂拱变形阻力 Δs_τ 来表征砂拱强度的增加值，由数学推导可得：

$$\Delta s_\tau = f_w L \mu \left[k\alpha^{3/2} (\sin\omega + \cos\omega \, \mathrm{tg}\varphi) \right] D \tag{5-4}$$

式中：D—纤维直径；φ—颗粒间的内部摩擦角；Δs_τ—变形阻力；f_w—纤维体积含量；τ_n—切向力；τ_τ—附加摩擦力；ω—剪切角（刘伟等，1997）。

　　从式（5-4）可见，纤维体积含量越高，纤维越长，支撑剂越细，纤维与支撑剂颗粒间的摩擦系数越大，纤维对支撑剂的增强效果越好，压裂液残液返排时支撑剂越不容易返出（王均等，2009）。

　　纤维复合防砂技术依靠"硬纤维"与"软纤维"的双重作用来达到防砂的目的，当地层流体携带细粉砂流入井筒时，为带正电支链的"软纤维"所吸附，形成细粉砂结合体。这种细粉砂结合体与粒径大的砂粒被相互缠绕的"硬纤维"三维网状结构束缚（图 5-33），从而被阻挡流入井筒，起到"稳砂"和"挡砂"双重作用，解决地层出砂的难题（齐宁等，2008）。

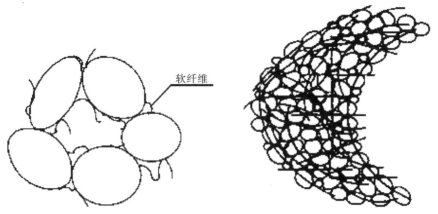

图 5-33   纤维与砂岩形成的细粉砂结合体及三维网状结构(据齐宁，2007)

5.4.3   纤维压裂防砂技术工艺特点

1. 纤维的研究

1)纤维材料的选择

纤维材料的选择主要取决于它的来源情况、在地层环境下的稳定性、与压裂液及其添加剂的配伍性、老化性能、稳定支撑剂的能力和价格等因素。目前可用的纤维的种类比较多，包括陶瓷纤维、金属纤维、碳纤维、石棉纤维、有机聚合物纤维、热塑性纤维、无机玻璃纤维和热固树脂纤维等。各种纤维都有其各自的特点，实际应用中可根据油气田的具体地质特征和压裂液性质进行选择。其中与压裂液的配伍性和地层条件下的稳定性是选择不同种类纤维的最关键参数(代延伟，2013；王雷等，2010)。

以下是纤维 T-1、T-2、T-3、CDJ-1、CDJ-2、CDJ-3、B-1、B-2 的悬浮性和分散性比较，纤维分散性决定着纤维在压裂液中的分散程度，因此考察纤维在基液中的分散性非常重要。将纤维放入基液中，充分震荡后 15min，静止观察纤维的分散情况和悬浮情况，其数据如表 5-20。

表 5-20   纤维的分散性比较(据代延伟，2013)

纤维型号	长度/mm	悬浮性	分散性
T-1	6	较好	好
T-2	6	较好	较好
T-3	12	好	好
CDJ-1	3	较好	好
CDJ-2	6	较好	较好
CDJ-3	12	好	较好
B-1	12	较好	较好
B-2	6	差	差

由表 5-20 可知，T-1、T-3 纤维的悬浮性、分散性最好。T 纤维除具有普通聚合物纤

维细度大、强度高、易分散的特点。

2)纤维尺寸优选

纤维长度的最佳范围为 8~20mm，纤维细度的最佳范围为 10~20μm。这是因为长度较小的纤维与支撑剂之间的黏结力较弱，就不能有效地起到稳固支撑剂充填层和防止支撑剂回流的作用。但是纤维的长度也不能过大，因为随着纤维长度的增加，要把纤维与支撑剂和压裂液均匀混合、并泵送到地层中就变得更困难，而且残留在井筒中的纤维在排液时易堵塞油嘴。纤维的最优长度应该满足既能较好地稳定支撑剂充填层也易于现场加砂压裂的施工操作(代延伟，2013；黄禹忠等，2008)。

斯伦贝谢公司研制出一种名为 PropNET 的纤维材料，据相关文献报道，这种纤维的长度为 12mm，细度为 20μm，在加砂压裂施工前，先将砂子与人造纤维相混合，然后进行泵注。通过大量的现场应用，表明采用这种方法加强的支撑剂充填层要比单纯的支撑剂充填层稳定得多。目前，PropNET 技术已在全世界得到广泛应用，明显提高了压后返排速度，如应用于美国得克萨斯州超过 176℃ 的高温碳酸盐岩气层；在中东，PropNET 技术已经在高产多相流和井温超过 148℃ 的高温天然气和凝析油井应用；用这种添加剂处理的油井，清洗快、连续油管起下次数少、出现支撑剂返吐的问题比采用其他支撑剂少得多(代延伟，2013；Engels et al.，2004)。

3)纤维加量优选

纤维的浓度对支撑剂充填层的稳定性有重要的影响。纤维与支撑剂混合后，临界出砂流速大幅度提升(50 倍以上)，这是纤维固砂、防砂的核心依据，可以有效预防支撑剂回流、地层出砂。表 5-21 表示向基液中添加不同浓度的 BF-2A 纤维后，不同闭合压力条件下测得的临界流速。

表 5-21　不同纤维浓度的基液在不同闭合压力条件下的临界流速(据代延伟，2013)

临界流速/(mL/min)	纤维浓度/%							
闭合压力/MPa	0	0.7	0.9	1.2	0	0.7	0.9	1.2
0.1~0.2	<1	70~80	80~95	105~110	1~2	110~120	170~190	180~195
1	1.5	120~130	140~160	155~170	5	>200	>200	>200
备注	基液黏度 50mPa·s				基液黏度 18mPa·s			

由实验数据可知：对于相同黏度的基液，在相同闭合压力条件下，当添加的纤维浓度逐渐增大时，临界流速先迅速增大，后增加幅度逐渐趋于平缓；对于相同黏度的基液，在相同纤维浓度条件下，临界流速随着闭合压力的升高而增大；相同纤维浓度及闭合压力条件下，当基液黏度较大时，临界流速也较大。

一般来讲，在纤维浓度较低时(<1.0%)，随着纤维浓度的增大，支撑剂充填层临界流速(稳定性)也随之增加；当纤维的浓度增加到一定值(1.5%~2.0%左右)时，临界流速达到最大值，纤维浓度再继续增加也不能提高其稳定性，只能导致纤维材料的浪费和增加施工困难。根据相关研究成果，认为纤维的加量一般是混合支撑剂体积的 1.0%~2.0%(代延伟，2013)。

2. 纤维加砂压裂工艺设计要点

1）控制射孔长度，形成短粗裂缝

压裂充填后形成的高导流能力裂缝以及短宽缝突破近井污染带可实现较好的增产及降低注汽压力的效果，缓解岩石骨架的破坏，减轻生产流体对地层砂冲刷和携带能力以及支撑剂对地层砂的桥堵。

在裂缝中形成一条高导流能力的渗滤带，有效地将地层压力传至井底，从而降低了生产压差，减小了原油的渗流阻力，达到增产和防砂的目的。

2）全程纤维压裂技术

如图 5-34 所示，在加砂压裂过程中全程拌注纤维，提高支撑剂铺置效率，增加有效支撑缝长，同时起到防止支撑剂回流和地层出砂的作用。该方法具有以下优点：①提高压裂液在破胶降黏过程中的携砂性能；②提高支撑剂在裂缝中的铺置效率，防止支撑剂做无效充填；③有效预防因提前破胶而导致的砂堵、砂卡；④有利于填砂裂缝保持更高的长期导流能力；⑤抑制缝高过度延伸；⑥有效控制残渣伤害。

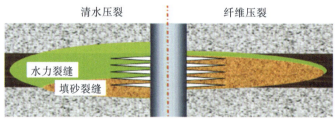

图 5-34　常规压裂（左）与纤维压裂（右）的支撑剂沉降剖面对比（李庆辉等，2012）

3）使用端部脱砂工艺

如图 5-35 所示，端部脱砂压裂：在裂缝达到设计长度时，在裂缝的前端形成脱砂砂桥，使后续压裂裂缝主要向缝宽方向延伸，使缝宽增加一倍左右，形成宽的高浓度砂的支撑裂缝。

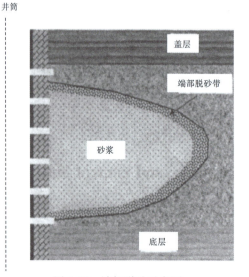

图 5-35　端部脱砂示意图

　　利用端部脱砂工艺，在人工裂缝内形成纤维和支撑剂的高砂比团束状混合物，既能保持人工裂缝足够的导流能力需要，也能对防止和减缓岩石颗粒的运移起到防护墙作用（任山等，2010；胡奥林等，1999）。

5.4.4　现场应用

　　DS101 井是位于川西地区 A 气藏的 1 口开发评价井，该井目的层具有孔渗性差、储量级别低、储层水敏、水锁伤害大、地层压力低等特点。针对该井的特点，2009 年 4 月 18 日在该井开展了全程纤维网络加砂压裂先导试验。加入陶粒支撑剂 60m³，最高加砂浓度为 632kg/m³，平均砂液比为 25%，全过程累积加入 D 纤维 660kg，期间伴注液氮量为 18m³。根据压裂施工曲线(图 5-36)进行净压力拟合分析可知，形成的支撑裂缝半长为 290.2m，有效裂缝半长为 192m，支撑缝高为 44.79m，平均裂缝导流能力为 $201.3 \times 10^{-3}\ \mu m^2 \cdot m$，无因次导流能力为 13.87。与该气藏同层位常规压裂工艺实施井相比，支撑缝长提高了 35% 左右，有效缝长提高了 140% 左右，形成了较为理想的人工裂缝形态(任山等，2010)。

　　在加砂压裂施工结束后，立即开井加强排液，开井 16h 后，压裂液返排率达到 80%，且在排液过程中没有出现支撑剂回流，压裂后测试天然气无阻流量为 $9.76 \times 10^4\ m^3/d$，是该气藏平均水平的 3 倍，且压裂后一直处于稳产状态，充分说明全程纤维网络加砂压裂、液氮伴注及大油嘴排液在该气藏具有较好的适应性。

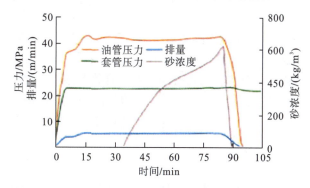

图 5-36　DS101 井纤维加砂压裂施工曲线(据任山等，2010)

　　2010 年 1 月 9 日，在低压、低效 B 气藏的 C 井 1381.6～1395.0m 井段进行了低稠化剂纤维网络加砂压裂现场试验。采用的稠化剂质量分数从常规工艺的 0.32% 降至 0.25%，液氮伴注量为 13m³，全程纤维加入量为 168kg，加砂量为 18m³。压裂后 7h 返排率达到 65.7%，点火成功，在井口压力为 4.8MPa 的条件下，测试天然气产量为 $3.8863 \times 10^4\ m^3/d$。而同井组同层位的 C-1 井储层物性相对较 C 井好，且为双层分压，该井除没加纤维外采用了与 C 井类似工艺，但压裂后 9.5h 返排率仅为 37.2%，在井口压力为 2.4MPa 的条件下，测试天然气产量仅为 $0.5472 \times 10^4\ m^3/d$，可见全程纤维网络加砂压裂对提高单井改造效果更加有效。2009～2010 年，纤维网络加砂压裂技术已在 B 气藏成功推广应用 4 井次，平均单井天然气无阻流量为 $1.99 \times 10^4\ m^3/d$，是该气藏平均水平的 2.1 倍。纤维网络加砂压裂技术正逐步成为低渗透低效气藏提高开发效果的重要技术手段(任山等，2010)。

第 6 章　致密砂岩气藏储层保护新技术

随着致密砂岩储层勘探开发往深层及复杂领域发展的同时，致密砂岩气藏的储层保护技术也得到了一定程度的发展，并形成了一系列新理论与新技术。本章主要从致密砂岩气藏储层保护工作液体系及工艺技术、储层保护新材料等方面介绍了近年来国内外学者针对致密砂岩储层在钻井及压裂方面的保护技术新进展。

6.1　纳米材料在储层保护中的应用

目前，纳米材料在保护储层中的应用主要有两类：选用合适的纳米材料，在岩石微裂缝或孔隙间形成高质量的封堵层，起到良好的封堵效果；选择合适的纳米钻井液体系，在井壁表面形成低渗透率的泥饼，可减少钻井液对储层的污染。

6.1.1　纳米级储层保护材料

Lécolier 等在交联聚合物凝胶中加入可膨胀的聚合物颗粒和胶体物质，研制了一类新型的纳米复合有机/无机凝胶。该纳米复合凝胶不会对环境造成污染，产品可以直接由各组分的干粉混合而制备，从而在现场直接用干粉混合物与水混合即可制备封堵流体。这种纳米复合有机/无机凝胶具有良好的黏着性、伸缩性和较高的凝胶强度，且承压能力强，能在井下温度和压力下大范围封堵漏层，特别是严重的循环漏失层如天然裂缝层，效果显著，在循环漏失处理领域有着重要的应用价值(Lécolier 等，2005)。

Baker Hughes 公司开发了一种可变形的纳米级封堵聚合物 MAX-SHIELDTM，该纳米材料可在裂缝或孔隙表面沉积下来，在压差进一步作用下起到压实和变形作用，从而在孔缝表面生成一层密封膜。现场试验表明，该聚合物能有效减少孔隙压力传递，从而起到防止冲刷和井筒坍塌、提高井眼稳定性的作用。此外，当该纳米聚合物和其他抑制剂一起使用时，可在微裂缝或孔喉表面形成一种性能良好的半透膜，对储层起到较好的保护效果。这种纳米级封堵聚合物具有防止压差卡钻、稳定井壁的作用，环保经济，在控制渗漏和漏失处理领域具有广泛的应用前景(Baker Hughes，2006)。

Bicetano 等以碳酸钙、碳酸镁、氧化镁、碎坚果壳、沥青、黏土、陶瓷碎片和苯乙烯嵌段共聚物等为原料，制备了一类热固性纳米复合物颗粒(比重为 0.75~1.75)，并将该球形纳米颗粒作为复合添加剂加到钻井完井液中，对其滤失性进行了研究。实验结果表明，含有该纳米复合物颗粒的水基钻井液、油基钻井液、反相乳化钻井液和合成基钻井液等都形成了低渗透性的坚硬泥饼，从而提高了井眼的稳定性，降低了储层漏失和对地层的损害，起到良好的保护储层的作用(Bicetano，2009)。

柯扬船等通过熔融插层法，以层间距 1.98nm 的有机蒙脱土与聚丙烯熔融共混生成纳米复合材料，经熔融纺丝和牵伸技术制备了功能性超短纤维。研究结果表明该功能性超短纤维可纺性较好。XRD 分析表明蒙脱土层间距由 1.18nm 增大到 1.98nm，蒙脱土均匀地分散在(聚丙烯)基体上。SEM 分析表明超短纤维表面和端面颗粒以 50～70nm 均匀分散。将不同直径的超短纤维加入钻井液中，发现超短纤维在钻井液中的分散性较好，可显著提高钻井液的增黏性能，且降滤失效应显著(当直径达 100μm 时，30min 滤失量可降低 10mL)。这种超短纤维改性的钻井液体系可快速形成致密封堵层实现对油气储层产生良好的保护效果(柯扬船等，2010)。

6.1.2　保护致密砂岩储层"纳米暂堵"钻井液技术

1. "纳米暂堵"保护致密储层技术的提出

一般来讲，粒径为 1～100nm 的颗粒被称为纳米粒子。如图 6-1 所示，1977 年，Abrams 对钻井液中固相粒子尺寸进行了分级，认为钻井液常用的固相粒子主要包含三个等级：纳米级、微米级、毫米级(Abrams，1977)。钻井液中添加的纳米材料处理剂属于纳米尺度，膨润土粒子属于微米级尺度，重晶石等大颗粒则属于毫米级尺度。

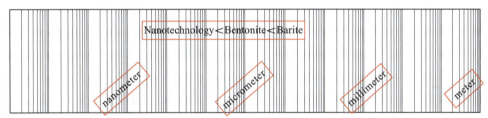

图 6-1　钻井液中固相粒子尺寸分级(据 Abrams，1977)

致密砂岩储层孔喉按孔喉大小可进一步划分为微米级和纳米级孔喉。微米级孔喉是指直径大于 1μm 的孔喉，纳米级孔喉指直径小于 1μm 的孔喉。统计发现，致密砂岩储层绝大多数孔喉半径小于 1μm，即这些孔喉均属于纳米级。例如，四川盆地上三叠统须家河组致密储层，最大孔喉直径在 0.32～5.04μm，平均 1.82μm；中值孔喉直径在 ＜0.03～0.7μm，主体为 0.03～0.5μm，平均 0.18μm，总体上储层孔喉细小。另如，鄂尔多斯盆地陕北地区长 6 致密砂岩储层孔喉分布范围较广，介于 20～8μm。半径小于 0.1μm 的孔喉约占总孔喉的 65.1%，半径介于 0.1～1.0μm 的孔喉约占总孔喉的 30.8%，二者相加，纳米级孔喉占总孔喉的 95% 以上(邹才能，2013)。

由于致密储层绝大多数基质孔隙尺寸处于纳米级别，导致其渗透率极低，因此，相比微米级孔隙的砂岩储层而言，钻井液中的固相粒子尺寸远大于纳米级孔隙孔喉半径，无法在孔喉处形成架桥。另外，工作液滤液在纳米级孔隙中的流动相对缓慢，因此短时间内岩石壁面滤失量极小，导致滤饼无法形成，也就无法阻止工作液滤液侵入基质孔隙。这两方面原因均会导致致密储层发生工作液侵入损害，如水相圈闭损害、敏感性损害等。

针对上述矛盾，笔者提出在工作液（包括钻井完井液、压裂液等）中加入一定量的功能性纳米材料实现对致密储层纳米级孔隙的封堵，而这种封堵并不是永久的，后期生产时可以通过酸洗、返排、自降解等方式实现对致密储层保护的目的，即"纳米暂堵"保护致密储层技术。

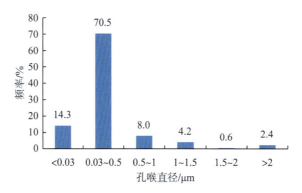

图 6-2　四川盆地须家河组致密砂岩储层孔喉直径分布频率（据邹才能，2013）

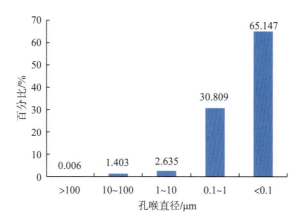

图 6-3　鄂尔多斯盆地长 6 致密砂岩储层孔喉分布频率（据邹才能，2013）

2. "纳米暂堵"保护致密储层技术要点

基于上述分析可知，致密储层"纳米暂堵"储层保护技术包含三个核心问题：一是形成纳米工作液体系；二是实现纳米级孔隙封堵；三是解除封堵恢复生产。致密储层"纳米暂堵"过程可用图 6-4 所示的模式图描述。

1）形成纳米工作液体系

目前，纳米材料种类繁多，其功能各不相同。但由于其较高的表面能导致在液相中难以分散，极容易产生聚团现象。因此，要形成纳米工作液体系首先要解决纳米颗粒的分散问题。目前，常用的方法包括物理法和化学法两类，物理法包括超声波震荡、高速搅拌、流体稀释法等；化学方法主要是通过加入某种化学剂，如保持溶液碱性环境或加入表面活性剂等，以达到分散纳米颗粒的目的。

2）实现纳米级孔隙封堵

由于致密储层纳米级孔喉较为普遍，工作液在正压差及毛管力作用下会侵入这些纳米级孔隙，导致储层发生水相圈闭、敏感性等损害[图 6-4(a)]。因此，要阻断工作液滤液侵入，必须保证工作液中添加的功能性纳米材料在岩石孔喉处通过架桥、吸附等方式阻断纳米级孔喉封通道[图 6-4(b)]。封堵过程往往比较复杂，既包括物理作用也包括化学作用，且要求封堵过程迅速、封堵带具有较强的抗冲刷能力和较高的承压能力。

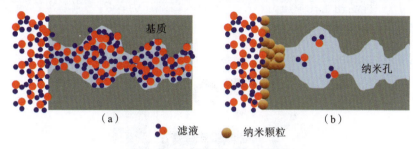

图 6-4　纳米工作液封堵示意图

3)解除封堵恢复生产

对于储层而言，实现纳米级孔喉封堵仅仅阻止了工作液侵入，后期生产过程能将这些封堵彻底解除，并达到恢复生产才是"纳米暂堵"技术的最终目的。解除封堵一般采取酸溶、返排、自然解除等方式实现，这就要求作为封堵的纳米材料具有特定的功能，如较高的酸溶率、侵入适度、易于返排、自行降解、或与其他流体作用后发生自行溶解等。针对不同的功能性纳米材料，后期生产过程中通过对应的解堵措施能实现恢复储层生产的目的。

3. "纳米暂堵"保护储层实验评价方法

1)纳米粒子封堵实验

纳米粒子封堵实验采用压力传递实验装置进行，该实验装置能模拟钻井完井液在岩心端面滤失所导致的基块孔隙压力传递情况，其结果与实际情况比较接近。具体实验步骤如下：

(1)将制备好的岩样放入真空饱和装置(图 6-5)中抽真空饱和，饱和时间为 48h，饱和流体为 3％KCl 盐水；

(2)将制备好的样品装入压力传递实验评价装置的岩心夹持器，并将岩心夹持器围压加载至 5MPa；

(3)将配制好 3％ KCl 盐水加入到仪器储液罐中，并将罐体密封；

(4)向岩心出口端注入 3％KCl 盐水，并利用回压器将岩心出口端提高至 0.5MPa；

(5)打开实验装置循环开关循环钻井完井液，使钻井完井液循环通过岩心端面；

(6)打开连接气瓶和釜体的调压阀，将釜体压力调至 3.5MPa(该值依据实际地层正压差确定)，保持钻井完井液循环正压差为 3MPa；

(7)监测岩心夹持器进口和出口端压力变化，并利用 Al-Bazali 等(2005)提出的模型计算纳米材料封堵后岩样渗透率，具体计算模型如公式(6-1)所示；

(8)3％KCl 盐水测试完毕，按上述方法依次测试钻井完井液基浆、不同体系的纳米钻井完井液的压力传递参数；

(9)测试完毕，关闭并清洗实验仪器，处理实验数据。

$$\ln\left[\frac{P_2 - P_1}{P_2 - P_0}\right] = -\frac{AK}{\mu CVL}t \tag{6-1}$$

式中，K—岩石渗透率；t—测试时间；A—岩心端面横截面积；C—流体压缩系数；L—样品厚度；P_0—样品初始孔隙压力；P_2—岩心入口端压力；P_1—岩心出口端压力；V—孔隙体积；μ—钻井完井液滤液黏度。

图 6-5   岩样抽真空饱和装置

2)纳米粒子封堵解除效果评价

基于"纳米暂堵"原理，本文采用酸溶处理的方法解除封堵在岩心端面的纳米粒子，具体实验步骤如下：

(1)配置浓度为 15％的盐酸溶液作为酸处理剂；

(2)将评价完封堵实验的岩心取出，并将表面的钻井液擦干净；

(3)将岩心用耐酸的塑料细线悬挂起来，并保持钻井完井液循环端面浸泡在盐酸页面以下；

(4)反应 30min 后，将岩心取出，用蒸馏水冲洗干净；

(5)将盐酸溶液处理后的样品再次放入压力传递实验评价装置中；

(6)重复上述压力传递实验评价步骤，测试酸处理后的岩样渗透率。

4."纳米暂堵"钻井液储层保护效果评价

如图 6-6 所示，四川盆地九龙山气田须家河组致密砂岩储层压汞毛管压力参数测试得知，排驱压力 P_d 为 1.16～4.57MPa，其孔喉分布曲线一般为非正态分布，孔喉主要集中在 0.01～0.4μm，属于典型的纳米级孔隙。

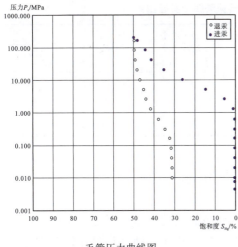

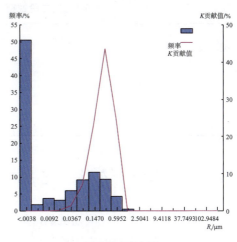

毛管压力曲线图　　　　　　　　　　　　　　　　　　　　孔喉分布直方图

图 6-6　九龙山气田须家河组典型毛管压力和孔喉分布图（龙 12 井）

1）纳米钻井液体系

由于碳酸钙具有较强的酸溶率，因此纳米钻井液所用纳米材料选用纳米碳酸钙（图 6-7）。该纳米材料粒径分布范围为 30~80nm，可以用于四川盆地九龙山气田须家河组致密砂岩储层纳米暂堵技术的纳米材料。

图 6-7　纳米碳酸钙

通过对现场用有机盐钻井液改性，形成了如下纳米钻井液体系：基浆＋0.1%~0.3%KOH（或 NaOH）＋0.05%~0.12%KPAM＋0.5%~1%LS-2＋2%~3%SMC（或 RSTF）＋2%~4%SMP-1＋3%~4%FRH＋1.5%~2.5%FK-10＋3%~5%KCl＋0.2%~0.3%SP-80＋0.3%~0.5%CaO＋2%~3%SRD（纳米级）＋$BaSO_4$（按密度需要调整加量）。

2）纳米暂堵效果评价

根据第 2 章所述的工作液评价方法评价了四川盆地九龙山气田须家河组致密砂岩储层纳米暂堵技术效果（表 6-1）。评价结果表明，基块岩样渗透率为 $0.02 \times 10^{-3} \sim 0.024 \times 10^{-3}$ μm^2，有机盐钻井完井液损害后下降至 $0.0019 \times 10^{-3} \sim 0.0061 \times 10^{-3}$ μm^2，盐酸酸化后渗透率恢复至 $0.0195 \times 10^{-3} \sim 0.0218 \times 10^{-3}$ μm^2，渗透率恢复率达 82.9%~86.7%。

表 6-1　须二段致密砂岩储层盐酸解堵实验结果

岩心编号	层位	深度/m	损害前平均渗透率/($\times 10^{-3}\mu m^2$)	损害后平均渗透率/($\times 10^{-3}\mu m^2$)	酸化后平均渗透率/($\times 10^{-3}\mu m^2$)	渗透率恢复率/%
L5-1	须二	3455.6	0.0225	0.0019	0.0195	86.7
L7-2	须二	3358.2	0.0244	0.0061	0.0218	89.3
L12-3	须二	3428.7	0.0240	0.0043	0.0199	82.9

6.1.3　纳米材料在钻井完井液中的应用与展望

纳米材料在钻井完井液领域的应用可显著地提高油气的产量，降低开采的成本，保护油气储层，具有重要的应用价值和广阔的发展前景。然而，纳米材料在钻井完井液领域中的应用还存在很多问题。

(1)纳米颗粒在使用过程中容易产生团聚现象，团聚后其颗粒尺寸明显变大，易失去纳米颗粒的特性，甚至可能引起钻井完井液性能参数不达标；

(2)纳米材料用于钻井完井液中的很多作用机理尚不明确，只有用正确的理论来指导工作液的开发，才能在其应用上有所突破，有所创新；

(3)目前所开发的大多数纳米材料的性价比过低。在现场应用中，纳米材料加量太少就起不到预期的效果，而加量过多则会引起成本过高。今后需要尽快解决纳米材料的低成本和易工业化生产两个关键难题。

6.2　裂缝性储层结垢暂堵堵漏

就当前的常规裂缝堵漏技术而言，多数堵漏方法是直接将漏失地层彻底堵死，对裂缝性储层而言，这往往是致命的，因为，无论是致密砂岩裂缝性储层或是碳酸盐岩储层，其基质的物性通常都较差，裂缝是油气储集和运移的主要通道，一旦被堵死是很难恢复的，这势必会对油气井的产量造成致命打击，因此，研究相应的裂缝性储层暂堵堵漏技术显得尤为重要。

表 6-2　常规裂缝性储层堵漏技术

堵漏方法	适用范围	技术特点
桥接堵漏	当前运用最多的堵漏方式之一，可运用于渗透性漏失和裂缝性漏失储层的堵漏	材料来源广，经济价廉，使用方便安全；通常需要根据裂缝宽度来调整桥接材料尺寸。对漏失地层的封堵不可逆
化学堵漏	适用于高渗和裂缝性砂岩储层漏失	使用条件较为苛刻，通常不同的材料所需的工艺条件相差较大，且成本往往较高
水泥浆堵漏	适用于较大的天然裂缝以及胶结较弱的破碎带	技术已经很成熟，要求漏层位置清楚，但通常是彻底的封死漏层
软硬塞堵漏	适用于溶洞漏失或较大的裂缝，对于诱导裂缝性漏失效果良好	软硬塞的流阻很大，抗剪切力强，可以限制裂缝的进一步发展，但材料价格较高

6.2.1　裂缝性储层结垢暂堵漏理论

面对裂缝性储层漏失的特点，在总结前人堵漏理论和经验的基础上，黄福友提出了针对裂缝性储层的结垢暂堵堵漏方法（黄福友，2014）。

裂缝性储层结垢暂堵堵漏是以保护储层天然物性为目的，设想利用纤维材料和桥接材料作为架桥物质在裂缝浅层形成初级封堵带，通过分次注入的方式将两种结垢试剂先后带入地层，当二者相遇后便会发生化学反应，生成大量絮状沉淀物，并牢牢吸附在纤维材料中，从而对裂缝形成强力封堵。在后期的开发中，可通过酸化实现解堵。纤维和桥接材料的尺寸和加量可根据裂缝宽度和漏失情况进行调整，结垢量也可根据漏失情况作适当调整，材料整体可溶蚀率在 40% 以上。

结垢暂堵堵漏方法中所使用的纤维材料具有良好的分散性，其纤维长度可根据实际需求进行调整，纤维材料长度选取为裂缝宽度的 2~3 倍，桥接材料粒径为裂缝宽度的 1/3~2/3，纤维材料最初来源于一种铺路材料，主要起加强材料之间的一个连接作用，可以使材料的整体性能更加优秀，通过对其表明性能的改性和优化后，可在堵漏时起到架桥和拉丝的作用，添加适当的桥接材料便可以形成一定强度的封堵带；结垢物质则来源于二种结垢剂的化学反应，其化学反应方程式如（6-2）所示。

$$JG\text{-}1+JG\text{-}2 \Longrightarrow C \downarrow +2D \qquad (6\text{-}2)$$

式中，JG-1 为一种无机结垢剂；JG-2 为一种无机结垢剂；C 为结垢产物；D 为一种无机盐。

通过化学反应生成并吸附在纤维上的结垢物可看作为一种堵漏填料或可变形颗粒，会在封堵层的纤维表面形成一层致密的结垢层，经过一段时间的压实作用，其封堵效果会得到进一步的提升，结垢物会逐渐压实硬化成饼状固体，该过程类似于结晶固化效果。通过化学反应生成的结垢物填料，其效果远远优于传统的混合添加方式，吸附在纤维表面后不会出现明显的材料分层或是沉底效果，分散性能非常好。此外，结垢物对于岩石的吸附效果非常优良，经过一段时间沉积后会在岩石表面形成一定厚度的垢层，故称之为结垢物。

对于封堵带的解堵是裂缝性储层结垢暂堵堵漏方法的核心之一，由于结垢是无机物，常温条件其与酸的反应非常迅速，在地层温度压力下会更加迅速，可在很短的时间内完成除垢反应。其与盐酸的反应方程式如 6-3 所示，实验现象如图 6-8 所示。

$$C+2HCl \Longrightarrow A+B\uparrow +H_2O \qquad (6\text{-}3)$$

式中，C 为结垢产物；A 为一种无机盐；B 为一种气体。

在实际运用中解堵过程通常非常迅速，并且伴有大量的气体生成，有助于对残酸酸液的返排。反应生成物种还包括一种无机盐和一种无机溶剂，无机盐的溶解度值很大，大部分会伴随残酸一同返排，不会在地层中形成二次结垢，同时可有效的防止储层盐敏和水敏。

裂缝性储层结垢暂堵堵漏方法可以很好的保护裂缝性储层的油气渗流通道，在钻井过程中只是对裂缝进行暂时性的封堵，并不会对其造成大的损害，堵漏材料的可溶蚀性在 40％以上，当结垢溶解后，纤维材料并不具备独立封堵裂缝的能力，且由于其密度较小，随着油气的开采，会被逐渐带出裂缝，从而实现对裂缝性储层的保护。

纤维材料 SD-3

2％加量的 JG-1 溶液

2％加量的 JG-2 溶液

2％JG-1＋2％SD-3

2％JG-1＋2％JG-2＋2％SD-3

搅拌静置一段时间后的堵漏浆

图 6-8　堵漏材料配置过程及成浆效果(据黄福友，2014)

6.2.2　裂缝性储层结垢暂堵堵漏现场应用方式推荐

第一步：将一定剂量的结垢剂 JG-1 溶解，加量较大时可加热溶解，将改性纤维材料 DT-X 加入 JG-1 溶液中，充分分散后得到堵漏浆。同时，将结垢剂 JG-2 溶解待用。

第二步：采用段塞式注入方式，首先将 JG-1 和 DT-X 的混合液注入地层，由纤维材料在裂缝浅层形成架桥，形成初次封堵，随后快速注入 JG-2 溶液，当两种结垢剂接触后会快速形成大量的絮状沉淀物并优先吸附于纤维材料上，进一步填充在纤维材料之间的孔隙中，由此加强对裂缝的封堵能力。

第三步：在后期开发阶段，由于封堵层位于裂缝浅层，因此可通过酸洗作业溶解大部分的封堵材料，也可通过射孔恢复裂缝渗透率。

该方法可以最大程度的保护裂缝性漏失储层的物性，特别是对于天然裂缝通道的保护，且施工方便快捷，材料的调整也较为灵活，适合大多数裂缝性储层堵漏。

6.2.3　裂缝性储层结垢暂堵堵漏技术的优势

裂缝性储层结垢暂堵堵漏体系的技术优势主要体现在以下几方面。

首先，该方法以生成的化学沉淀作为填料，该沉淀物可酸溶，对储层无污染，且对纤维材料的吸附效果非常好。传统的填料是混合在纤维材料中，往往因为吸附作用不强，在配制堵漏液的过程中便出现大量沉积，使最终携带进入漏失地层的填料很难满足实际需求。而在该体系中生成的沉淀物在一定时间内会悬浮于堵漏液中，呈乳化液状态，分散良好，且沉淀物对纤维材料的吸附效果非常理想，几乎没有沉底的现象。

其次，所用材料均较为廉价，结垢原料为常用化工原料，纤维是常用工程材料，来源非常广泛。由于在整个堵漏过程中除了少量的水和堵漏材料外无其他有害物质进入储层，且堵漏液 pH 呈中性到弱碱性，不会引发储层的敏感性，同时在生成沉淀物的同时还会有一定量的无机盐生成，其浓度是结垢物的 2 倍，从而会起到一个防止盐敏的效果。材料的可溶蚀率主要由纤维材料和结垢量的配比来决定，通常纤维材料加桥接材料与结垢量维持在 1∶1 左右，结垢的溶蚀率为 95%，故材料的整体溶蚀率通常在 40% 以上，好于当前常用的暂堵材料，因此，后期开发中储层的渗透率恢复值较高，对油气田的高产高效提供了有力支持。

最后，施工简单快捷也是该方法的一大优点，整个施工过程无需加入任何特殊的工艺或是装备，材料配比可根据实际情况进行调整，可操作性强，适合现场应用。

表 6-3　堵漏主要材料价格及特性

物质	特点	价格	特性
JG-1		在 1500 元/t 左右	无机化合物，易溶于水
JG-2		在 1000 元/t 左右	无机化合物，易溶于水
DT-X		在 4500 元/t 左右	为一种复配材料，最高耐温为 230℃，常温下稳定

6.3　低伤害压裂新技术

探井水力压裂在正确、快速评价低孔低渗储集层特性方面起着越来越重要的作用，也是提高这类储集层产量的重要手段。但是，如果水力压裂设计或施工不当，容易造成严重的污染伤害，严重制约对储集层的正确认识。低伤害压裂技术对最大限度地挖掘储集层的潜力，具有重要的现实意义。

6.3.1　CO_2干法压裂技术

CO_2干法压裂技术使用100％液态CO_2作为压裂介质，首先将支撑剂加压降温到液态CO_2的储罐压力和温度，在专用混砂机内与液态CO_2混合，然后用高压压裂泵泵入井筒进行压裂。

1)CO_2干法压裂工艺

CO_2干法压裂工艺按如下步骤进行：①将若干CO_2储罐并联，并依次与CO_2增压泵车、密闭混砂车、压裂泵车、井口装置连通，将仪表车与上述各车辆连通并监控工作状态；②将支撑剂装入密闭混砂罐中，并注入液态CO_2预冷；③对高压管线、井口试泵，对低压供液管线试压，若试压结果符合要求则继续进行后续步骤；④液态CO_2以$-25\sim$ -15℃温度注入地层，压开地层并使裂缝延伸，然后打开密闭混砂设备注入支撑剂，支撑剂注完后进行顶替，直到支撑剂刚好完全进入地层，停泵；⑤压裂施工结束后，关井$1.5\sim2.5$h；⑥压后放喷返排，既要控制返排速度以防吐砂，又要最大限度地利用CO_2能量快速返排，可以先使用小口径油嘴控制放喷速度，随后逐渐加大油嘴口径，并使用CO_2检测仪监测出口CO_2浓度变化(刘合等，2014)。

CO_2干法压裂所用液态CO_2压裂液始终处在密闭高压状态下，因此其施工所用设备与常规水力压裂有所不同。CO_2干法压裂对设备的要求(才博等，2007；孙永鹏，2001)为：①CO_2储罐：1只或几只，用于储存加压降温的液态CO_2，CO_2保持在-34.4℃和1.406MPa；②CO_2增压泵车：用于将液态CO_2从储罐内压力增压至$1.8\sim2.2$MPa，要求单台泵车排量不低于$2m^3/min$，主要包括底盘车、增压泵系统、气液分离系统、进液排液系统、液压系统、电控系统等部件；③密闭混砂车：CO_2干法压裂的关键设备，是个较大的密闭压力容器，用于将支撑剂混入液态CO_2，要求耐压2.2MPa以上、容积$5m^3$以上、输砂速度$500kg/min$以上，主要包括底盘车、液压系统、储砂罐、加砂管、混砂管汇、进液排液系统、电控系统等部件；④压裂泵车：常规的压裂泵，用于将压裂液泵入井中，要求单台输出功率不小于1471kW(2000HP)，由于CO_2穿透性较强，泵车的柱塞泵密封圈推荐使用金属密封圈；⑤压裂管汇车：要求配备低温低压、低温高压管汇(刘合等，2014)。

2)CO_2干法压裂技术优势

与水基压裂液相比，液态CO_2具有独特的物理化学性质，使得CO_2干法压裂技术具有以下优势：①没有水相，避免了对储集层的水敏、水锁污染，压后形成酸性环境，能够有效抑制黏土膨胀；②没有残渣，不会对储集层和支撑裂缝渗透率造成损害；③具有良好的增能作用，CO_2 在返排过程中相态变化产生膨胀释能，具有较强的气驱效果；且压后返排快，返排彻底；④CO_2 流动性强，可以流入储集层中的微裂缝，更好地沟通储集层；⑤CO_2 溶于原油可以降低原油的黏度，利于原油的开采；⑥CO_2 吸附性能更强，CO_2 能够置换吸附于煤岩与页岩中的甲烷，在提高单井产量的同时，还可以实现温室气体的封存。⑦环保，无需占用大量水资源，且返排的 CO_2 可做补集循环利用（刘合等，2014）。

3）CO_2 干法压裂的发展趋势

当温度超过 31.26℃、压力超过 7.38MPa 时，CO_2 就会处于 1 个特殊的状态—超临界态。超临界态是不同于气态与液态的流体形态，该状态下 CO_2 分子间作用力很小，表面张力为零，流动性极强，类似气体，而密度较高，类似液体，因而对非极性溶质有较强的溶解能力（肖建平，2001）。超临界态 CO_2 压裂工艺作为一种极具前景的新型 CO_2 干法压裂技术应运而生。类似于传统 CO_2 干法压裂技术，超临界态 CO_2 压裂工艺使用 100% CO_2 作为压裂介质，因而保留了传统 CO_2 干法压裂的几乎所有优点。二者的区别主要在于，超临界态 CO_2 压裂工艺使用的 CO_2 工作液初始温度较高，因此可以在井筒中达到临界温度，转化为超临界态（对于较浅的井，CO_2 不能在井筒中及时转化为超临界态 CO_2，可在井口增加加热设备）。因此，超临界态 CO_2 压裂工艺还有其独特优势。

1）增产效果

超临界 CO_2 表面张力为零，流动性好，可以进入任何大于超临界 CO_2 分子的空间（Tudor，1994）。因此在储集层中超临界 CO_2 可以流入包括液态 CO_2 在内的其他压裂液所不能流入的微裂缝，最大限度地沟通储集层中裂缝网络，从而提高产量。目前，在开发非常规资源（如页岩气）时往往采用整体压裂技术，超临界 CO_2 压裂液显然是沟通储集层微裂缝、造成裂缝网络的最佳工作液体系之一。

2）施工压力

同样由于其极强的流动性，超临界 CO_2 的破岩能力极强。Kolle 的研究结果表明，在大理石岩样中超临界 CO_2 的破岩门限压力是水的 2/3，在页岩岩样中则是水的 1/2 或更小（Kolle，2000），90MPa 下超临界 CO_2 比 193MPa 下水的破岩能力更强。此外，超临界 CO_2 的摩阻比液态 CO_2 的摩阻小。因此，与传统 CO_2 干法压裂技术相比，使用超临界态 CO_2 作为压裂介质可以大大降低施工压力，减少施工成本。

3）关键设备

由于超临界态 CO_2 压裂工艺使用的 CO_2 工作液初始温度较高，混砂机中砂子结冰结块的风险大大降低，砂子可以被平稳输入 CO_2 中进行均匀混合，降低了对混砂车的要求。

超临界 CO_2 压裂使用的主要设备有：CO_2 罐车、密闭混砂车、压裂泵车、压裂管汇车。对于 CO_2 在井筒中不能达到临界温度（31.26℃）的浅井，还应增加地面加热装置（李根生，2011）。超临界 CO_2 压裂中 CO_2 的相态变化与传统 CO_2 干法压裂有一定的差异。图 6-9 为超临界 CO_2 压裂中 CO_2 的相态变化，可以看出：初期 CO_2 以液态形式储存在 CO_2 罐车中（见图 6-9 中点 1），此时 CO_2 的温度与压力都要高于传统 CO_2 干法压裂中 CO_2 的初始状态；然后 CO_2 以相同状态被导入密闭混砂车并与支撑剂混合（见图 6-9 中点 1）；混砂液随后被导入高压泵进行加压，所需压力较之传统 CO_2 干法压裂更低（见图 6-9 中点 2）；对于浅井，CO_2 在井筒中不能转变为超临界态，需经过地面加热设备进行加热（见图 6-9 中点 3）；然后液态 CO_2 被泵入井底，在此过程中 CO_2 压力进一步增加，同时温度也将升高，在此阶段中液态 CO_2 将转化为超临界态 CO_2（见图 6-9 中点 4）；当 CO_2 进入储集层裂缝中后，CO_2 温度、压力将与储集层条件同化，表现为温度进一步上升，而压力下降，此时 CO_2 保持在超临界态（见图 6-9 中点 5）；当开始返排后，CO_2 压力迅速下降，将以气态形式返排至地表（见图 6-9 中点 6）。

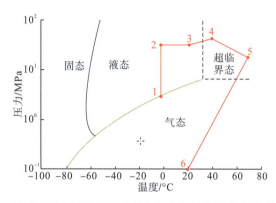

图 6-9　CO_2 在超临界 CO_2 压裂中的相态变化超临界（据刘合等，2014）

CO_2 压裂技术目前并不成熟，最主要的技术障碍是其比液态 CO_2 更低的黏度（沈忠厚，2011）。因为超临界 CO_2 的增稠机理与液态 CO_2 类似，中国石油大学（北京）压裂酸化实验室研发的高级脂肪酸酯也可以对其进行有效增黏。在 2.5% 加量下，该增稠剂可将超临界态 CO_2 黏度提升至 13.76mPa·s（28MPa、61.5℃条件下）（见图 6-10）。

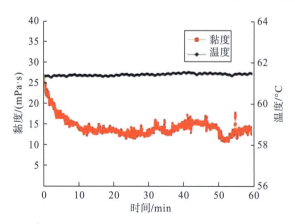

图 6-10　2.5%高级脂肪酸酯/超临界 CO_2 溶液流变曲线（据刘合等，2014）

此外，由于超临界 CO_2 压裂技术需要 CO_2 在井筒中完成液态 CO_2 到超临界 CO_2 的相变，因此需要对 CO_2 的相变进行更为精确的控制。对于不能自行实现井筒内相变而需要增加地面加热设备的浅井，如何实现对 CO_2 的均匀快速加热也需要进一步研究。由于 CO_2 穿透性较强，因此对压裂施工设备的密封性与防穿刺性能也有更高的要求（刘合等，2014）。

6.3.2　LPG 无水压裂技术

加拿大 GASFRAC 能源服务公司推出一项无水压裂技术——液化石油气(LPG)压裂(袁骞，2015)。LPG 压裂技术主要是应用丙烷混合物替代水进行压裂作业，将压缩到凝胶状态的丙烷与支撑剂一起压入压裂地层，具有有效裂缝长、支撑剂悬浮能力强、适应不同油藏施工、无污染、二氧化碳零排放、可 100％回收利用等优势。

1.　LPG 无水压裂技术原理与性能

LPG 由丙烷、商业丁烷及其他添加剂成分组成，LPG 压裂液所用的液化天然气为纯度高达 90％经过分馏的丙烷和丁烷。

1)比重

几乎是水的一半，适当温度和压力下以液态存储，气态时具有高体积系数比和低液柱压力梯度，这些特性允许地层在压裂液返排期间出现最大压降来提高返排效率。

2)黏度

压裂液基液黏度是决定凝胶系统破胶时返排流体所能达到的最低黏度水平。所以在同流速下，流体黏度越低，所需流动压差也会越低，能够帮助压裂液流体返排清理。

3)毛细管压力

毛细管压力是基于地层和流体的独一无二的特性，也是流体流动所需要克服的最低压力。当 LPG 作为压裂液注入地层时与储层气之间表面张力最小，可以降低返排时所需压力。

4)与储层配伍性

LPG 来源于石油炼化和天然气生产过程，当 LPG 作为压裂液进入地层，根据相似相溶原理，LPG 能溶解于地层流体，不会出现水敏反应，完全消除水力压裂过程中出现的地层损害。

2.　LPG 无水压裂技术压裂工艺

现场工艺主要分三个阶段：试压、压裂和返排。

试压阶段，用氮气循环扫线清除设备和管线中残存空气，然后用试压作业来检查系统密封性。

压裂阶段，向支撑剂容器注入 LPG 利用氮气加压保持液态，然后向井筒注入稠化的 LPG 压裂液，进行加压直至储层破裂，最后打开支撑剂阀门将携砂液注入井筒，进行裂缝延伸铺砂，待注入量达到设计规模，停泵，关井。

返排阶段，用氮气清扫地面管线，随后放喷。随着压力的下降和储层热量的吸收，返排压裂液会气化，随即破胶，无需抽汲装置或额外补充能量，利用自身的膨胀就能返回，LPG 压裂返排装置如图 6-11 所示。

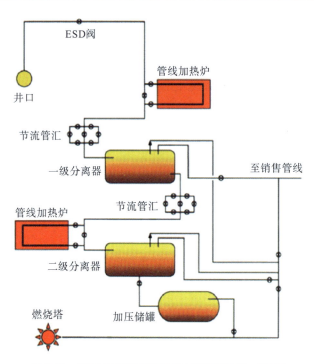

图 6-11　LPG 压裂返排装置图(据韩烈祥等，2013)

3. LPG 无水压裂技术应用实例

以加拿大 New Brunswick 地区 McCully 气田为例。通过现场测井数据和岩心测试得到该区域地层平均渗透率为 $0.01 \times 10^{-3} \sim 4 \times 10^{-3}$ μm²（大部分为 $0.02 \times 10^{-3} \sim 0.07 \times 10^{-3}$ μm²），孔隙度为 $4\% \sim 8\%$，含水饱和度低于 10%，属于低孔低渗未饱和油藏，在现场开发中需要进行压裂作业。

图 6-12 和图 6-13 对比水力压裂和 LPG 压裂作业井返排效果。从图上可以看出 LPG 作为压裂基液与地层良好配伍，返排速度快，可较快获得经济价值。

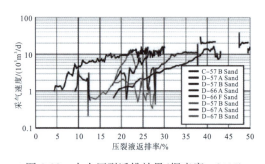

图 6-12　水力压裂返排效果(据袁骞，2015)

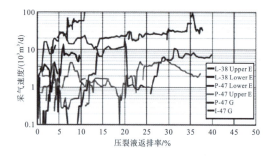

图 6-13　LPG 无水压裂返排效果(据袁骞，2015)

6.3.3　控水压裂工艺

在低渗透油藏中，由于天然裂缝发育或隔层应力差，增加压裂规模极易从纵向上沟通地层中水层，从而出现油井见水快的问题，甚至有些井在生产初期就出现暴性水淹，油田开发严重受损。在邻井见水快、边底水发育的井区，投产前进行压裂改造时应适当使用针对储层特点的控水技术和工艺，尽早控制油井出水，提高油井的采收率，保证压后的长期开发效果，推动低渗油田的持续发展。

1. 控水压裂技术原理与性能

1）控水支撑剂

控水支撑剂是将相渗材料与压裂支撑剂通过镀膜技术结合而生产的一种选择性导流支撑剂。控水支撑剂不仅具有常规支撑剂的性能，还具有亲油控水性能，其油相导流能力大大高于水相导流能力。应用常规压裂技术实施加砂压裂时，当压裂地层闭合后，地层压力将高分子覆膜材料挤压在一起，此时材料颗粒之间形成相互贯通的毛细管。由于该高分子覆膜材料非极性，且具有亲油疏水性质，当油气和水通过该毛细管时，通过高温处理后则会形成选择性导流支撑裂缝（孙亚兰，2011）。

2）改变相渗控水压裂液

该工艺的理念是，将近井带聚合物调剖技术和重复压裂技术相结合，从而实现控水和增油的双重目标。首次压裂前使用控水前置液，对于高含水区块预防油井过早见水有积极意义，且施工简单，容易实现。

将改变油水相对渗透率的稳水增油改进剂（RPM）加入压裂液前置液，将其作为控制剂。当油水同层时，聚合物分子吸附在储层岩石表面后形成一种选择性屏障，未被吸附的部分可在水中伸展，对地层水产生摩擦力，降低地层水的渗透性。当油通过水膜孔道时，未被吸附的分子链不亲油，因而分子不能在油中伸展，对油的流动阻力较小。在油通道中，由于岩石表面沉积有吸附力胶质和沥青质等物质，而沥青质为极性化合物，其极性端吸附于岩石表面，碳水化合物裸露在外，使岩石润湿性向亲油方向反转。因此，聚合物分子不易被吸附，无法在油中伸展，不能对原油增加流动阻力。由于出水层含水饱和度较高，地层压力小于油层，因而聚合物优先进入含水饱和度高的地层，并调整地层对流体的渗透性。

3）人工隔离层技术

这种压裂工艺是利用高密度下沉剂置于裂缝底部改变水力压裂裂缝底部末梢的阻抗值，使垂直裂缝向上延伸，降低压开水层的风险，同时下沉剂下沉后在活化剂的吸附作用下，在裂缝底部形成低渗遮挡层，控制底水，原理如图 6-14 所示。

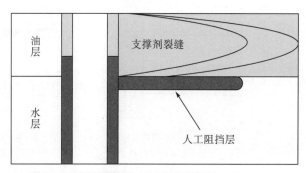

图 6-14　人工隔离层工艺原理图（据孙亚兰，2011）

施工具体步骤：打前置液、打原胶前置液并加入高密度下沉剂、关井待下沉剂下沉和裂缝闭合。开泵进行常规加砂水力压裂。

2. 控水压裂技术应用实例

1）油田地质概况及生产现状

延长油田杏子川采油厂延长组长 6 油藏分布受分流河道砂岩体控制，含油性受构造、岩性、物性控制，油藏具边、底水。油水界而较复杂，在总体西倾的背景下，受岩性、物性控制，钙质、泥质夹(隔)层往往成为油藏底界。油藏埋深为 1000～1300m，油藏驱动类型以边底水驱动为主。延长组油藏为典型的底水油藏，油层与高含水层处于同一砂体，一般无明显的泥岩夹层充当有效隔层，采用常规压裂工艺容易压穿底水层，造成压后油井高含水，甚至水淹，影响延长组油层的采收率，严重影响了产能建设。为了改变这一现状，采油厂引入了控水压裂技术，效果显著。

2）工艺施工程序

工艺施工程序见图 6-15，具体为：打前置液→关套管阀门开始压裂→打原胶前置液(已在配液时加入了起吸附和调节压裂液性能作用的活化剂)并加入高密度下沉剂→关井待下沉剂下沉和裂缝闭合→开泵进行常规加砂水力压裂。

3）工艺的应用效果

选取延长组油藏具有代表性的典型油井 5046-4 井和 3191-3 井进行对比分析。5046-4 井于 2005 年 8 月进行高能气体压裂并投产，初周日产液 4.8t，日产油 4.6t，经过 3 年多的抽吸开采，油井产液量降低、含水率逐步上升，油井产量明显降低，截至 2010 年 5 月初，日产液 1.2t，日产油 0.8t，产油量日减少 3.8t，含水率从 4.2％增至 33.3％，上升了 29.1％。2010 年 5 月 7 日，油田对 5046-4 井进行了控水压裂，加砂量 1.2m³，砂比控制在 15％，平均排量为 0.54m³/min，加下沉剂 1400kg，经过作业，油井产量明显增高(见图 6-16)，日平均增产 3.4t，含水率降低 3％。

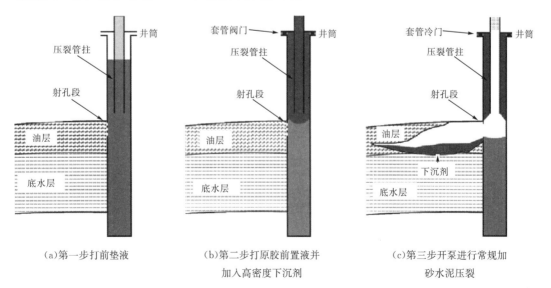

(a)第一步打前垫液   (b)第二步打原胶前置液并   (c)第三步开泵进行常规加
                          加入高密度下沉剂   砂水泥压裂

图 6-15 控水压裂工艺施工程序模拟图(据孙亚兰，2011)

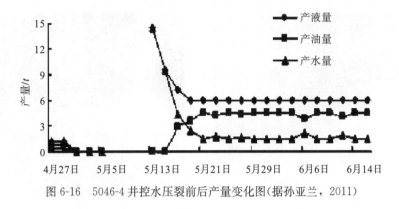

图 6-16　5046-4 井控水压裂前后产量变化图（据孙亚兰，2011）

从图 6-16 中可以看出 5046-4 井经过控水压裂作业后，油井产量增高，含水率低，含水率变化稳定。

为了进一步验证控水压裂控水稳油的压裂效果，2010 年 8 月 18 日在 3191-3 新井上采用控水压裂，日初产液 8t，日产油 5t。到 2011 年 1 月 23 日，经过 5 个多月的抽吸开采，油井含水为 48％，日产油 3.2t，产量稳定。在此效果的基础上，2010 年杏子川采油厂先后在 7 口油井上进行了实验推广，截至 9 月初，累计增油量 2184t，平均单井增油量 312t，产出投入比达到 1∶63.52 之多。其中日增油量最高的可达 13t，日增油量在 5t 以上的 2 口，最高增油量累计增油 652t，效果十分显著。

6.3.4　相对渗透率调节剂

相对渗透率调节剂（relative permeability modifier，RPM），可不等比例地降低油相和水相的渗透率，在大幅度地降低地层水相渗透率的同时，油相渗透率降低很少甚至不降低。作为改善油/水相渗透率的有效措施，相对渗透率调节剂的应用可有效降低基质岩层的水相渗透率，使大量的注入水难以进入产油井筒，降低产出液的含水量；同时在注入带内，油相渗透率降低很少或不降低，可以保证油滴较容易地通过地层流入产油井筒；且相对渗透率调节剂的注入可以改变岩石表面的润湿性，对于岩石表面原油的剥离具有一定的促进作用。因而相对渗透率调节剂的采用可达到延长单井增油有效期挖掘更多剩余油产量的目的。相对渗透率调节剂作为调剖堵水用剂已在国内外油田广泛应用多年，并取得了较好的效果。

1. 相对渗透率调节剂技术原理

1）相对渗透率调节剂吸附膜的形成

相对渗透率调节剂本身含有强吸附性基团，水解后形成类似冻结状物质粘附在多孔介质表面，加之其他功能性基团与砂岩表面之间存在氢键，会进一步提高相对渗透率调节剂的吸附性。对驱替实验中的地层砂进行显微镜观察，发现其表面吸附了大量相对渗透率调节剂。这些吸附的相对渗透率调节剂在砂粒的表面相互连接形成膜构造，这层膜是相对渗透率调节剂发挥作用的关键。将这些砂粒在烘干箱中 90℃烘干，再次观察表面，发现吸附物失水紧贴在砂粒表面，由此证明吸附膜是客观存在的，如图 6-17。

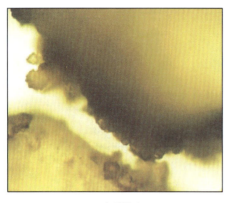 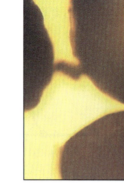

（a）水湿状态　　　　　　　　　　　　　（b）干燥状态

图 6-17　吸附相对渗透率调节剂的地层砂表面形态（据宋金波等，2013）

2）分子模拟结果分析

为了更好地考察相对渗透率调节剂在水相和油相中的形态及调节油、水渗流比的原理，分别模拟了相对渗透率调节剂在水相和油相中的形态，构建了二氧化硅负载的相对渗透率调节剂在油相和水相共存时的模型，并对油相和水相渗透率进行了计算。

由相对渗透率调节剂在水相和油相中的分子形态可见，相对渗透率调节剂在水相中比较舒展，而在油相中相对分子链发生了弯曲收缩，如图 6-18。

从相对渗透率调节剂在水、油两相共存时的分子形态可以看出：相对渗透率调节剂的分子链下部较直，而上部发生了弯曲，水分子相对均匀地分布在空间格子中，而油相则较多集中在分子链的上部。这说明水与相对渗透率调节剂分子链具有较好的相互作用，分子链在水中舒展、溶胀形成弹性膜，而油相以挤压弹性膜的方式通过，如图 6-19。

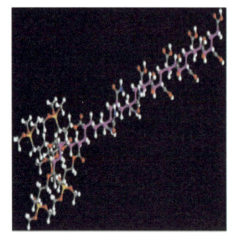 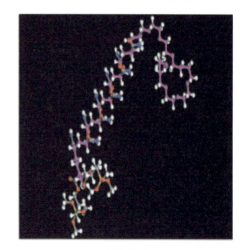

（a）水相中　　　　　　　　　　　　　（b）油相中

图 6-18　相对渗透率调节剂在水相和油相中的分子形态（据宋金波等，2013）

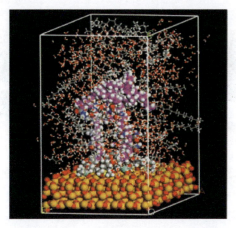

图 6-19　相对渗透率调节剂在水、油两相共存时的分子形态(据宋金波等，2013)

油相和水相在二氧化硅负载的相对渗透率调节剂表面的扩散系数分别为 $10.98 \times 10^{-2} cm^2/s$ 和 $2.62 \times 10^{-2} cm^2/s$，两者比值为 4.2。这与驱替实验结果(标准流体阻力比为 3~4)接近，验证了合成的相对渗透率调节剂达到了分子模拟设计的要求，并且设计的分子结构确实具有调节相对渗透率的能力。

2. 相对渗透率调节剂控水机理

近年来，研究者基于岩心和填砂模型测试聚合物凝胶系统的相对渗透率调节机理，形成了 2 种观点：①通过调控流体分离流而实现相对渗透率调节功能。在多孔介质中，水和油通过不同渗流通道流动，大部分凝胶进入水的渗流通道，因此降低了水相渗透率；②渗透率不均衡降低的原因是孔壁效应。凝胶被孔道壁吸附形成凝胶膜，有些学者认为聚合物形成的凝胶膜硬度较高，另一些则认为膜层可能在油流过喉道时被挤压变形，通过润湿效应、空间效应及润滑作用，改变了两相流特点。

油田开发中后期普遍面临高含水的问题，注入相对渗透率调节剂后可以明显降低油井含水率，注入时水溶性的相对渗透率调节剂优先进入水的渗流通道。又由于相对渗透率调节剂同时具有强吸附基团和两相渗流调节基团，所以进入水湿表面后稳定地吸附在孔隙表面。分子模拟结果显示，该结构在水中伸展，势必对水流产生"拖曳"阻力，从而宏观上表现为水相渗透率下降。然而吸附的聚合物单层或聚合物分子单层不足以将渗透率降至所测量的水平，因而在水湿表面发挥作用的是多层的聚合物弹性膜。相对渗透率调节剂链缠绕，在水中表现出弹性，其缠绕结构中存在缓慢的水相流动，缠绕结构外层是以渗流方式流动的水相。结合驱替实验与分子模拟结果，提出了基于油水分流理论的膨胀收缩-挤压通过机理。相对渗透率调节剂遇水膨胀后，水相以渗流方式通过相对渗透率调节剂时，由于水与相对渗透率调节剂分子链上的极性部分相互作用，通过速率较慢；而油相遇到吸水后的相对渗透率调节剂，由于油水两相存在界面，油相可对水相施加压力，挤压吸水的相对渗透率调节剂膜，形成油相通道，使流经孔喉的油相快速通过，如图 6-20。

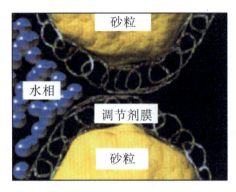 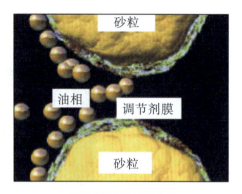

(a)水相通过相对渗透率　　　　　　　　　　　　(b)油相通过相对渗透率

图 6-20　相对渗透率调节剂膨胀收缩-挤压通过机理(据宋金波，2013)

相对渗透率调节剂控水机理是基于油水两相分离流理论基础上的膨胀收缩挤压通过机理。相对渗透率调节剂遇水膨胀后，水相以渗流方式通过相对渗透率调节剂时，由于水与相对渗透率调节剂分子链的极性作用，通过速率较慢；油相遇到吸水后的相对渗透率调节剂，由于油水两相存在界面，油相可对水相施加压力，挤压吸水的相对渗透率调节剂，形成油相通道，从而快速通过。

6.3.5　纳米孔喉清洁剂低伤害压裂液体系

1. 液体体系概况

纳米孔喉清洁剂是表面活性剂、溶剂和水结合的一种纳米级别的新型产品。胶束外部为非离子表面活性剂，内部为特种功能清洗剂，如图 6-21。

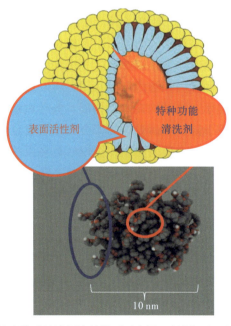

图 6-21　纳米孔吼清洁剂液体体系示意图(引用自 Flotek 公司资料)

2.　作用原理

常规压裂伤害：

(1)压裂液与储层内离子发生作用，造成结垢、堵塞的损害；

(2)返排不彻底，压裂液残渣对地层渗透率损害；

(3)常规表面活性剂在近井地层中吸附量大，抑制气体解吸；

(4)常规压裂液中胶团质点不能深入地层的微、纳米缝隙中，不能有效改造储层界面。

然而对于纳米孔喉清洁剂：

(1)表面活性剂，降低表面张力，改变接触角；

(2)特种功能清洗剂，溶解有机沉淀，改变润湿性；

(3)纳米级液滴，较小的用量就能均匀的处理大的表面区域，渗透到井底的所有空隙中。

纳米清洁剂进入中孔和大孔中，改变其孔喉的毛管力和接触角，降低流体在通道内的流动压力，提高渗流能力。纳米清洁剂进入小孔和微孔中，改变其孔喉的毛管力和接触角，降低流体在通道内的流动压力，孔隙内流体流动，压力降低，加快解吸速率。

3.　纳米孔喉清洁剂特点

1)尺寸小

胶束尺寸平均在 20nm，是常规胶束(大约 1 μm 左右)的五十分之一。一个 5μm 的液滴里可以包含 460 万个 30nm 的颗粒。

图 6-22　纳米清洁剂胶束(引用自 Flotek 公司资料)

纳米孔喉清洁剂只有 20nm(如图 6-22)，能顺利通过特低渗透储层孔隙、细喉和微喉，实现驱替、酸化、解堵、增注等目的。

2)作用区域广，能够降低化学剂用量

一个液滴(5μm)可以作用的区域内，可以有 1024 个 30nm 的体系胶束发挥作用，能够均匀的分布到更大面积区域。纳米孔喉清洁剂体积小，能够均匀的分布到液体中。同等质量的纳米孔喉清洁剂要比非纳米级别化学药剂具有更多的功能单体发挥作用。

3）界面张力低，有效降低毛管压力

和常规表活剂相比，纳米孔喉清洁剂维持更低表面张力，接触角保持 90°左右，因此液体初始流动压力降低，如图 6-23。

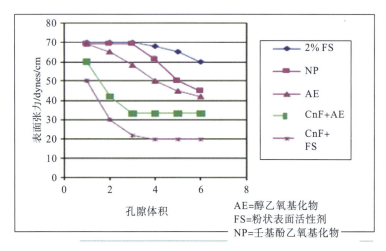

图 6-23 不同表活剂界面张力对比图（引用自 Flotek 公司资料）

4）固相表面吸附量少，有效浓度能够深入储层

常规表活剂由于固相表面吸附，随着深度增加，浓度衰减严重，只有少量可以进入裂缝末梢。纳米孔喉清洁剂则能够把表面活性剂连接在一起，形成一个个球型胶束，减少了固相界面的吸附量。

由于其尺寸小、固相表面吸附量少，浓度衰减小的特点，使之能达到压裂液波及的所有区域，如图 6-24。

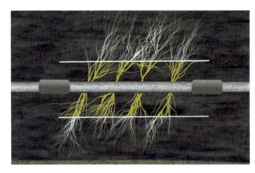

图 6-24 普通压裂液与纳米孔喉清洁剂对裂缝波及效果示意图（引用自 Flotek 公司资料）

5）溶解力强

特种功能清洗剂溶解和复合体系胶束增溶的双重作用，其溶解能力强。特种功能清洗剂是石油沉淀物的最优溶剂，在结构和溶解能力上类似于芳香族溶剂，和二甲苯相仿。能够溶解重油、蜡、沥青质、角质等。

胶束的双重溶解作用，能够溶解储层中的蜡、沥青质、角质以及其他难溶物质，解除了这些物质对渗流通道的堵塞，降低了原油的流动黏度。其双重溶解功能可以很好地应用到增注、解堵、降粘、返排等。

胶束中的表面活性剂吸附在固体颗粒表面，防止再次聚集，降低粒子再次聚集的倾向，可以用于井筒防蜡、防垢。

6.4　优化压裂液排采制度储层保护技术

6.4.1　排采对储层保护的意义

对于致密砂岩气藏，常规压裂措施后液体返排困难，返排率不高，对储层损害大，增产效果不佳。通过对返排流量的控制使支撑剂在产层较好的铺置，使裂缝具有较高的导流能力。若不能很好地把握压后关井期间或返排过程中裂缝闭合、支撑剂运移、压裂液滤失等情况的变化，则很难达到压裂施工产生高效裂缝的目的。目前，压裂液返排控制一般依靠现场工程师的经验，缺少可靠的理论依据。工程现场反馈的问题主要有两大方面：一是没有选择合理的返排时机，导致大量支撑剂回流到井筒，使产层区的支撑剂很少或分布不合理，很大程度上降低了裂缝的导流能力，严重的会导致裂缝失效，压裂施工的失败；二是没有选择合理的返排流量，使回流支撑剂冲出井口，破坏放喷油嘴以及其他设备。在低渗透储层中，水力压裂作业压后返排问题显得更加突出。针对这些问题，对压裂液返排过程机理进行分析研究的基础上，建立返排控制模型，以预测分析压裂液返排流量、井底压力等主要参数的变化规律，为压后返排提供可靠的理论依据(李龙等，2013)。

6.4.2　影响返排的基本因素

1. 水锁损害对压裂液返排的影响

根据相渗曲线得知，束缚水饱和度大于原始含水饱和度，会导致严重的水锁效应。以川西新场气田为例，对于JS_2^1、JS_2^3低渗气藏进行了不同水锁强度气驱水实验，结果见图 6-25、图 6-26。由图 6-25 可以看出，在束缚水存在条件下，气相有效渗透率随气体

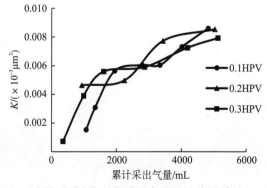

图 6-25　水锁后采出气量与渗透率的关系(据张家由，2010)

累积产出量的增加而得到恢复，当产出气量较少时气相有效渗透率较小，反映了水锁堵塞的影响。随着气井近地层岩心中反渗吸水锁量的增加，使其恢复流动所需的启动压差也相应提高，如图 6-26 所示。通过低伤害压裂液技术和改善压裂工艺中的返排技术，可降低压裂过程中的水锁损害，提高压裂效果。

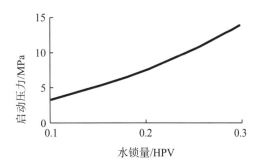

图 6-26　启动压力差与水锁量的关系(据张家由，2010)

2. 启动压力梯度对返排的影响

通过长岩心驱替实验发现，随着滤失带启动压力的增加，返排率降低(见图 6-27)，但增加了气体穿过压裂液滤失带所需的启动压力。根据实验数据和 JS_2^1 地层的特征参数，计算出了压裂液返排率与滤失带启动压力的图版关系(见图 6-28)。其中，按压裂液效率为 50%，缝宽为 0.5cm 计算，当启动压力从 0.94MPa 增加到 7.15MPa 时，返排率从 80% 降到 40%，可见压裂液滤失造成的启动压差对压裂液的返排率影响明显。同时，压裂液返排率降低反过来又增加了气体穿过压裂液滤失带所需的启动压力。

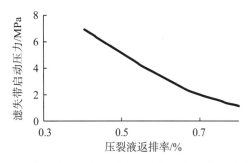

图 6-27　滤失带启动压力与压裂液返排率的关系(据张家由，2010)

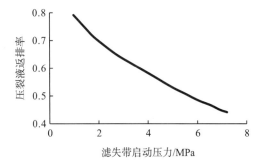

图 6-28　压裂液返排率与滤失带启动压力的关系(据张家由，2010)

3. 返排压差对压裂液返排效果的影响

压裂施工结束后，进入地层的压裂液在破胶后能很快返排出地层，但是在没有返排前，由于进入地层的压裂液破胶后其表面张力、黏度等的变化，以及储层孔隙和喉道的毛管作用力的影响，使得压裂液返排随着压裂液返排压差的变化而变化。为确定合理的返排压差，减小返排液滞留对储层的损害，在不同压差下进行了压裂液返排损害实验，结果见表 6-4。

表 6-4　压裂后返排实验数据(据张家由，2010)

Δp/MPa	岩心重量/g	返排液/g	滞留液/g	含水饱和度/%	$K/(\times 10^{-3}\,\mu\mathrm{m}^2)$
2	62.2576	0	1.1986	100	
5	64.9927	0.2649	0.9337	77.9	0.00688
7	64.4415	0.8161	0.3825	31.9	0.00723

从表 6-4 中可以看出，返排压差为 2MPa 时，地层不排液；压差提高到 5MPa 时，地层排液困难；压裂后在最短时间内要使压裂液的返排率大于 70%，则返排压差必须大于 7MPa(张家由，2010)。

6.4.3　压后返排技术

1. 压后放喷制度的优化

通过研究压裂液返排对支撑剂回流量以及对缝内支撑剂分布的影响，确定了压裂液破胶黏度为 5mPa·s 时为最佳返排时机，100L/min(实验返排速度 400mL/min)为压裂液最佳返排速度。通过计算，建立了不同井口压力下的放喷制度(见表 6-5)。

表 6-5　压后放喷制度(据李小龙等，2015)

压力/MPa	≥10	3~10	1~3	<1
油嘴直径/mm	2	3	4	6~8

2. 压裂助排技术

1)超低界面张力助排技术

在压裂过程及施工后的排液过程中。由于储层埋藏深、异常致密等因素，影响了破胶液的返排及增产效果。其中压裂液与储层岩石、储层流体的配伍性是最关键因素。压裂液与储层岩石不配伍，会改变地层中原始含油饱和度，并增加流动阻力，使得压裂后返排困难。毛细管压力增大使地层压力无法克服则会出现严重且持久的水锁。由 La-place-Young 方程可知，毛细管压力与表面张力、界面张力成正比，压裂液破胶后表面张力越大，毛细管压力越大，返排越困难。国外先后开发了助排剂、防水锁剂和破乳剂，在压裂中获得了较好的应用效果。在压裂液中加入醇类可以降低破胶液与地层液体间的界面张力，并增加压裂液的闪蒸压力，促进压裂液返排。表 6-6 列举了国内外常用压裂酸化助排剂产品的组成和技术指标。

表 6-6　常用助排剂性能（据李小龙等，2015）

助排剂	醇类	表面张力/(mN/m)		界面张力/(mN/m)	
	质量分数/%	吸附前	吸附后	吸附前	吸附后
K12	0.050	28.14	29.04	0.67	0.58
SDBS	0.050	35.83	39.27	2.65	2.93
1231	0.050	26.37	37.89	0.21	1.35
1631	0.050	38.11	45.54	2.73	3.49
CAB-35	0.050	27.88	33.25	0.57	1.74
CAO-35	0.050	34.69	44.06	1.46	1.93
OP-10	0.050	30.78	31.09	1.74	1.61
APG1214	0.050	27.39	26.86	0.83	0.90
SR18Y	0.050	18.08	26.86	4.57	4.51
FY-F501	0.050	25.16	25.83	5.17	5.33

2）ADC 自生氮化合物助排技术

ADC 自生氮化合物就是常温下与催化剂不反应，同压裂液混合后注入到井底后，在一定的启动反应温度下释放氮气的化合物。1t 的 ADC 化合物能生成氮气 $220m^3$。该化合物具有以下优点：与泵注液氮相似，生成的氮气能够增大储层压力，提高压裂液的返排效率；生成的氮气量不受施工排量和施工压力限制。油藏压力 40MPa，施工排量 $5.0m^3/min$，不同泵压条件下采用泵注液氮和 ADC 自生氮化合物助排技术生成的氮气体积见图 6-29。

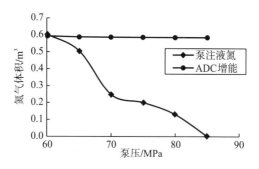

图 6-29　泵压对氮气体积的影响（据李小龙等，2015）

由图 6-29 可以看出：随着泵压升高，泵注液氮助排生成的氮气体积降低；而采用 ADC 自生氮化合物助排技术生成的氮气体积没有因为泵压升高而降低。自生氮气化合物与压裂液体系的配伍性良好，由于合成的 3 种自生氮气化合物（DNPT，ADC，OBSH）均为有机固体粉末，不溶于水，因而，在应用时可以添加到混砂罐中使用。在初期压裂过程中，由于温度达不到其分解温度，所以不会对压裂液的携砂性能及耐温性能产生影响。在后期压裂液破胶返排时，温度升高导致自生气化合物分解，释放出氮气，即可发挥其作用。当使用 ADC 作为自生氮气增能剂时，根据施工要求可添加有机酸或乙醇胺作为活化剂,以降低 ADC 分解温度。对于 HPG 压裂液体系,由于其基液一般为碱性,可考虑添加乙醇胺或二乙醇胺作为活化剂。而对于 VES 压裂液体系,其基液为酸性,可考虑添加乙二酸作为 pH 调节剂或活化剂。对于合成聚合物压裂液体系可参照 HPG 压裂液(李小龙等,2015)。

3. 预制、伴注气体助排技术

1)液氮助排

液氮辅助增能压裂是将液氮用泵车泵入井筒。液氮注入地层后由携砂液和顶替液沿裂缝推入地层中,以达到提高储层能量的目的。同时,当压后放喷时,液氮气化迅速膨胀,与压裂液达到气液两相混合,从而降低了井筒液柱压力,使两相一起喷出井口,达到助排的目的。液氮增能压裂液的主要作用,包括混氮降滤,混氮助排,协助携砂、悬砂,使地层损害最小。伴注液氮技术目前在直井和斜井中大量应用,技术成熟,可以考虑在水平井中进行应用尝试。

2)二氧化碳助排

二氧化碳压裂助排有 3 种主要方式:全程伴注二氧化碳;二氧化碳段塞,随后注入隔离液和压裂液;预注二氧化碳,关井,再进行压裂施工。二氧化碳溶于水中时所生成的碳酸能溶解某些胶结物,改善地层渗透率,抑制储层的黏土膨胀。实验表明,上述作用可提高砂岩渗透率 5%~15%。液态或超临界态二氧化碳溶剂的注入,能溶解、返排出有机垢,由于酸化作用能解除无机垢堵塞,从而解除近井地带(含人造裂缝)污染,疏通油流通道,提高单井产能。二氧化碳的相态变化,特别是向固态的变化,是造成二氧化碳压裂安全隐患的主要原因。压裂过程中,二氧化碳在地面作为液体泵送. 在井筒中当到达它的临界温度(31℃)后会气化,形成泡沫,液柱压力降低,施工摩阻增加,对深井压裂施工造成了较高的施工压力。二氧化碳压裂相对于常规压裂施工的不同之处是危险性大,对泵注设备性能要求高,施工成本高。

参 考 文 献

安志波. 2013. 泡沫压裂液体系的制备及性能研究[D]. 青岛：中国石油大学(华东).

陈大钧, 陈馥. 2006. 油气田应用化学[M]北京：石油工业出版社.

陈东林, 周天春, 刘华杰. 2007. 川西气田压裂井出砂机理及防砂技术[J]. 天然气工业, 27(8)：91-93.

陈金辉, 康毅力, 游利军, 等. 储层岩石破裂诱发微粒运移损害实验研究[J]. 钻井液与完井液, 2010, 27(3)：17-19.

储层敏感性流动实验评价方法(SY/T 5358-2010)[S]. 中华人民共和国石油天然气行业标.

崔迎春, 郭保雨, 苏长明. 2006. NM钻井液体系现场应用研究[J]. 钻井液与完井液, 23(2)：40-43+87.

代延伟. 2013. 纤维压裂技术在吉林油田的研究与应用[D]. 大庆：东北石油大学.

单钰铭, 童凯军, 黄敏, 等. 2009. 川西深层气藏岩石应力敏感特征及对产能影响[J]. 大庆石油地质与开发, 28(3)：49-54.

丁绍卿. 2006. 长庆水基压裂液伤害研究[D]. 北京：中国科学院研究生院(渗流流体力学研究所).

法鲁克·西维. 2003. 油层伤害：原理、模拟、评价和防治[M]. 杨凤丽, 侯中昊, 译. 北京：石油工业出版社.

高原. 2014. 裂缝性致砂岩气层水相圈闭损害控制方法[D]. 成都：西南石油大学.

郭文英. 2006. 砂岩储层多氢酸酸化技术研究[D]. 南充：西南石油大学.

国家能源局. 2011. SY/T 6832-2011致密砂岩气地质评价方法[S]. 北京：石油工业出版社.

韩烈祥. 2013. CO_2干法加砂压裂技术试验成功[J]. 钻采工艺, 36(5)：99.

郝蜀民. 2001. 鄂尔多斯盆地油气勘探的回顾与思考[J]. 天然气工业, 21(S1)：1-4.

何更生, 唐海. 2011. 油层物理(第二版)[M]. 北京：石油工业出版.

胡奥林, 陈吉开. 1999. 包胶支撑剂及回流控制技术的新进展[J]. 钻采工艺, 21(3)：44-47.

黄福友. 2014. 裂缝性储层结垢暂堵堵漏方法研究[D]. 成都：成都理工大学.

黄禹忠, 任山, 兰芳, 等. 2008. 纤维网络加砂压裂工艺技术先导性试验[J]. 钻采工艺, 31(1)：77-78.

蒋官澄, 王乐, 张朔, 等. 2014. 低渗特低渗油藏钻井液储层保护技术[J]. 特种油气藏, 21(1)：113-116+156.

蒋官澄, 王晓军, 关键, 等. 2012. 低渗特低渗储层水锁损害定量预测方法[J]. 石油钻探技术, 40(1)：69-73.

蒋官澄, 吴雄军, 王晓军, 等. 2011. 确定储层损害预测评价指标权值的层次分析法[J]. 石油学报, 32(6)：1037-1041.

康毅力, 罗平亚. 2007. 中国致密砂岩气藏勘探开发关键工程技术现状与展望[J]. 石油勘探与开发, 34(2)：239-245.

康毅力, 罗平亚, 康棣, 等. 1998. 川西致密含气砂岩的粘土矿物与潜在地层损害[J]. 西南石油学院学报, 20(4)：1-5.

康毅力, 罗平亚, 沈守文, 等. 1998. 粘土矿物产状和微结构对地层损害的影响[J]. 西南石油学院学报, 20(2)：27-29.

康毅力, 罗平亚, 焦棣, 等. 1999. 川西致密含气砂岩钻井完井地层损害控制战略[J]. 天然气工业, 19(4)：46-50.

康毅力, 张杜杰, 游利军, 等. 2015. 裂缝性致密储层工作液损害机理及防治方法[J]. 西南石油大学学报(自然科学版), 37(3)：77-84.

康毅力, 张浩, 陈一健, 等. 2006. 鄂尔多斯盆地大牛地气田致密砂岩气层应力敏感性综合研究[J]. 天然气地球科学, 17(3)：335-338+344.

康毅力, 张浩, 游利军, 等. 2007. 致密砂岩微观孔隙结构参数对有效应力变化的响应[J]. 天然气工业, 27(3)：46-48+150-151.

康毅力, 郑德壮, 刘修善, 等. 2012. 固相侵入对裂缝性碳酸盐岩应力敏感性的影响[J]. 新疆石油地质, 33(3)：

366-369.

柯扬船，杨莉，王玉国. 2010. 聚丙烯超短复合纤维的制备与性能[J]. 高分子材料科学与工程，26(12)：141-143.

赖小娟，宫米娜，崔争攀，等. 2015. 低渗透油气储层压裂液的研究进展[J]. 精细石油化工，32(4)：77-80.

兰林. 2005. 裂缝性砂岩油层应力敏感性及裂缝宽度研究[D]. 南充：西南石油大学.

雷刚，王昊，董平川，等. 2015. 非均质致密砂岩应力敏感性的定量表征[J]. 油气地质与采收率，22(3)：90-94.

李超. 2010. 低浓度胍胶压裂液体系研究[D]. 青岛：中国石油大学.

李传亮. 2007. 岩石应力敏感指数与压缩系数之间的关系式[J]. 岩性油气藏，19(4)：95-98.

李根生，王海柱，沈忠厚，等. 2011. 连续油管超临界 CO_2 喷射压裂方法：中国，201110078618. 6 [P]. 2011-08-31.

李公让. 2011. 低渗砂岩储层钻井完井液技术研究[D]. 青岛：中国石油大学.

李惠东，韩福成，潘国辉. 2004. 采用屏蔽暂堵技术保护油气层[J]. 大庆石油地质与开发，23(4)：50-52+92.

李家学，黄进军，罗平亚，等. 2011. 裂缝地层随钻刚性颗粒封堵机理与估算模型[J]. 石油学报，32(3)：509-513.

李荆. 2010. 清洁氮气泡沫压裂液研究与应用[D]. 成都：西南石油大学.

李凯，张浩，冉超，等. 2016. 考虑应力敏感的页岩气产能预测模型研究——以川东南龙马溪组页岩气储层为例[J]. 西安石油大学学报(自然科学)，31(3)：57-61.

李林地，张士诚，徐卿莲. 2011. 无伤害 VES 压裂液的研制及其应用[J]. 钻井液与完井液，28(1)：52-24.

李龙，孙金声，刘勇，等. 2013. 纳米材料在钻井完井流体和油气层保护中的应用研究进展[J]. 油田化学，30(1)：139-144.

李年银，赵立强，刘平礼，等. 2009. 多氢酸酸化技术及其应用[J]. 西南石油大学学报(自然科学版)，31(6)：131-134+216-217.

李钦. 2004. 水基压裂液伤害性研究[D]. 南充：西南石油学院.

李庆辉，陈勉，金衍，等. 2012. 新型压裂技术在页岩气开发中的应用[J]. 特种油气藏，19(6)：1-7+141.

李婷. 2014. 超低渗油藏伤害机理分析方法研究[D]. 天津：天津科技大学.

李小龙，肖雯，刘晓强，等. 2015. 压裂返排技术优化[J]. 断块油气田，22(3)：402-404.

李志刚，乌效鸣，郝蜀民，等. 2005. 储层屏蔽暂堵钻井完井液技术研究及应用[J]. 天然气工业，25(3)：74-78+200.

刘长延. 2011. 煤层气井 N_2 泡沫压裂技术探讨[J]. 特种油气藏，18(5)：114-116+141-142.

刘丹婷，刘平礼，赵立强 2009. 高能气体压裂改造致密砂岩气藏新进展[A]. 中国力学学会、郑州大学. 中国力学学会学术大会 2009 论文摘要集[C]. 中国力学学会，郑州大学，2.

刘观军，李小瑞，丁里，等. 2013. 微泡沫酸性清洁压裂液的制备及性能[J]. 精细化工，30(1)：94-98.

刘合，王峰，张劲，等. 2014. 二氧化碳干法压裂技术——应用现状与发展趋势[J]. 石油勘探与开发，41(4)：466-472.

刘建坤. 2011. 低渗透砂岩气藏压裂液伤害机理研究[D]. 北京：中国科学院研究生院(渗流流体力学研究所).

刘静. 2006. 川中磨溪气田致密碳酸盐岩储层损害机理研究[D]. 南充：西南石油大学.

刘伟，张静，李军，等. 1997. 控制水力压裂支撑剂返排的玻璃短切纤维增强技术[J]. 钻采工艺，19(4)：77-80.

刘雪芬，康毅力，游利军，等. 2009. 双疏性表面处理预防致密储层水相圈闭损害实验研究[J]. 天然气地球科学，20(2)：292-296.

卢拥军，杨晓刚，王春鹏，等. 2012. 低浓度压裂液体系在长庆致密油藏的研究与应用[J]. 石油钻采工艺，34(4)：67-70.

吕芬敏，周婕，宋其伟，等. 2008. 纤维复合压裂防砂技术研究与应用[J]. 石油钻采工艺，30(03)：97-100.

罗平亚，康毅力，孟英峰. 2006. 我国储层保护技术实现跨越式发展[J]. 天然气工业，26(1)：84-87+164-165.

罗平亚，孟英峰. 1998. 低压欠平衡钻井—勘探钻井技术发展新动向(待续)[J]. 西南石油学院学报，20(2)：47-54+5.

罗瑞兰，程林松，彭建春，等. 2005. 油气储层渗透率应力敏感性与启动压力梯度的关系[J]. 西南石油学院学报，27(3)：20-22+6.

马新仿. 2001. 复合压裂技术研究[J]. 河南石油, 15(3)：39-41+3.

梅玉玲. 2011. 松南让字井斜坡带储层保护技术研究[D]. 大庆：东北石油大学.

孟凡宁. 2015. 延长气田气井清洁压裂液体系研究与应用[D]. 西安：西安石油大学.

孟庆生. 2011. 中东中亚地区低孔低渗油气层保护技术研究[D]. 青岛：中国石油大学.

米卡尔 J. 埃克诺米德斯. 2003. 油藏增产措施(第三版)[M]. 北京：石油工业出版社.

闵琪, 付金华, 席胜利, 等. 2000. 鄂尔多斯盆地上古生界天然气运移聚集特征[J]. 石油勘探与开发, 27(4)：26-29+110-119.

潘晓梅, 沈文刚. 2005. 二氧化碳压裂增产技术在低渗透油田的尝试[J]. 特种油气藏, 12(6)：85-87.

潘祖跃, 李建科. 2012. 高能气体压裂技术在超低渗透油田的应用研究[A]. 中国工程爆破协会、中国力学学会. 中国爆破新技术Ⅲ[C]. 中国工程爆破协会, 中国力学学会.

彭继, 张成娟, 周平, 等. 2014. 青海油田低浓度胍胶压裂液的性能研究与现场应用[J]. 天然气勘探与开发, 37(1)：79-82+101.

蒲春生, 孙志宇, 王香增, 等. 2008. 多级脉冲气体加载压裂技术[J]. 石油勘探与开发, 35(5)：636-639.

齐宁. 2007. 疏松砂岩油藏防砂增产一体化技术研究[D]. 青岛：中国石油大学(华东).

邱峰. 2009. CO_2泡沫压裂工艺矿场应用与研究[D]. 大庆：大庆石油学院.

邱正松, 王伟吉, 董兵强, 等. 2015. 微纳米封堵技术研究及应用[J]. 钻井液与完井液, 32(2)：6-10+97.

邱正松, 王在明, 胡红福, 等. 2008. 纳米碳酸钙抗团聚机理及分散规律实验研究[J]. 石油学报, 29(1)：124-127+131.

任斌, 刘国良, 张冕, 等. 2014. 苏里格气田加纤维压裂技术的应用研究[J]. 西南石油大学学报：自然科学版, 36(1)：121-128.

任山. 2011. 川西低渗致密气藏低伤害大型压裂技术研究与应用[D]. 青岛：中国石油大学(华东).

任山, 向丽, 黄禹忠, 等. 2010. 纤维网络加砂压裂技术研究及其在川西低渗透致密气藏的应用[J]. 油气地质与采收率, 17(5)：86-89.

邵振滨, 张浩, 钟颖, 等. 2015. 多裂缝系统致密砂岩气藏的水锁及应力敏感叠加伤害研究——以川西蓬莱镇组致密砂岩为例[J]. 西安石油大学学报(自然科学版), 30(4)：59-62+7.

佘继平, 张浩, 洪成云, 等. 2012. 钻完井过程中储层动态裂缝宽度研究进展[J]. 钻采工艺, 35(6)：18-20+7.

沈忠厚, 王海柱, 李根生. 2011. 超临界CO_2钻井水平井段携岩能力数值模拟[J]. 石油勘探与开发, 38(2)：233-236.

石崇兵, 李传乐. 2000. 高能气体压裂技术的发展趋势[J]. 西安石油学院学报(自然科学版), 15(5)：17-20+4.

宋金波, 柴永明, 燕春如, 等. 2013. 相对渗透率调节剂作用机理[J]. 油气地质与采收率, 20(1)：104-106+110+118.

宋涛, 张浩, 许期聪. 2010. 稠油油藏黏土矿物特征及敏感性损害研究[J]. 钻采工艺, 33(4)：64-66+139-140.

宋振云, 李勇, 苏伟东, 等. 2012. 低渗透油气田二氧化碳泡沫、干法压裂增产技术[C]. 北京：CIPPE2012国际石油产业高峰论坛.

宋振云, 苏伟东, 杨延增, 等. 2014. CO_2干法加砂压裂技术研究与实践[J]. 天然气工业, 34(6)：55-59.

苏崇华. 2011. 疏松砂岩储层伤害机理及应用[D]. 成都：西南石油大学.

苏伟东, 宋振云, 马得华, 等. 2011. 二氧化碳干法压裂技术在苏里格气田的应用[J]. 钻采工艺, 34(4)：39-40+44+3-4.

孙赞东, 贾承造, 李相方. 2011. 非常规油气勘探与开发(上)[M]. 北京：石油工业出版社.

孙志宇, 蒲春生, 罗明良, 等. 2008. 水平井多级脉冲气体加载压裂及产能评价[J]. 西南石油大学学报(自然科学版), 30(5)：104-107+7+6.

谭明文, 何兴贵, 张绍彬, 等. 2008. 泡沫压裂液研究进展[J]. 钻采工艺, 31(5)：129-132+173.

唐清明. 2012. 川西须家河组气藏储层损害机理研究[D]. 成都：西南石油大学.

田和金, 张新庆, 张杰, 等. 2004. 液体药高能气体压裂技术[J]. 天然气工业, 24(09)：75-79+10-11.

王海柱, 沈忠厚, 李根生. 2011. 超临界CO_2开发页岩气技术[J]. 石油钻探技术, 39(3)：30-35.

王海柱，沈忠厚，李根生. 2011. 超临界CO_2钻井井筒压力温度耦合计算[J]. 石油勘探与开发，38(1)：97-102.

王化伟. 2014. 高能气体压裂技术在宝浪油田的应用[J]. 石油仪器，28(4)：65-67+10.

王均，何兴贵，张朝举，等. 2009. 纤维加砂新技术在川西气井压裂中的应用[J]. 钻采工艺，32(3)：65 -67+ 74.

王雷，张士诚. 2010. 防回流纤维对支撑剂导流能力影响实验研究[J]. 钻采工艺，33(4)：97 - 98+104.

王亮. 2012. 延长气田150井区山2气层钻完井过程中储层保护技术研究[D]. 西安：西安石油大学.

王同良，高德利. 2000. 世界石油钻井科技发展水平与展望[J]. 石油钻采工艺，22(2)：1-6.

王文红. 2007. 大庆油田薄、差油层射孔完井工艺技术研究[D]. 大庆：大庆石油学院.

王贤君，张明慧，肖丹凤. 2012. 超低浓度压裂液技术在海拉尔油田的应用[J]. 石油地质与工程，26(6)：111-113.

王香增，吴金桥，张军涛. 2014. 陆相页岩气层的CO_2压裂技术应用探讨[J]. 天然气工业，34(1)：64-67.

王业众，康毅力，张浩，等. 2007. 碳酸盐岩应力敏感性对有效应力作用时间的响应[J]. 钻采工艺，30(3)：105-107+154.

王振铎，王晓泉，等. 2004. 二氧化碳泡沫压裂技术在低渗透低压气藏中的应用[J]. 石油学报，25(3)：66-70.

王志伟，张宁生，吕洪波. 2003. 低渗透天然气气层损害机理及其预防[J]. 天然气工业，23(增)：28-31+4.

卫鹏飞，于振东，刘忠良. 2011. 不动管柱两层及三层二氧化碳压裂工艺技术[J]. 油气井测试，20(4)：66-68.

吴晋军，赵国华，刘立才，等. 2011. 水平井液体炸药爆炸压裂裂缝模型计算方法研究[J]. 石油钻采工艺，23(5)：82-85.

肖建平，范崇政. 2001. 超临界流体技术研究进展[J]. 化学进展，13(2)：94-101.

谢和平，高峰，鞠杨，等. 2012. 页岩储层压裂改造的非常规理论与技术构想[J]. 四川大学学报(工程科学版)，44(6)：1-6.

谢玉洪，苏崇华. 2008. 疏松砂岩储层伤害机理及应用[M]. 北京：石油工业出版社.

熊廷松，彭继，张成娟，等. 2013. 低浓度胍胶压裂液的性能研究与现场应用[J]. 青海石油，(1)：78-82.

徐兵威，李雷，何青，等. 2013. 致密砂岩储层压裂液损害机理探讨[J]. 断块油气田，20(5)：639-643.

徐同台，熊友明，康毅力. 2010. 保护油气层技术(第三版)[M]. 北京：石油工业出版社.

徐兆辉，汪泽成，徐安娜，等. 2011. 四川盆地须家河组致密砂岩储集层特征及分级评价[J]. 新疆石油地质，32(1)：26-28.

许卫，李勇明，郭建春，等. 2002. 氮气泡沫压裂液体系的研究与应用[J]. 西南石油学院学报，24(3)：64-67+1.

鄢捷年. 1998. 油藏岩石润湿性对注水过程中驱油效率的影响[J]. 石油大学学报(自然科学版)，22(3)：46-49+6.

鄢捷年，王建华，张金波. 2007. 优选钻井液中暂堵剂颗粒尺寸的理想充填新方法[J]. 石油天然气学报，29(4)：129-135+169-170.

闫丰明，康毅力，孙凯，等. 2011. 裂缝-孔洞型碳酸盐岩储层暂堵性堵漏机理研究[J]. 石油钻探技术，39(2)：81-85.

杨大刚 2008. 低渗透萨零组油层注水开发技术研究[D]. 大庆：大庆石油学院.

杨冠科，王成. 2014. 低浓度羟丙基胍胶压裂液在苏里格气田的应用[J]. 天然气与石油，32(2)：73-76+1.

杨建. 2005. 川中地区致密砂岩气藏损害机理及保护技术研究[D]. 成都：西南石油大学.

杨建，康毅力，李朝林，等. 2010. 裂缝性致密砂岩储层井周液相时空分布规律[J]. 石油钻采工艺，32(1)：57-60.

杨建，康毅力，刘静，等. 2006. 钻井完井液损害对致密砂岩应力敏感性的强化作用[J]. 天然气工业，2006，26(8)：60-62+164.

杨静，温晓，纪朝凤，等. 2008. 应用多氢酸技术实现大港油田段六拨区块降压增注[J]. 钻采工艺，31(增)：63-67.

杨胜来，王小强，汪德刚，等. 2005. 异常高压气藏岩石应力敏感性实验与模型研究[J]. 天然气工业，25(2)：107-109+213.

杨同玉，张福仁，孙守港. 1996. 屏蔽暂堵技术中暂堵剂粒径的优化选择[J]. 断块油气田，1996，3(06)：50-54.

杨玉贵，康毅力，游利军，等. 2007. 孔隙型与裂缝型储层水平井损害实验研究[J]. 西南石油大学学报，29(S2)：61-64+173.

姚恒申，牟伯中，赵正文. 1997. 屏蔽式暂堵技术中钻井液固相颗粒的最优化计算方法[J]. 钻井液与完井液，14

（4）：8-11.

叶艳，鄢捷年，邹盛礼，等. 2008. 碳酸盐岩裂缝性储层钻井液损害评价新方法[J]. 石油学报，29(5)：752-756.

游利军，康毅力，陈一健，等. 2004. 含水饱和度和有效应力对致密砂岩有效渗透率的影响[J]. 天然气工业，24（12）：105-107+195.

游利军，康毅力，陈一健. 2005. 致密砂岩含水饱和度建立新方法—毛管自吸法[J]. 西南石油学院学报，27(1)：28-31+94-95.

游利军，康毅力. 2013. 裂缝性致密砂岩气藏水相毛管自吸调控[J]. 地球科学进展，28(1)：79-85.

游利军. 2004. 致密砂岩气层水相圈闭损害机理及应用研究[D]. 南充：西南石油大学.

袁骞. 2015. LPG无水压裂技术[J]. 中国化工贸易，34 (6)：321-321.

张昌铎，康毅力，游利军，等. 2010. 深层高温裂缝性致密砂岩气藏流体敏感性实验研究[J]. 钻采工艺，33(4)：83-86，93.

张朝举，张绍彬，谭明文，等. 2005. 预防支撑剂回流的纤维增强技术实验研究[J]. 钻采工艺，27(4)：90-91.

张春祥. 2003. 屏蔽式暂堵保护油气层技术[J]. 油气田地面工程，5：75.

张凤东，康毅力，杨宇，等. 2007. 致密气藏开发过程水相圈闭损害机理及防治研究进展[J]. 天然气地球科学，18（3）：457-463.

张光焰. 2005. 屏蔽暂堵技术在胜利油田采油中的应用[J]. 油田化学，22(4)：296-298.

张浩，黄丽，金军斌，等. 2011. 沙特B区块致密砂岩氮气速敏实验评价新方法[J]. 钻采工艺，34(2)：76-78+117.

张浩，康毅力，陈景山，等. 2007a. 变围压条件下致密砂岩力学性质实验研究[J]. 岩石力学与工程学报，36(增2)：4227-4231.

张浩，康毅力，陈景山，等. 2007b. 储层裂缝宽度应力敏感性可视化研究[J]. 钻采工艺，30(1)：41-43+145.

张浩，康毅力，陈景山，等. 2007c. 利用加载岩石微观图像分析系统研究裂缝宽度变化[A]. 中国力学学会、中国石油学会、中国水利学会、中国地质学会. 第九届全国渗流力学学术讨论会论文集(二)[C]. 中国力学学会、中国石油学会、中国水利学会、中国地质学会，3.

张浩，康毅力，陈一健，等. 2004. 岩石组分和裂缝对致密砂岩应力敏感性影响[J]. 天然气工业，24(7)：55-57+136-137.

张浩，康毅力，陈一健，等. 2005a. 致密砂岩气藏超低含水饱和度形成地质过程及实验模拟研究[J]. 天然气地球科学，16(2)：186-189.

张浩，康毅力，李前贵，等. 2005b. 鄂尔多斯盆地北部致密砂岩气层粘土微结构与流体敏感性[J]. 钻井液与完井液，22(6)：22-25.

张家由. 2010. 致密气藏压裂高效返排工艺技术[J]. 钻井液与完井液，27(6)：72-75+101.

张绍槐，罗平亚. 1993. 保护储集层技术[M]. 北京：石油工业出版社.

张颖，陈大钧，刘彦锋，等. 2013. 低浓度胍胶压裂液体系的室内研究[J]. 应用化工，42(10)：1836-1838+1844.

赵春鹏，李文华，张益，等. 2004. 低渗气藏水锁伤害机理与防治措施分析[J]. 断块油气田，11(3)：45-46+91-92.

钟新荣，黄雷，王利华. 2008. 低渗透气藏水锁效应研究进展[J]. 特种油气藏，15(6)：12-15+23+94-95.

周继东，朱伟民，卢拥军，等. 2004. 二氧化碳泡沫压裂液研究与应用[J]. 油田化学，21(4)：316-319.

周英操，崔猛，查永进. 2008. 控压钻井技术探讨与展望[J]. 石油钻探技术，36(4)：1-4.

周英操，翟洪军. 2003. 欠平衡钻井技术与应用[M]. 北京：石油工业出版社.

朱洪涛，陈冬林，刘华杰，等. 2009. CO_2泡沫压裂工艺技术在川西低渗致密气藏的应用[J]. 钻采工艺，32(1)：53-54+115.

邹才能. 2013. 非常规油气地质[M]. 北京：地质出版社.

邹才能，朱如凯，吴松涛，等. 2012. 常规与非常规油气聚集类型、特征、机理及展望—以中国致密油和致密气为例[J]. 石油学报，33(2)：173-187.

Abrams A. 1977. Mud design to minimize rock impairment due to particle invasion[J]. Journal of Petroleum Technology，29(3)：586-593.

Al B. 2005. Experimental study of the membrane behavior of shale during interaction with water-based and oli-based muds[D]. Austin: University of Texas at Austin.

Amanullah M, MoHammad K A A, Ziad A A, et al. 2011. Preliminary tests of nano-based drilling fluids for oil and gas field application[C]. SPE, 139534.

Asgian M, Cundall P A. 1994. The mechanical stability of propped hydraulic fractures: a numerical study[C]. SPE, 28510.

Bennion D B, Thomas F B, Bennion D W, et al. 1996. Fluid design to minimize invasive damage in horizontal wells [J]. Joural of Canadian Petroleum Technology, 35(9): 45-52.

Bicetano J. Drilling fluid, drill-in fluid. 2009. Completion fluid and workover fluid additive compositions containing thermoset nano-composites particles; and applications for fluid loss control and wellbore strengthening [P]. US 20090029878AL.

BJ Services Company. 2001. Elastrafrac product information [EB/OL]. [2012-02-13]. http: //www. bjservices. com/website/ps. nsf.

Byrnes A P, Keighin C W. 1993. Effect of confining stress on pore throats and capillary pressure measurements, selected sandstone reservoir rocks[C]. AAPG Annual Meeting.

Campbell S M, Fairchild J N R, Arnold D L, et al. 2000. Liquid CO_2 and Sand Stimulations in the Lewis Shale San Juan Basin New Mexico: A Case Study[C]//SPE Rocky Mountain Regional/Low-Permeability Reservoirs Symposium and Exhibition. society of Petroleum Engineers.

Canon J M, Romero D J, Pham T T, et al. 2003. Avoiding proppant flowback in tight-gas comple-tions with improved gracture design[C]. SPE84310.

Daniel P V. 2003. Well treatment fluids and methods for use thereof[P]. US6509301.

Di Lullo G, Rae P. 1996. A new acid for true stimulation of sandstone reservoirs[C]//SPE Asia Pacific Oil and Gas Conference. Society of Petroleum Engineers .

Di Lullo G, Rae P. 1999. A new acid for true stimulation of sandstone Matrix Acidizing Success Ratio by 400% Over conventional Mud acid System in Niger delta Basin[C]. SPE56527.

Economides M J, Martin T. 2007. Modern fracturing: enhancing natural gas production[M]. Houston: Energy Tribune Publishing Inc.

Engels J N, Martinez E, Fredd C N, et al. 2004. A mechanical methodology of improved proppant ransport in low-viscosity fluids: Application of a fiber-assisted transport technique in east Texas[C]. SPE 91434.

Gupta D V S, Bobier D M. 1998. The history and success of liquid CO_2 and CO_2/N_2 fracturing system [C]. SPE 40016.

Gupta D V S. 2003. Field application of unconventional foam technology: extension of liquid CO_2 technology[C]. SPE 84119.

Hassan B, Reza R, Ben C. 2012. Water blocking damage in hydraulically fractured tight sand gas reservoirs: An example from Perth Basin, Western Australia[J]. Journal of Petroleum Science and Engineering, 88(5): 100-106.

Hughes B. 2006. Sealant improves drilling in depleted sands[J]. Drilling Contractor, 5-6.

Kang Y, Luo P, Xu J, et al. 2000. Employing both Damage Control and Stimulation: A Way to Successful Development for Tight Gas Sandstone Reservoirs[C]. SPE 64707.

Kizaki A, Tanaka H, Ohashi K, et al. 2012. Hydraulic fracturing in Inadagranite and Ogino tuff with super critical carbon dioxide[C]. ISRM-ARMS 7-2012-109.

Kolle J J. 2000. Coiled-tubing drilling with supercritical carbon dioxide[C]. SPE 65534.

Kulatilake P H S W, Shou G, Huang T H, et al. 1995. New peak shear strength criteria for anisotropic rock joints [J]. Int. J. Rock Mech. Min. Sci. and Geomech. Abstr. , 32(7): 673-697.

Lan H Y, Tseng H C. 2002. Study on the rheological behavior of PP/supercritical CO_2 mixture[J]. J. Polym. Res. , 9: 157-162.

Lillies A T. 1982. Sand fracturing with liquid carbon dioxide[C]. SPE11341.

Lécolier E, Herzhaft B, Rousseau L, et al. 2005. Development of a nanocomposite gel for lost circulation treatment [C]. SPE 94686.

Meier P. 1997. Field and laboratory measurements of leakoff parameters for liquid CO_2 and liquid CO_2/N_2 fracturing [C]. PETSOC 97-105.

Metz M, Briceño G, Diaz E, et al. 2009. Properties of Tight Gas Sand From Digital Images[C]. SEG Conference Paper-2135.

Nelson P H. 2009. Fluid production from tight-gas systems, greater green river and wind river basins, Wyoming[C]. AAPG search and discovery article, AAPG110105.

Nguyen P D, Weaver J D, Rickman R D, et al. 2007. Remediation of proppant flowback -Laboratory and field studies [C]. SPE 106105.

Nicholas K, Robret V M. 1999. New HF system improves sandstone matrix acidzing success ratio by 400% Over conventional mud acid system in Niger Delta Basin[C]. SPE 56527.

Nilson R H. 1981. Gas-driven fracture propagation[J]. Journal of Applied Mechanics, 48(4): 757-762.

Ohen H A, Civan F. 1990. Simulation of Formation Damage in Petroleum Reservoirs[C]. SPE 19420.

Paine A S, Please C P. 1994. An improved model of fracture propagation by gas during rock blasting-some analytical results[J]. International Journal of Rock Mechanics and Mining Sciences and Geomechanics Abstracts, 31(6): 699-706.

Shanley K W, Cluff R M, Robinson J W. 2004. Factors controlling prolific gas product from low-permeability sandstone reservoirs: implications for resource assessment, prospect development, and risk analysis[J]. AAPG Bulletin, 88(8): 1083-1121.

Shen Z, Mchugh M A, Xu J, et al. 2003. CO_2-solubility of oligomers and polymers that contain the carbonyl group [J]. Polymer, 44(4): 1491-1498.

Sinal M L, Lancaster G. 1987. Liquid CO_2 fracturing: Advantages and limitations[J]. Journal of Canadian Petroleum Technology, 26(5): 26-30.

Tudor R, Vozniak C, Peters W, et al. 1994. Technical advances in liquid CO_2 fracturing[C]. PETSOC 94-36.

Wang Y, Hill A D. 1993. The optimum injection rate for matrix acidizing of carbonate formations[C]. SPE26758.

Ying Zhong, Hao Zhang, Zenbin Shao, et al. 2015. Gas transport mechanisms in micro-and nano-scale matrix pores in shale gas reservoirs[J]. Chemistry and Technology of Fuels and Oils, 51(5): 545-555.

Yoshioka N. 1994. Elastic behavior of contacting surfaces under normal loads: A computer simulation using three-dimensional surface topographies[J]. J. Geophy. Res., 99(B8): 15549-15560.